Klio hat jetzt Internet

Medien der Geschichte

Herausgegeben von
Thorsten Logge, Andreas Körber and Thomas Weber

Band 6

Klio hat jetzt Internet

Historische Narrative auf Youtube – Darstellung, Inszenierung, Aushandlung

Herausgegeben von
Kilian Baur und Robert Trautmannsberger

DE GRUYTER
OLDENBOURG

Die freie Verfügbarkeit der E-Book-Ausgabe dieser Publikation wurde durch 36 wissenschaftliche Bibliotheken und Initiativen ermöglicht, die die Open-Access-Transformation in der Geschichte fördern.

ISBN 978-3-11-079254-6
e-ISBN (PDF) 978-3-11-079289-8
e-ISBN (EPUB) 978-3-11-079295-9
ISSN 2569-7625
DOI https://doi.org/10.1515/9783110792898

Library of Congress Control Number: 2023937078

Bibliografische Information der Deutschen Nationalbibliothek
Die Deutsche Nationalbibliothek verzeichnet diese Publikation in der Deutschen Nationalbibliografie; detaillierte bibliografische Daten sind im Internet über http://dnb.dnb.de abrufbar.

Einbandabbildung: Titel: Klio 2.0; Grafikerin: Jenn Quinn, Manchester, UK
Satz: bsix information exchange GmbH, Braunschweig
Druck und Bindung: CPI books GmbH, Leck

www.degruyter.com

Open-Access-Transformation in der Geschichte

Open Access für exzellente Publikationen aus der Geschichte: Dank der Unterstützung von 36 wissenschaftlichen Bibliotheken und Initiativen können 2023 insgesamt neun geschichtswissenschaftliche Neuerscheinungen transformiert und unmittelbar im Open Access veröffentlicht werden, ohne dass für Autorinnen und Autoren Publikationskosten entstehen.

Folgende Einrichtungen und Initiativen haben durch ihren Beitrag die Open-Access-Veröffentlichung dieses Titels ermöglicht:

Dachinitiative „Hochschule.digital Niedersachsen" des Landes Niedersachsen
Universitätsbibliothek Bayreuth
Staatsbibliothek zu Berlin – Preußischer Kulturbesitz
Universitätsbibliothek Bern
Universitätsbibliothek Bielefeld
Universitätsbibliothek Bochum
Universitäts- und Landesbibliothek Bonn
Staats- und Universitätsbibliothek Bremen
Universitäts- und Landesbibliothek Darmstadt
Sächsische Landesbibliothek, Staats- und Universitätsbibliothek Dresden (SLUB)
Universitätsbibliothek Duisburg-Essen
Universitäts- und Landesbibliothek Düsseldorf
Albert-Ludwigs-Universität Freiburg – Universitätsbibliothek
Niedersächsische Staats- und Universitätsbibliothek Göttingen
Universitätsbibliothek der FernUniversität in Hagen
Staats- und Universitätsbibliothek Hamburg Carl von Ossietzky
Gottfried Wilhelm Leibniz Bibliothek – Niedersächsische Landesbibliothek, Hannover
Technische Informationsbibliothek (TIB)
Universitätsbibliothek Hildesheim
Universitäts- und Landesbibliothek Tirol, Innsbruck
Universitätsbibliothek Kassel – Landesbibliothek und Murhardsche Bibliothek der Stadt Kassel
Universitäts- und Stadtbibliothek Köln
Zentral- und Hochschulbibliothek Luzern
Universitätsbibliothek Mainz
Bibliothek des Leibniz-Instituts für Europäische Geschichte, Mainz
Universitätsbibliothek Marburg
Universitätsbibliothek der Ludwig-Maximilians-Universität München
Universitäts- und Landesbibliothek Münster
Bibliotheks- und Informationssystem (BIS) der Carl von Ossietzky Universität Oldenburg
Universitätsbibliothek Osnabrück
Universität Potsdam
Universitätsbibliothek Vechta

https://doi.org/10.1515/9783110792898-200

Universitätsbibliothek der Bauhaus-Universität Weimar
Herzog August Bibliothek Wolfenbüttel
Universitätsbibliothek Wuppertal
Zentralbibliothek Zürich

Inhalt

Vorwort

Im Herbst 2021 fanden sich auf dem Dritten Maximilian-Bickhoff-Kolloquium „Klio hat jetzt Internet" Geschichts- und Medienwissenschaftler*innen – noch unter Pandemiebedingungen virtuell in Eichstätt – zusammen, um sich in zwölf Vorträgen und anregenden Diskussionen über das Verhältnis zwischen Fachwissenschaften und Geschichtsdarstellungen auf Youtube auszutauschen. Der vorliegende Band vermag die zahlreichen Facetten der Veranstaltung nur ansatzweise zu erfassen, zumal mehrere Teilnehmer*innen aus verschiedenen Gründen leider nicht zur Publikation beitragen konnten. Umso mehr freut es uns, acht essenzielle Beiträge herausgeben zu dürfen, die sich aus neuen Perspektiven mit dem Thema beschäftigen.

Als wissenschaftliche Mitarbeiter ohne eigenen Etat sind wir vor allem der Maximilian-Bickhoff-Universitätsstiftung, der Eichstätter Universitätsgesellschaft, der Förderstiftung der Brauerei Fritz Gutmann und der Forschungsförderung der KU Eichstätt-Ingolstadt für die großzügige finanzielle Unterstützung dankbar, welche die Veranstaltung und die Herausgabe des vorliegenden Bandes erst möglich gemacht hat. Für ihre geduldige und ausdauernde Unterstützung bei der Durchführung der Tagung und den mit der Herausgabe des Tagungsbandes verknüpften redaktionellen Tätigkeiten sei Christina Nickl herzlich gedankt.

Kilian Baur und Robert Trautmannsberger
Eichstätt, Juni 2023

https://doi.org/10.1515/9783110792898-202

Kilian Baur und Robert Trautmannsberger

Klio und die Digitalisierung in unterschiedlichen Geschwindigkeiten

Ein einführendes Essay über Gesellschaft, Digitalisierung und Wissensproduktion

Massenwirksame Geschichtserzählungen zu produzieren und zu verbreiten, war noch nie so einfach wie heute. Während früher etwa aufwendig Bücher geschrieben und publiziert oder Kooperationen mit Fernsehsendern gesucht werden mussten, kann heute jede*r mit einem internetfähigen Endgerät und grundlegenden technischen Kenntnissen eigene massenwirksame Geschichtserzählungen in Umlauf bringen. Grundlage dafür ist das mittlerweile nicht mehr so neue Internet, das inzwischen einige Entwicklungen durchlebt hat und in Teilen selbst historisch geworden ist. Insbesondere in den zum Web 2.0 gehörenden Sozialen Medien begegnen uns Phänomene der Geschichts- und Erinnerungskultur überall, egal ob auf Facebook, Twitter, Instagram, TikTok oder Youtube.

Warum erscheint also noch im Jahr 2023 ein Tagungsband, der Geschichte im Internet als etwas vermeintlich Neues charakterisiert und noch dazu auf eine antike Muse Bezug nimmt? Klio, die „Rühmende" der vergangenen Zeiten,[1] Tochter der Titanin Mnemosyne, der die Domäne der Erinnerung zugeschrieben wird[2] – eine passendere Vereinigung von Geschichts- und Erinnerungskultur ließe sich mythologisch schwerlich finden. Während Klio als die ideale Patronin der historistischen Geschichtsschreibung des 19. Jahrhunderts anzusehen sein dürfte, ist man in den Geschichtswissenschaften inzwischen bekanntermaßen größtenteils vom Lobpreis großer Helden und ihrer Taten abgekommen. An anderer Stelle sind die traditionellere Form der Geschichtsdarstellung und ihre erinnerungtheoretischen Zusammenhänge aber immer noch höchst präsent: Denn Klio hat jetzt Internet – und ihre durchaus veralteten, aber nicht minder wirkmächtigen Formen der historischen Narration finden sich in allen Sozialen Medien wieder. Wenig verwunderlich drehen sich solche, zumeist von „Laien" erstellten, Produktionen vorwiegend um bekannte Themen und Persönlichkeiten, die entweder entlang etablierter Linien erinnert oder gezielt in Gegendarstellungen behandelt werden. Es geht dabei regelmäßig um das „richtige" Erinnern bekannter Ereignisse und Zusammenhänge, alternativ um die „richtige" Einordnung aufgrund wenig

1 Schrott, Raoul, Die Musen, München 2000, S. 119, 123, 127 f.
2 Ebd., S. 105–109.

https://doi.org/10.1515/9783110792898-001

bekannter Aspekte („Alles, was du über Thema XY wissen musst"), oder ganz grundlegend die „Entdeckung" unbekannter Kuriositäten historischer Realität. Wesentlicher Bestandteil des Erfolgsrezepts dieser Erinnerungsprodukte ist dabei die zielgruppen- und medienspezifische Inszenierung und Aufbereitung solcher Inhalte, mit denen Massen erreicht und gewonnen werden können und sollen. Dazu passt daher, dass Klio auch die Namensgeberin eines Awards der US-amerikanischen Werbeindustrie[3] ist und somit die Ruhmeslieder dieser Muse auf das profan Alltägliche gemünzt werden.

Was folgt nun daraus, dass Klios Lobpreis, der traditionell eher in Büchern, Bibliotheken und Lehrsälen zu Hause ist bzw. war, durch das Internet weltweite Reichweite zur Verfügung steht und somit allgemein einfacher zugänglich ist? Grundlegend lässt sich festhalten, dass der Annahme, die Digitalität stelle einen Wandel in der Konstruktion von Welt und Gesellschaft dar, kaum noch jemand widerspricht. Egal ob positive Zuschreibungen einer erhofften gewinnbringenden Demokratisierung wissenschaftlicher Inhalte oder die konträre Befürchtung, Wissen würde durch unkontrollierte Manipulation verdorben – beide Lesarten schreiben der Digitalisierung Wirkmacht zu.

Ganz gleich, welcher Interpretation man folgen will: Historiker*innen sind anders als ehedem nur noch einige unter vielen Akteur*innen; Erstere nehmen zudem das volle Potenzial der Möglichkeiten zur Vermittlung ihrer Inhalte und deren Relevanz aus verschiedenen Gründen nicht wahr. Neben der fehlenden Medienaffinität dürfte auch ein Problem die Furcht davor sein, zum Popprodukt zu werden, das vor allem im eigenen Fach nicht mehr als wissenschaftlich wahrgenommen würde, was Fabio Crivellari als „Unbehagen der Geschichtswissenschaft vor der Popularisierung" bezeichnet.[4] Die Leerstelle breitenwirksamer Geschichtsdarstellungen wird nicht nur durch den klassischen Journalismus ausgefüllt, sondern steht durch die breite Streuung der Zugänge zu Verteilerkanälen prinzipiell allen offen. Dies hat eine Atomisierung traditionell in den Geschichtswissenschaften verorteter Deutungshoheiten zur Folge. Und so entstanden ohne Beteiligung der historischen Fachwissenschaften in den letzten 15 bis 20 Jahren zahlreiche Geschichtskanäle, die mit unterschiedlicher Gewichtung allgemeine Geschichte, Militärgeschichte, Kurioses aus der Vergangenheit erzählen oder Schulwissen (curriculares Wissen) präsentieren. Die deutschsprachigen Kanäle

---

3 URL: https://clios.com/awards (letzter Zugriff 27.11.2022).

4 Fabio Crivellari, Das Unbehagen der Geschichtswissenschaft vor der Popularisierung, in: Thomas Fischer/Rainer Wirtz (Hrsg.), Alles authentisch? Popularisierung der Geschichte im Fernsehen, Konstanz 2008, S. 161–185.

„MrWissen2go Geschichte“[5] und „Geschichte – simpleclub“,[6] die in der ersten Hälfte der 2010er Jahre entstanden, griffen eine Entwicklung des englischsprachigen Raumes auf, wo die Geschichtsdarstellung auf Youtube bereits einige Jahre früher eingesetzt hatte, z. B. 2006 mit „Crashcourse“ und „OverSimplified“.[7]

Zwar dürfte weiterhin der Satz von Nils Steffen gelten, dass „Erklärvideos mit historischen Inhalten [...] weiterhin ein Nischenprodukt“ seien[8], v. a. wenn man deren Aufrufzahlen mit denen von Beautytipps, Hauls oder Katzenvideos vergleicht. Die Nische besagter Geschichtskanäle ist jedoch recht groß: „MrWissen2go Geschichte“ hat derzeit 1,12 Millionen Abonnent*innen, „Geschichte – simpleclub“ immerhin 228.000. Verglichen mit der Auflage des Geschichtsmagazins „Spiegel Geschichte“, 98.000 Stück,[9] erreichen zumindest die namhaften Youtube-Kanäle ein beachtenswert großes Publikum. Durch seine nicht unerhebliche Reichweite hat das „Medium Youtube“ eine nicht zu unterschätzende Wirkmacht,[10] auch bezüglich der Konstruktion, Verbreitung und Perpetuierung problematischer Geschichtsbilder. Bisher hat sich noch nicht erschlossen, ob und inwieweit sich das auf den gesellschaftlichen Diskurs auswirkt, weil ein Problembewusstsein diesbezüglich erst im Entstehen begriffen ist und daher analytische Zugriffe größtenteils fehlen.

Eine Wurzel des Problems dürfte auch sein, dass sich die technischen Möglichkeiten in den letzten beiden Jahrzehnten schneller entwickelten als der gesellschaftliche Diskurs zum Thema Digitalisierung. Dieser Diskurs ist geprägt von markanten Aushandlungsprozessen, denen verschiedene Haltungen zur Rolle der Digitalität in der Gesellschaft zugrundeliegen. Die mittlerweile fast schon zum geflügelten Satz gewordene Aussage Angela Merkels aus dem Jahr 2013, „Das Internet ist für uns alle Neuland“, und die darauffolgende Debatte können exemplarisch zum einen für die unterschiedlichen Geschwindigkeiten stehen, mit denen

---

5 MrWissen2go Geschichte, URL: https://www.youtube.com/@MrWissen2goGeschichte (letzter Zugriff 28.11.2022).

6 Simpleclub Geschichte, URL: https://www.youtube.com/@simpleclub_geschichte (letzter Zugriff 28.11.2022).

7 Crashcourse, URL: https://www.youtube.com/@crashcourse (letzter Zugriff 28.11.2022); OverSimplified, URL: https://www.youtube.com/@OverSimplified (letzter Zugriff 28.11.2022).

8 Nils Steffen, Doing History auf YouTube – Erklärvideos als Form performativer Historiografie, in: Christian Bunnenberg/Nils Steffen (Hrsg.), Geschichte auf YouTube: Neue Herausforderungen für Geschichtsvermittlung und historische Bildung (Medien der Geschichte, Bd. 2), Berlin/Boston, S. 61–70, hier S. 62.

9 Portfolio SpiegelGeschichte, URL: https://gruppe.spiegel.de/spiegel-media/portfolio-national-international/spiegel-geschichte (letzter Zugriff 07.06.2023).

10 Rat für Kulturelle Bildung e. V., Jugend/YouTube/Kulturelle Bildung. Horizont 2019. Studie: Eine repräsentative Umfrage unter 12- bis 19-Jährigen zur Nutzung kultureller Bildungsangebote an digitalen Kulturorten, Essen.

die Digitalisierung verschiedene gesellschaftliche Bereiche durchdringt, zum anderen dafür, wie sich unterschiedliche Gruppen dazu verhalten. Für zu viele hatte sich das Internet zu diesem Zeitpunkt bereits als Werkzeug zur Kommunikation und Informationsbeschaffung etabliert, sodass der Satz gerade auf Twitter und in anderen Sozialen Medien als anachronistisch empfunden und entsprechend spöttisch kommentiert wurde. Noch Jahre später sorgte auch das sarkastisch gemeinte Internet „an jeder Milchkanne“[11] für Gelächter in Talkshows des öffentlich-rechtlichen Rundfunks, auch wenn die ländlich lebenden Nutzer*innen mobilen Internets diesen Witz nicht als besonders amüsant empfunden haben dürften.[12]

Aber nicht nur im Diskurs, auch strukturell wird die Digitalisierung in unterschiedlichen Geschwindigkeiten betrieben. Einerseits wurde während der Coronapandemie das Fax als immer noch wichtiges Kommunikationsmedium in Verwaltung und Rechtswesen zum Symbol für einen so bezeichneten „Digitalisierungsrückstau“ in Deutschland. Andererseits wurde die Digitalisierung im Bildungssektor durch die Pandemielage notgedrungen vorangetrieben: Unterricht und universitäre Lehre mittels gängiger Konferenztools oder Online-Lektionen wurden plötzlich essenzielle, weil notwendige Bestandteile des Alltags an Schulen und Universitäten. Dadurch kam es zu einer umfassenderen Verschränkung von analoger und digitaler Welt, wie sie technisch zwar bereits seit längerem möglich gewesen wäre, vor der Pandemie aber nur in begrenzten Kreisen vorzufinden war.

Diese Verschränkung betrifft auch Youtube-Videos, die – unter anderem – der politischen und historischen Bildung dienen: Der mit Geschichtsvideos bekannt gewordene „MrWissen2Go“ interviewte beispielsweise anlässlich der Bundestagswahl 2021 Politiker*innen für „Kreuzverhör“, ein Format von Funk, dem Youtube-Netzwerk der öffentlich-rechtlichen Sendeanstalten.[13] Der historisch-politische Bildungsanspruch, den nicht zuletzt die Akteure selbst erheben, manifes-

11 Vgl. Petra Koruhn, Markus Lanz. Lobo und die Zukunft im Osten: Leitungen gegen Landflucht, 12.09.2019, URL: https://www.abendblatt.de/kultur-live/article227053401/Zukunft-im-Osten-Womit-Sascha-Lobo-Markus-Lanz-schockte.html (letzter Zugriff 15.12.2022).

12 Die Netzabdeckung in Deutschland war auch im Jahr 2021 noch nicht flächendeckend erreicht, s. Bericht zur Netzabdeckung der Bundesnetzagentur, von 2021, URL: https://www.bundesnetzagentur.de/SharedDocs/Pressemitteilungen/DE/2021/20211209_5GMonitoring.html#:~:text=4G%2D%20und%203G%20%2DVersorgung&text=96%20Prozent%20der%20Fl%C3%A4che%20von,der%20Fl%C3%A4che%20mit%203G%20versorgt (letzter Zugriff 15.12.2022); hier wird darauf verwiesen, dass zwar nur wenige Gegenden keine Breitbandabdeckung haben, allerdings noch 6,8 Prozent der Fläche von nur einem Anbieter bedient werden. Dieser muss nicht überall derselbe sein, was für Konsument*innen mit nur einer Sim-Karte nach wie vor zu Problemen führen kann.

13 Siehe z. B. funk (04.09.2021), Jens Spahn (CDU) im Kreuzverhör, URL: https://www.youtube.com/watch?v=VMQYfksrKS4 (letzter Zugriff 28.11.2022).

tiert sich etwa im Namen des Kanals „Terra X statt Schule“, der als Onlineableger der ZDF-Dokumentationsreihe Terra X anlässlich des Schulausfalls zu Lockdownzeiten geschaffen wurde (mittlerweile in „Terra X plus“ bzw. auf der Internetseite des ZDF in „Terra X plus Schule“ umbenannt).[14] Zum Konzept anderer Kanäle, etwa von „Simpleclub – history“, gehört eine inhaltliche Ausrichtung an den Lehrplänen weiterführender Schulen, um für die Prüfungsvorbereitung als relevant zu erscheinen. Mittlerweile hat Youtube für Simpleclub eine nur noch untergeordnete Bedeutung. Die Betreiber*innen des Kanals vertreiben ihre eigene Lernapp, die sie über ihren Kanal offensiv bewerben (s. den Beitrag von Daniel Münch).

Diesem Anspruch auf Wertigkeit gegenüber steht eine Unklarheit über den Hintergrund der Akteure und darüber, wie diese Inhalte erarbeitet werden. Manchmal handelt es sich bei den Contenterzeuger*innen um Einzelpersonen, manchmal auch um Mitglieder von Netzwerken, von denen neben den öffentlich-rechtlichen Sendern beispielsweise auch ProSiebenSat.1 Media mit Studio71 ein eigenes unterhält. Inwieweit hinter den Darstellungen von Mitgliedern solcher Netzwerke Einzelmeinungen oder kollektive Haltungen stehen, ist oftmals intransparent; ein Einfluss aufgrund von Zugehörigkeiten und Networking auf vermeintliche Einzelmeinungen ist jedoch nicht undenkbar. Auf jeden Fall spielen ökonomische Faktoren im Zusammenhang mit der Produktion von social-media-basierten Webinhalten eine wichtige Rolle, wenn diese nicht nur zum reinen Vergnügen und zur Selbstentfaltung erstellt werden. Und so bewegen sich die meisten Content-Ersteller*innen in einem Spannungsverhältnis aus Wissenskommunikation, Authentizität und Markenkommunikation.[15] Zur Perspektive der vermarktbaren Content-Erstellung bietet der Beitrag von Sandro Andreatta und Roman Schönenberger einen Eindruck aus erster Hand.

In Anbetracht der hohen Rezeptionszahlen von Youtube-Videos erscheint es fast nur als eine Frage der Zeit, bis sich dort angebotene Sinnbildungen mit all ihren Implikationen in andere, nicht-youtube-rezipierende Kreise fortpflanzen. Die potenzielle Einschlagskraft mittels auf Youtube initiierter Diskurse vermag die Veröffentlichung des Videos „Die Zerstörung der CDU“ des Youtubers Rezo im Mai 2019 verdeutlichen: Das Video hat drei Jahre nach seinem Upload knapp 20 Millionen Aufrufe und stieß bei Erscheinen eine bundesweite und medienüber-

---

14 TerraXplus, URL: https://www.youtube.com/@TerraXplus (letzter Zugriff 28.11.2022); URL: https://www.zdf.de/dokumentation/terra-x/terra-x-plus-schule-100.html (letzter Zugriff 28.11.2022).
15 Judith Uebing, Geschichte in 10 Minuten – Wie geht das? Ein Vorschlag zur Analyse von historischen Erklärvideos auf der Plattform YouTube, in: Christian Bunnenberg/Nils Steffen (Hrsg.), Geschichte auf YouTube: Neue Herausforderungen für Geschichtsvermittlung und historische Bildung (Medien der Geschichte, Bd. 2), Berlin/Boston 2019, S. 71–96, hier S. 72–75.

greifende politische Diskussion an.[16] Dass auch staatliche Akteure Youtube und anderen Online-Informationskanälen eine große Relevanz für die politische Meinungsbildung beimessen, zeigte jüngst die Sperrung russischer Staatsmedien auf Twitter im Zuge der europäischen Sanktionspolitik.[17] Gleichermaßen wurden soziale Netzwerke in Russland gesperrt, wo der Facebook-Mutterkonzern Meta jetzt sogar offiziell als terroristische Organisation geführt wird. Facebook und Instagram sind dementsprechend für russische Bürger*innen nicht mehr frei erreichbar.[18] Youtube hingegen, das auch innerhalb der offiziösen und offiziellen russischen Informationssphäre eine Rolle spielt, ist immer noch verfügbar, obwohl bereits mit Sperrung gedroht worden war.[19]

An der Schnittmenge all dieser Felder – Wissenschaft/Wissenschaftskommunikation, Digitalisierung, politisch-historische Bildung, politische Debatte, wirtschaftliche Interessen – ist das Thema der Geschichtsdarstellung auf Youtube anzusiedeln. Der großen Relevanz des „Mediums Youtube" trägt das Ausmaß der wissenschaftlichen Auseinandersetzung bisher jedoch keine Rechnung. Als eine der wenigen Ausnahmen im historischen Bereich leistet der von Christian Bunnenberg und Nils Steffen 2019 herausgegebene Tagungsband *Geschichte auf YouTube. Neue Herausforderungen für Geschichtsvermittlung und historische Bildung*[20] wichtige Pionierarbeit. In dessen Mittelpunkt stehen neben Fragen der historischen Narrativität und Authentizität Methoden zur Analyse von Kanälen und Videos sowie Überlegungen zu partizipativen Elementen auf Youtube. Dennoch steckt die historisch-fachwissenschaftliche Forschung zur Plattform Youtube noch in den Kinderschuhen. Das zeigt sich unter anderem daran, dass sich noch keine allgemein anerkannte Methodologie herausgebildet hat, mit der etwa eine Kanal- und Videoanalyse vorzunehmen wäre, ja noch nicht einmal definitiv ausgehandelt wurde, ob es überhaupt neuer Methoden bedarf oder ob der vorhandene ge-

---

16 Siehe dazu beispielsweise URL: https://www.deutschlandfunkkultur.de/cdu-zerstoerungs-video-von-rezo-jung-politisch-und-100.html (letzter Zugriff 02.12.2022); Rezo ja lol ey (18.05.2019), Die Zerstörung der CDU, URL: https://www.youtube.com/watch?v=4Y1lZQsyuSQ (letzter Aufruf 28.11.2022).

17 So wird etwa der Twitterkanal von Ria Novosti seit einigen Monaten nicht mehr in Ländern der Europäischen Union angezeigt. Tweets erscheinen zwar als Platzhalter in der Timeline, können aber nicht aufgerufen werden.

18 Barbara Oertel, Facebook-Konzern in Russland: Meta auf der Terrorliste, URL: https://taz.de/Facebook-Konzern-in-Russland/!5887744/ (letzter Zugriff 02.12.2022).

19 Simon Hurtz im Gespräch mit Vladimir Balzer, Soziale Medien in Russland – Sperrungen und staatliche Propaganda (09.03.2022), URL: https://www.deutschlandfunkkultur.de/tiktok-als-faktor-informationskrieg-in-den-sozialen-netzwerken-100.html (letzter Zugriff 02.12.2022).

20 Christian Bunnenberg/Nils Steffen (Hrsg.), Geschichte auf YouTube. Neue Herausforderungen für Geschichtsvermittlung und historische Bildung (Medien der Geschichte, Bd. 2), Berlin/Boston 2019.

schichts- und medienwissenschaftliche Methodenfundus nur neu angewendet werden müsste.[21]

Eigentlich wären Geschichtsvideos ein klassisches Phänomen der Geschichtskultur. Einerseits stellen Youtube-Videos mit historischem Inhalt diesbezüglich keine Ausnahme dar, denn sie vermitteln (implizite oder explizite) Orientierungssangebote an ihre Rezipient*innen,[22] andererseits geht die Einbettung der Videos in eine interaktive Plattform mit einer Eigenlogik einher, die eine spezifische Dynamik entfaltet. Beispielsweise kann die den sog. Influencer*innen attestierte Glaubwürdigkeit in Verbindung mit dem Verständnis von Geschichte als Vergangenheit (mithin also als bloßes Abbild derselben) die Bereitschaft der Rezipient*innen drastisch vermindern, die auf Youtube dargebotenen Narrationen zu hinterfragen, und stattdessen dazu verleiten, sie als scheinbar objektive „Faktengeschichte" einfach hinzunehmen. Diese Problematik potenziert sich dadurch, dass historischen Orientierungen handlungsleitende Motive entspringen können. Rezipient*innen sind mit fachlich und normativ nicht triftigen Geschichtsdarstellungen konfrontiert (mit veralteten Geschichtsbildern oder Konzepten, Großerzählungen, die in den Geschichtswissenschaften längst ad acta gelegt wurden, oder auch mit rein manipulativen Darstellungen), ohne dass sie inhärente Fehler und versuchte Einflussnahmen (immer) selbst erkennen könnten (s. die Beiträge von Marie Föllen sowie Ulf Kerber und Franziska Wittau). So sind Rezipient*innen dem Risiko einer völlig unhinterfragten Übernahme präsentierter Deutungsmuster ausgeliefert, denen sie selbst nicht hinreichend begegnen können und deren kritische Einordnung unterbleibt. Insofern können manipulative Sinnbildungen über vergangenes Geschehen durchaus in der Gegenwart der Rezipient*innen Wirkung entfalten. Eine solche Manipulation versucht beispielsweise das offizielle Narrativ des russischen Verteidigungsministeriums, das auf seinem Telegram-Kanal die Ereignisse in der Ukraine des Jahres 2022 mit historischen Kampfhandlungen des Jahres 1944 kontextualisiert, um die Erzählung vom Abwehrkampf gegen „Nazis" zu unterstreichen.[23]

---

21 Den Versuch einer Methodisierung unternehmen Uwe Danker und Astrid Schwabe in: Uwe Danker/Astrid Schwabe, Geschichte im Internet, Stuttgart 2017; s. zur Methodendiskussion auch Mareike König, Geschichte digital: Zehn Herausforderungen, 07.12.2020, URL: https://blog.degruyter.com/geschichte-digital-zehn-herausforderungen/ (letzter Zugriff 15.12.2022).

22 Andreas Körber/Waltraud Schreiber/Alexander Schöner (Hrsg.), Kompetenzen historischen Denkens. Ein Strukturmodell als Beitrag zur Kompetenzorientierung in der Geschichtsdidaktik, Neuried 2007; Jörn Rüsen, Was ist Geschichtskultur? Überlegungen zu einer neuen Art, über Geschichte nachzudenken, in: Klaus Füßmann (Hrsg.), Historische Faszination. Geschichtskultur heute, Köln (u. a.) 1994, S. 3–26.

23 Da es sich bei Telegram originär um einen Messaging-Dienst handelt, bekommen die Nutzer*innen nur die Beiträge zu sehen, die nach dem Beitritt in einem Kanal gepostet werden. Im

Der Einfluss fachlich und moralisch/normativ wenig fundierter, beziehungsweise ganz und gar abwegiger Geschichtsdarstellungen wirkt zudem auf das historische Bewusstsein und die Identitätsbildung der Einzelnen und damit auf die kollektive Erinnerung der gesamten Gesellschaft. Es müssten also Wege gefunden werden, wie die Förderung historischer Kompetenzen über den Schulunterricht hinaus auch in der Gesamtgesellschaft verwirklicht und verstetigt werden könnte, um den umfassenden Herausforderungen der digitalen Informationsgesellschaft adäquat begegnen zu können. Da eine ständige fachwissenschaftliche Begleitung natürlich nicht realisierbar erscheint, muss bei Rezipient*innen also die Herausbildung eines möglichst kritischen und reflektierten Geschichtsbewusstseins, operationalisiert als Kompetenzen historischen Denkens, gefördert werden.[24]

Den Historiker*innen könnte in diesem Zusammenhang sowohl im geschichtskulturellen als auch im erinnerungskulturellen Diskurs eine Kontroll- und Förderfunktion zukommen,[25] die aber – so muss man konstatieren – aktuell eher rudimentär ausgeübt wird. Wir fragten uns daher, welchen Beitrag dazu eine wissenschaftliche Auseinandersetzung mit Geschichtsdarstellungen auf Youtube leisten könnte. Alle Beiträge dieses Bandes erkunden verschiedene methodische Möglichkeiten zur Nutzbarmachung von Youtube für die Erforschung von Geschichts- und Erinnerungskultur. Dabei war uns durchaus bewusst, dass es nicht möglich sein würde, eine „Youtube-Methode“ zu erfinden oder Youtube im Gefüge der His-

---

Verlauf des Jahres 2022 postete der englischsprachige Kanal des Verteidigungsministeriums der Russischen Föderation regelmäßig Beiträge zum Jahr 1944, in dem die Rote Armee gegen das „Dritte Reich“ in die Offensive gegangen war und damit Geländegewinne verzeichnen konnte. Allein im April waren es 14 Beiträge mit dem Suchbegriff „1944“. In der Folge wurde die Anzahl monatlicher Beiträge geringer. Vor allem die Belagerung der Stadt Mariupol und ihre Aufladung durch den vielbeschworenen „Kampf gegen Nazis“ wurde massiv durch historische Vergleiche begleitet. Unter dem Hashtag „denaZification“ beispielsweise am 15. April 2022: „Report to the commander of the 1st Ukrainian Front, Marshall of the Soviet Union Georgy Zhukov; May 13, 1944; Hiding from the Ukrainian population their connection with the German military and civil authorities, the Banderites act at the behest of the Germans, receiving from them in return arms, uniforms and other military property. This weapon was used by the nationalists not only against partisans and soldiers of the Red Army, but also against the civilian population: ‚Banderaites [sic!] through mass terror seek to suppress public sympathy for the Soviet government‘. The document cites several episodes of atrocities by the nationalists, such as: ‚In the village of Shchenyatin (21 km north of Sokal), the Banderaites [sic!] shot 87 former Soviet activists of the village‘.“ Durch die Kontextualisierung sollte vermittelt werden, dass der Ukrainische Staat und mit ihm die Ukrainer*innen nach wie vor Nazis und deren Kollaborateur*innen seien und Zivilist*innen töteten.

24 Körber u. a. (Hrsg.), Kompetenzen.

25 Cord Arendes/Angela Siebold, Zwischen akademischer Berufung und privatwirtschaftlichem Beruf. Für eine Debatte um Ethik und Verhaltenskodizes in der historischen Profession, in: Geschichte in Wissenschaft und Unterricht 66 (2015), S. 152–166, hier S. 155 f.

toriografien konzeptionell neu zu verorten. Auch eine Anleitung für bessere Videos wollten und konnten wir nicht erstellen. Unser Ansatz war daher von Anfang an ein rein analytischer, indem wir das vorfindliche Material sichten und wissenschaftlich theoretisch sondieren wollten. Da es uns dabei vorwiegend um unterschiedliche Perspektiven und eine möglichst umfassende Erschließung höchst heterogener Materialien ging, war es uns wichtig, einen Interdisziplinären Ansatz zu verfolgen, indem wir gezielt die Felder der historischen Fachwissenschaften und der Didaktik sowie der Medienwissenschaften mit in unsere Überlegungen einschlossen. So widmen sich alle Beiträge Fragen der Authentizität und Plausibilität/Triftigkeit von Geschichtserzählungen, Methoden ihrer Präsentation und den medienspezifisch-technischen Aspekten der Einbettung historischer Narrative in das „Medium Youtube".

Deshalb legen sich die Beiträger*innen nicht auf Erklärvideos fest, sondern gehen auch auf andere Repräsentationen von Geschichte auf Youtube ein, z. B. in Form von Zeitzeug*inneninterviews (s. den Beitrag von Josefine Honke) oder Diskussionen in den Kommentarsektionen (s. den Beitrag von Tobias Winnerling). Konfrontiert sind alle Beiträge mit der Problematik der Undurchschaubarkeit des Mediums. Das ist vor allem auf den größtenteils unbekannten Algorithmus zu beziehen, der es schwierig macht, die hypermediale Komponente der Plattform zu erfassen (s. den Beitrag von Sebastian Kubon) und somit Forschungsdesigns objektiv, mithin reproduzierbar und vergleichbar zu gestalten. Gleichzeitig macht das seinen besonderen Reiz aus: Youtube ist wie die anderen Sozialen Medien nicht statisch und wird ständig aktualisiert. Das erschwert die Korpusbildung für die wissenschaftliche Arbeit mit der Plattform, da Veränderungen und die Historizität des Mediums berücksichtigt werden müssen (s. den Beitrag von Lea Frese-Renner). Auch Wechselwirkungen mit später entstandenen Platformen, z. B. TikTok, müssten eigentlich Berücksichtigung finden, sind aber wegen der Dynamik der Medien schwer greifbar.

Allen Beiträgen liegt implizit oder explizit die Frage danach zugrunde, wie sich die Geschichtswissenschaften mit den auf Youtube kursierenden Formen der Geschichtsdarstellung auseinandersetzen sollten. Können sie derartige Darstellungen trotz ihres mitunter manipulativen Charakters einfach ignorieren oder müssen sie als Gegenangebot gar selbst in der historisch-politischen Bildung auch auf Youtube mitmischen, wenn nicht als Content-Ersteller*innen, dann zumindest, indem sie bestehende Angebote kommentieren? Sind das Anbieten von analytischem Rüstzeug und die Reflexion der Geschichtsdarstellungen im Rahmen der Bildungsarbeit also mögliche Alternativen zur eigenen content-erstellerischen Tätigkeit? Ganz grundsätzlich formuliert wirft die Auseinandersetzung mit Youtube die Frage auf, welche Rolle die Geschichtswissenschaften in der öffentlichen Geschichtsrezeption im 21. Jahrhundert spielen wollen, sollen und können. Eine abschließende Antwort vermag der Band nicht zu bieten, er will aber zahlreiche Angebote zur Reflexion dieser Fragen machen.

Literatur

Arendes, Cord/Siebold, Angela (2015), Zwischen akademischer Berufung und privatwirtschaftlichem Beruf. Für eine Debatte um Ethik und Verhaltenskodizes in der historischen Profession, in: Geschichte in Wissenschaft und Unterricht 66, S. 152–166.

Bunnenberg, Christian/Steffen, Nils (Hrsg.) (2019), Geschichte auf YouTube. Neue Herausforderungen für Geschichtsvermittlung und historische Bildung (Medien der Geschichte, Bd. 2), Berlin/Boston.

Crivellari, Fabio (2008), Das Unbehagen der Geschichtswissenschaft vor der Popularisierung, in: Fischer, Thomas/Wirtz, Rainer (Hrsg.), Alles authentisch? Popularisierung der Geschichte im Fernsehen, Konstanz, S. 161–185.

Danker, Uwe/Schwabe, Astrid (2017), Geschichte im Internet, Stuttgart.

König, Mareike (2020), Geschichte digital: Zehn Herausforderungen, 07.12.2020, URL: https://blog.degruyter.com/geschichte-digital-zehn-herausforderungen/ (letzter Zugriff 15.12.2022).

Körber, Andreas/Schreiber, Waltraud/Schöner, Alexander (Hrsg.) (2007), Kompetenzen historischen Denkens. Ein Strukturmodell als Beitrag zur Kompetenzorientierung in der Geschichtsdidaktik, Neuried.

Oertel, Barbara (2022), Facebook-Konzern in Russland: Meta auf der Terrorliste, 12.10.2022, URL: https://taz.de/Facebook-Konzern-in-Russland/!5887744/ (letzter Aufruf 02.12.2022).

Rat für Kulturelle Bildung e. V. (2019), Jugend/YouTube/Kulturelle Bildung. Horizont 2019. Studie: Eine repräsentative Umfrage unter 12- bis 19-Jährigen zur Nutzung kultureller Bildungsangebote an digitalen Kulturorten.

Rüsen, Jörn (1994), Was ist Geschichtskultur? Überlegungen zu einer neuen Art, über Geschichte nachzudenken, in: Füßmann, Klaus (Hrsg.), Historische Faszination. Geschichtskultur heute, Köln (u. a.), S. 3–26.

Schrott, Raoul (2000), Die Musen, München.

Steffen, Nils (2019), Doing History auf YouTube – Erklärvideos als Form performativer Historiografie, in: Bunnenberg, Christian/Steffen, Nils (Hrsg.), Geschichte auf YouTube: Neue Herausforderungen für Geschichtsvermittlung und historische Bildung (Medien der Geschichte, Bd. 2), Berlin/Boston, S. 61–70.

Uebing, Judith (2019), Geschichte in 10 Minuten – Wie geht das? Ein Vorschlag zur Analyse von historischen Erklärvideos auf der Plattform YouTube, in: Bunnenberg, Christian/Steffen, Nils (Hrsg.), Geschichte auf YouTube: Neue Herausforderungen für Geschichtsvermittlung und historische Bildung (Medien der Geschichte, Bd. 2), Berlin/Boston, S. 71–96.

Podcasts und Videos

funk (04.09.2021), Jens Spahn (CDU) im Kreuzverhör, URL: https://www.youtube.com/watch?v=VMQYfksrKS4 (letzter Zugriff 28.11.2022).

Hurtz, Simon im Gespräch mit Vladimir Balzer, Soziale Medien in Russland – Sperrungen und staatliche Propaganda (09.03.2022), URL: https://www.deutschlandfunkkultur.de/tiktok-als-faktor-informationskrieg-in-den-sozialen-netzwerken-100.html (letzter Zugriff 02.12.2022).
Rezo ja lol ey (18.05.2019), Die Zerstörung der CDU, URL: https://www.youtube.com/watch?v=4Y1lZQsyuSQ (letzter Zugriff 28.11.2022).

Lea Frese-Renner

Die DDR auf Youtube: Suchbewegungen mit zeithistorischer Perspektive

1. Das andere Deutschland – Die Geschichte der DDR
2. 1988 Helmut Kohl privat in der DDR
3. Alltag in der DDR 1981 Landwirtschaft Dokumentation (Retro81)

URL: https://www.youtube.com/results?search_query=DDR, Zugriff am 28.09.2022.

1. Beethoven Virus DDR Level Asian
2. exploring the wild world of DDR controllers
3. SUIVEZ LE RAPPEL DE LA DDR SUIVIE DE QUESTIONS ET RÉPONSE PAR OUSTAZ DIANÉ ET ISMAEL AKA

URL: https://web.archive.org/web/20210928094439/https://www.youtube.com/results?search_query=DDR.[1]

Zwei Suchanfragen auf Youtube zum Begriff ‚DDR' – und schon ein Blick auf die je ersten Treffer zeigt: Die Diskrepanz könnte größer kaum sein. Dass die Suchfunktion von Youtube algorithmisch geprägt ist und die Ergebnisse dementsprechend von IP zu IP, von Account zu Account, von Standort zu Standort stark variieren können, ist hinlänglich bekannt.[2] Darüber hinaus stellt sich jedoch die Frage, wie sich diese Divergenzen im Prozess der Archivierung konkret auswirken.[3] Die zwei obenstehenden Blöcke mit Suchtreffern stellen ein Beispiel dafür dar, wie ein Archivierungsversuch an ebendiesen Unwägbarkeiten scheitern kann.

---

1 Diese URL verweist auf eine im Internet Archive archivierte Webseite. Die im Internet Archive archivierten Webseiten werden hier als Archivgut behandelt. Ebenso wie bei anderen Archiven üblich, lege ich bei der Nutzung die Annahme zugrunde, dass die Archivierung auf Dauer angelegt ist. Das Datum des letzten Zugriffs anzugeben birgt somit keinen Mehrwert. Das hier relevante Datum ist bereits in der URL enthalten: „20210928". Der 28.9.2021 ist das Datum, an dem eine Version der unter der URL https://www.youtube.com/results?search_query=DDR abrufbaren Webseite archiviert wurde.

2 Vgl. etwa José van Dijck, The Culture of Connectivity. A Critical History of Social Media, Oxford 2013, S. 125.

3 Der Medienwissenschaftler Richard Rogers schnitt diese Frage bereits an. Youtube und andere Plattformen mit User-Generated Content würden zwar dem Internet Archive die Archivierung nicht verwehren, doch durch Personalisierung und Ranking komme es zu „skewing", also Verzerrung. Richard Rogers, Periodizing Web Archiving. Biographical, Event-Based, National and Autobiographical Traditions, in: Niels Brügger/Ian Milligan (Hrsg.), The SAGE Handbook of Web History, Los Angeles 2019, S. 42–45, hier S. 48 f.

https://doi.org/10.1515/9783110792898-002

Die erste Suchanfrage, die zu den oberen drei Treffern führte, stellte die Autorin dieses Beitrags am 28. September 2021 in Berlin von ihrem Laptop aus direkt in der Eingabemaske der Videoplattform Youtube.[4] Die Videos waren zwischen zwei und elf Monaten vor der Suchanfrage von drei verschiedenen privaten Youtube-Accounts hochgeladen worden. Es handelt sich dabei im weitesten Sinn um Dokumentationen zur Geschichte der Deutschen Demokratischen Republik, die von Spiegel TV, dem Hessischen Rundfunk bzw. dem Mitteldeutschen Rundfunk ausgestrahlt worden waren. Zum Zeitpunkt der Verschriftlichung dieses Beitrags war nur das zweite der drei Videos noch auffindbar – und das auch nur über eine Google-Suche.[5] Die anderen beiden Videos waren wahrscheinlich wieder gelöscht worden.

Unter den ersten drei Treffern der zweiten Suchanfrage finden sich im Gegensatz dazu keine Videos mit historischen Bezügen zum untergegangenen Staat DDR. Stattdessen drehen sich zwei Videos um das 1998 auf den Markt gekommene Videospiel *Dance Dance Revolution*[6], während ein Drittes zwei Männer einer „Da'-wah dans la rue"-Kampagne zeigt, also der ebenfalls mit ‚DDR' abgekürzten islamischen Straßenmission. Letztlich wurde auch diese Suchanfrage von der Autorin dieses Beitrags initiiert. Sie ist das Ergebnis des Versuchs, die Webseite mit den zuerst beschriebenen Suchtreffern zum Stichwort ‚DDR' im Internet Archive zu archivieren. Der Versuch scheiterte. Denn fügt man die entsprechende URL (https://www.youtube.com/results?search_query=DDR) auf der Startseite der zum Internet Archive gehörenden Wayback Machine in das Eingabefeld „Save Page Now" ein und klickt „SAVE PAGE",[7] so rufen die Crawler der Wayback Machine

---

4 Auf die entsprechende URL (https://www.youtube.com/results?search_query=DDR) zu verweisen, ist hier wenig sinnvoll, wie der folgende Absatz zeigt. Der Autorin liegt ein Screenshot der damaligen Abfrage vor.

5 Da das Video nicht mehr auf Youtube gelistet ist, taucht es nicht in den Suchtreffern auf und ist nur über Playlists, externe Suchmaschinen oder die URL zu finden. Vgl. die Informationen zu Datenschutzeinstellungen auf Google Support, URL: https://web.archive.org/web/20220120065831/https://support.google.com/youtube/answer/157177?hl=de&co=GENIE.Platform%3DDesktop#zippy=%2Cnicht-gelistete-videos. Für das Video siehe DXY (10.07.2021), 1988 Helmut Kohl privat in der DDR, URL: https://www.youtube.com/watch?v=WtmbxMafr04&list=PL6Z96DF9IN_wjFCns6iEo2Ui8YH9YZMTw&index=13 (letzter Zugriff 07.09.2022).

6 *Dance Dance Revolution* stellte bereits 2004 den Kulturwissenschaftler Paul Cooke vor ähnliche Probleme, als er für eine Studie über Websites zur DDR Suchtreffer auswertete. Vgl. Paul Cooke, Representing East Germany Since Unification. From Colonization to Nostalgia, Oxford 2005, S. 204 f.

7 Mit „Save Page Now" können Nutzer*innen der Wayback Machine selbst Webseiten archivieren, URL: https://web.archive.org/.

die Webseite neu auf – und erhalten von Youtube ihre ganz eigene, auf ihre jeweilige IP abgestimmte Trefferliste.[8]

Das Akronym ‚DDR' mag besonders geeignet sein, um aufzuzeigen, wie „digitale Infrastrukturen und [...] Suchalgorithmen [...] aktiv in den Denk- und Handlungsprozess historischer Sinnbildung ein[greifen]"[9] – wie also in diesem Fall die algorithmische Grundlage der Suchfunktion von Youtube im Prozess der Archivierung im Internet Archive in die „digitalen Wiedergeburten"[10] der Webseiten hineinwirkt und ohne jede Absicht bestimmte Perspektiven auf die Bestände der Videoplattform auf Dauer privilegiert, während andere im Archiv unwiederbringlich verschwinden. Die algorithmische Durchdringung von Youtube wird mit der Archivierung also nicht notwendigerweise aufgehoben, sondern kann im Gegenteil sogar durch sie verstärkt werden. Die Ausgangspunkte der Crawler des Internet Archive – immerhin weltweit die Institution mit der umfangreichsten Sammlung ‚historischer' Versionen von Websites, Youtube eingeschlossen[11] – sind damit alles andere als unerheblich. Letztlich verweist der gescheiterte Archivierungsversuch auf das zentrale Erkenntnisinteresse dieses Beitrags: Inwiefern ist es möglich, die Topografie der Auseinandersetzungen mit der DDR auf Youtube zu einem bestimmten Zeitpunkt im Nachhinein nachzuvollziehen? Manche Medienwissenschaftlerinnen beschreiben Youtube bereits als „particularly valuable place for future historical research".[12] Gleichzeitig ist keinesfalls ausgemacht, inwiefern es zukünftig überhaupt möglich sein wird, einen diachronen Blick zurück auf die Inhalte dieser Plattform zu werfen. So stellt sich schon jetzt die Frage, wie sich die vorrangig von Erklärvideos[13] und öffentlich-rechtlich produzierten Dokumentationen geprägte Topografie, die sich der Autorin heute darbietet, in den Jahren zuvor gestaltete. Es gilt also, davon ausgehend den Versuch zu unternehmen, einen

8 Für das Ergebnis des Archivierungsversuchs, siehe URL: https://web.archive.org/web/20210928094439/https://www.youtube.com/results?search_query=DDR. Siehe hier ebenso für die letzten drei beschriebenen Videos.

9 Andreas Fickers, Update für die Hermeneutik. Geschichtswissenschaft auf dem Weg zur digitalen Forensik?, in: Zeithistorische Forschungen 17 (2020), S. 157–168, hier S. 158.

10 Fickers, Update, S. 166. Der Begriff verweist darauf, dass die archivierten Websites keine identischen Kopien oder unverbrüchlichen ‚Artefakte' sind, sondern eben Rekonstruktionen, weshalb sie hier im Folgenden als ‚Versionen' bezeichnet werden.

11 Vgl. auch Susan Aasman, Finding Traces in YouTube's Living Archive. Exploring Informal Archival Practices, in: Tijdschrift voor Mediageschiedenis 22 (2019), S. 35–55, hier S. 42.

12 Annamaria Motrescu-Mayes/Susan Aasman, Amateur Media and Participatory Culture. Film, Video, and Digital Media, Abingdon 2019, S. 140.

13 Zu Erklärvideos vgl. Christian Bunnenberg/Nils Steffen (Hrsg.), Geschichte auf YouTube. Neue Herausforderungen für Geschichtsvermittlung und historische Bildung (Medien der Geschichte, Bd. 2), Berlin/Boston 2019.

diachronen Blick zurückzuwerfen und so eine explorative zeithistorische Perspektive auf die Plattform zu eröffnen.

I Die Anfänge von Youtube im Fokus

Um Antworten auf diese Fragen zu finden, wurde für diesen Beitrag versucht, Formen der Auseinandersetzung mit der DDR auf Youtube in der Anfangszeit der Plattform ausfindig zu machen – also in den nicht ganz 18 Monaten zwischen dem Upload von *Me at the Zoo* als erstem öffentlich zugänglichen Video am 23. April 2005[14] und der am 9. Oktober 2006 verkündeten Übernahme durch Google für über 1,6 Milliarden Dollar.[15] In den Blick rückt damit die „early YouTube culture",[16] eine Phase, innerhalb welcher die Zahl der Unique Visitors der Plattform auf weltweit über 13 Millionen stieg,[17] und Youtube trotzdem noch, genau wie andere frühe Social-Media-Plattformen (etwa Friendster oder Facebook), ein Nischenphänomen darstellte.[18] Die Anfänge der Videoplattform fallen damit in eine Zeit der Neuaushandlung „digitaler Praktiken"[19] und Formate,[20] sind jedoch gleichzeitig vor dem Hintergrund älterer „sociotechnical practice[s]"[21] zu sehen, über die ebenfalls bereits Videos geteilt wurden. Folgt man der Medienwissenschaftlerin José van Dijck, verstanden Youtube-Nutzer*innen ihre Aktivitäten anfangs als „cultural citizenship and participatory culture".[22] Dass auch professionelle Akteure wie die öffentlich-rechtlichen Medienanstalten oder gar das in Berlin

---

14 Für die früheste Version des von Youtube-Mitgründer Jawed Karim hochgeladenen Videos im Internet Archive, vgl. URL: https://web.archive.org/web/20061208083125/https://www.youtube.com/watch?v=jNQXAC9IVRw.

15 Vgl. Pelle Snickars/Patrick Vonderau, Introduction, in: Dies. (Hrsg.), The YouTube Reader, Stockholm 2009, S. 9–21, hier S. 9.

16 Aasman, Finding Traces, S. 36.

17 So die Zahl nach einem Jahr. Vgl. Snickars/Vonderau, Introduction, S. 10.

18 U. a. auch zur Definition von Sozialen Medien und Youtube als „UGC site", vgl. van Dijck, Connectivity, S. 4 und S. 8. Zu Nutzungszahlen siehe auch Maria Gerhards/Annette Mende, Offliner: Vorbehalte und Einstiegsbarrieren gegenüber dem Internet bleiben bestehen. ARD/ZDF-Online-Studie 2006, in: Media Perspektiven 8 (2006), S. 416–430, hier S. 417; Natalie Beisch/Andreas Egger/Carmen Schäfer, Bewegtbildmarkt in Bewegung: Videonutzung habitualisiert sich in mittlerer Altersgruppe. Ergebnisse der ARD/ZDF-Massenkommunikation Trends und der ARD/ZDF-Onlinestudie 2021, in: Media Perspektiven 10 (2021), S. 518–540, hier S. 536.

19 Vgl. die Ausgabe „Digitale Praktiken" der Zeitschrift Mittelweg 36 (2021).

20 Vgl. José van Dijck, Mediated Memories in the Digital Age, Stanford 2007, S. 50.

21 Van Dijck, Connectivity, S. 111.

22 Ebd., S. 115.

zu besichtigende DDR-Museum, das im Jahr nach dem Launch der Videoplattform seine Eröffnung feierte und 2010 einen eigenen Youtube-Kanal erstellte, hier einmal aktiv werden sollten, war in dieser Zeit wohl kaum vorstellbar.[23] Dies änderte sich nach dem Milliardengeschäft mit Google, das der Plattform schlagartig großes Interesse in den Medien und auf den Aktienmärkten bescherte und die Entwicklung neuer Geschäftsmodelle mit sich brachte. Damit einher ging in der privaten Nutzung eine Schwerpunktverschiebung vom aktiven Teilen zum mehr oder weniger passiven Anschauen von Videos,[24] was wohl nicht zuletzt eine Folge des immer breiter werdenden Nutzer*innen-Kreises war. Im Anschluss an van Dijck, die die Geschichte der Videoplattform als „rebellion from, courtship of, and marriage to television"[25] beschrieb, wäre es hier die kurze ‚rebellische' Phase, die in den Blick genommen wird. Ob die Beschreibung als ‚rebellisch' letztlich auch für die zu untersuchenden Formen der Auseinandersetzung mit der DDR trägt, wird noch zu prüfen sein.

Der zeitliche Abstand zu dieser Phase ist mit kaum mehr als 15 Jahren für eine historisierende Betrachtungsweise sehr gering, auch wenn unter Nutzer*innen der ersten Stunde bereits „feelings of nostalgia for ‚Old Skool' [sic!] YouTube"[26] aufkommen mögen.[27] Insofern erscheint es denn auch zunächst folgerichtig, dass Geschichte in Sozialen Medien bislang vorrangig als Phänomen der Gegenwart betrachtet wird.[28] Nach dem Umgang mit „Social Media as Historical Sources" zu fragen, heißt dann etwa, den Umgang mit Big Data in den Geschichtswissenschaften und methodische Zugänge der Digital History zu erproben.[29] Gleichzeitig fehlen umfassende Archivierungsvorhaben, die etwaige Bestände schaffen würden, auf deren Öffnung nach 30 Jahren sich zu warten lohnen wür-

---

23 Vgl. Hannes Burkhardt, DDR-Geschichte auf YouTube. Alltag und Diktatur in digitalen Geschichtserzählungen des DDR-Museums (Berlin), in: Bunnenberg/Steffen (Hrsg.), Geschichte auf YouTube, S. 97–123, hier S. 105.

24 Vgl. van Dijck, Connectivity, S. 115 f., 125–127.

25 Ebd., S. 131.

26 Susan Aasman, Becoming YouTube's Grandad. Media, Age, and Generation in a Virtual Community, in: Susan Aasman/Andreas Fickers/Joseph Wachelder (Hrsg.), Materializing Memories. Dispositifs, Generations, Amateurs, New York 2018, S. 151–166, hier S. 163.

27 Zum Problem des geringen zeitlichen Abstands vgl. auch Kerstin Brückweh, Das vereinte Deutschland als zeithistorischer Forschungsgegenstand, in: Aus Politik und Zeitgeschichte 70 (2020), Nr. 28–29, S. 4–10, hier S. 4.

28 So etwa im Band von Bunnenberg/Steffen (Hrsg.), Geschichte auf YouTube. Ein Beitrag beschäftigt sich mit Web Archiving, aber nur sehr am Rande mit Youtube. Vgl. Jens Crueger, Digital Native History: Überlegungen zum Kulturellen Gedächtnis im digitalen Zeitalter, in: Bunnenberg/Steffen (Hrsg.), Geschichte auf YouTube, S. 295–313.

29 Frédéric Clavert, History in the Era of Massive Data. Online Social Media as Primary Sources, in: Geschichte und Gesellschaft 47 (2021), S. 175–194.

de, um dann auf breiter Quellenbasis historisierend den Blick zurückzuwenden. Umso dringender ist es, die Frage danach, inwiefern ein Rückblick auf Soziale Medien möglich ist, als zentralen Bestandteil einer Betrachtung derselben als geschichtswissenschaftliche Quelle zu begreifen. Hier knüpft der Beitrag an ein erstes Projekt im Feld der Medienwissenschaften an, welches das Ziel verfolgte, einen allgemeinen Quellenkorpus zum ersten Jahr der Videoplattform zu erstellen.[30] Insofern wird hier auch die im Kontext des Hamburger Forschungsprojektes „SocialMediaHistory" skizzierte Forschungsagenda um die für Historiker*innen nächstliegende und somit fast banal anmutende Dimension erweitert: „Geschichtswissenschaft und Geschichtsdidaktik sollten [...] untersuchen, in welchen Formen und Formaten Geschichte auf den Social-Media-Kanälen ‚gemacht' wird" – *und wurde*.[31]

Einer der in den Blick zu nehmenden Kontexte ist dabei die Zeitgeschichte der „Wiedervereinigungsgesellschaft"[32] mitsamt den Diskussionen um den (ohnehin von der fortschreitenden Digitalisierung geprägten) Umgang mit der DDR-Vergangenheit. Erste Publikationen zeigen, dass eine „Historisierung der Transformations- und Umbruchzeit"[33] – also der drei Jahrzehnte seit 1989/90 – inzwischen längst begonnen hat.[34] Thomas Großböltings Versuch, für seine „Problemgeschichte der Gegenwart"[35] mit Anselm Doering-Manteuffel und Lutz Raphael „den ‚Präsentismus der Zeitgeschichte als Möglichkeit heuristischen Fortschritts'"[36] fruchtbar zu machen, erscheint dabei überaus anschlussfähig an Andreas Fickers' Überlegungen zu einer „digitalen Hermeneutik": Nach Fickers muss sich „[d]igitale Quellenkritik [...] als Teil der digitalen Hermeneutik [...] sowohl mit den archiv- als auch den geschichtswissenschaftlichen Fragen beschäftigen, welche sich", unter anderem, „durch veränderte Logiken der Speicherung, neue Heuristiken des Suchens [...] aufdrängen".[37]

30 Vgl. Aasman, Finding Traces, S. 46.

31 Christian Bunnenberg/Thorsten Logge/Nils Steffen, SocialMediaHistory. Geschichtemachen in Sozialen Medien, in: Historische Anthropologie 29 (2021), S. 267–283, hier S. 281. Auf die Notwendigkeit einer Einordnung in langfristige Prozesse verwies Frank Bösch, Perspektiven der Mediengeschichte im digitalen Zeitalter, in: Jahrbuch für Kommunikationsgeschichte 23 (2021), S. 32–43.

32 Thomas Großbölting, Wiedervereinigungsgesellschaft. Aufbruch und Entgrenzung in Deutschland seit 1989/90, Bonn 2020.

33 Marcus Böick/Constantin Goschler/Ralph Jessen, Die Deutsche Einheit als Geschichte der Gegenwart, in: Jahrbuch Deutsche Einheit 1 (2020), S. 9–23, hier S. 10.

34 Vgl. ebd., S. 12 f.

35 Großbölting, Wiedervereinigungsgesellschaft, S. 30.

36 Ebd., S. 39.

37 Fickers, Update, S. 161.

Es sind diese Logiken und Heuristiken, die zu untersuchen sich lohnt, wenn man nach den „digital interferences on the historical craft“ fragen möchte.[38] Um die sich aus diesen ‚Interferenzen‘ ergebenden Herausforderungen angehen zu können, brachte das Centre for Contemporary and Digital History (C^{2}DH) in Luxemburg einen „plea for playful experimentation“[39] vor. Teil davon ist das Konzept des „thinkering“, eine Wortschöpfung aus den englischen Verben *to think* und *to tinker*, das auf ein ebensolches Experimentieren mit digitalen Tools in der Geschichtswissenschaft abzielt.[40] Auf dieser Grundlage plädierte die Historikerin Anita Lucchesi für ein Verständnis der „digital hermeneutics as hermeneutics of practice – a theory of practices that allows us to critically reflect on the [...] challenges of our digital work and devise practical solutions to face them“.[41] Im Sinne dieses experimentellen Zugangs soll hier ein Such- und Rechercheprozess offengelegt und protokolliert werden, um so zu einer Einschätzung über den Zustand der Archivierung früher Youtube-Videos zu kommen. Gleichzeitig geht es darum, sich im diachronen Vergleich einer Antwort auf die Frage zu nähern, wie sich die Auseinandersetzung mit der DDR auf Youtube im Lauf der Zeit gestaltete. Dafür werden verschiedene Fenster oder Perspektiven auf einen Bestand an auf Youtube eingebetteten Videos eröffnet, ohne dass dieser je in Gänze oder ungefiltert erfasst werden könnte. Dieses Vorgehen entspricht damit dem Gegenteil des von Frank M. Bischoff und Kiran Klaus Patel so treffend kritisierten männlich konnotierten Bildes von der Heuristik als Bergwerksarbeit, wie es sich bei Droysen und Ranke findet. Zugleich mag der Aufsatz einen (wenn auch indirekten) Beitrag zu dem von Ersteren geforderten Dialog der Geschichts- und der Archivwissenschaften leisten.[42]

II Youtube als ‚Archiv‘

Ein solcher Zugang ist dabei geprägt von einem zentralen, auch der Arbeit mit Web-Archiven allgemein zugrunde liegenden Paradox: Einerseits dominieren in der öffentlichen Wahrnehmung Vorstellungen von Youtube als „default media

38 Anita Lucchesi, For a New Hermeneutics of Practice in Digital Public History: Thinkering with Memorecord.uni.lu, unveröffentlichte Hochschulschrift der Université du Luxembourg 2020, S. 1.
39 C^{2}DH-Website, zit. nach Lucchesi, Hermeneutics of Practice, S. 15.
40 Vgl. ebd.
41 Lucchesi, Hermeneutics of Practice, S. 84. Vgl. ebd., S. 16.
42 Vgl. Frank M. Bischoff/Kiran Klaus Patel, Was auf dem Spiel steht. Über den Preis des Schweigens zwischen Geschichtswissenschaft und Archiven im digitalen Zeitalter, in: Zeithistorische Forschungen 17 (2020), S. 145–156, hier S. 148, 155.

archive".[43] Populäre Vorstellungen, Fachdiskurse und die Selbstdarstellung der Plattform liegen bzw. lagen dabei zeitweise erstaunlich nah beieinander. In Texten mit wissenschaftlichem Anspruch finden sich etwa Bezeichnungen von Youtube als „Erinnerungsspeicher"[44] oder, differenzierter, als „bottom-up",[45] „‚accidental' cultural archive".[46] Youtube selbst bewarb sich anfangs mit dem Slogan „Your Digital Video Repository", der – anders als sein ungleich berühmterer Nachfolger „Broadcast Yourself" – noch vorrangig auf die Speicherfunktion der Plattform abzielte.[47]

Andererseits ist Youtube selbst kein Archiv, sondern „meta-business":[48] „Preservation is neither its mission nor its practice".[49] So lassen sich denn auch unterschiedliche Grade der Ernüchterung und Abkehr von Vorstellungen von Youtube als ‚Archiv' ausmachen.[50] Im Umgang mit DDR-Schmalfilmen und deren Konvertierung in digitale Formate zeigt sich wiederum, dass das private digitale Archiv durchaus unabhängig von Youtube entsteht (z. B. mit lokaler Datensicherung), wobei das Ziel, die alternden, an Qualität verlierenden Filmrollen durch die Digitalisierung zu sichern, maßgeblich ist. Die Entscheidung für oder gegen das Teilen einzelner Filme auf Youtube kann dann aus gänzlich anders gelagerten Gründen fallen.[51]

Geschichtswissenschaftlichen Zugriffen auf Youtube-Inhalte stehen die sich aus den Prioritäten der Plattform ergebende Intransparenz, der hochdynamische Charakter und die Priorisierung aktueller Videos mit hohen Klickzahlen entgegen. Zu guter Letzt erlauben die von Youtube angebotenen Sucheinstellungen eine zeitlich differenzierte Suche lediglich um ein Jahr rückwirkend.[52] Dies lässt sich zwar mit dem Suchoperator „before:2007" umgehen, eine entsprechende Suche nach dem Stichwort ‚DDR' ergab für den hier untersuchten Zeitraum jedoch nur

---

43 Rick Prelinger, The Appearance of Archives, in: Snickars/Vonderau (Hrsg.), YouTube Reader, S. 268–274, hier S. 272.

44 Christian Bunnenberg/Nils Steffen, Broadcast yourself: history stories! Geschichte auf YouTube – eine Bestandsaufnahme, in: Dies. (Hrsg.), Geschichte auf YouTube, S. 3–24, S. 20.

45 Jean Burgess/Joshua Green, YouTube. Online Video and Participatory Culture, 2. Aufl., Cambridge 2018, S. 137.

46 Ebd., S. 139.

47 Vgl. van Dijck, Connectivity, S. 114.

48 David Weinberger, Everything Is Miscellaneous. The Power of the New Digital Disorder, New York 2007, S. 224. Zu Youtube siehe S. 226. Vgl. auch Burgess/Green, YouTube. S. 8 f.

49 Prelinger, Appearance, S. 268. Prelinger verweist hier auch auf die gegensätzlichen öffentlichen Bilder.

50 Vgl. auch die „informal archiving practices" beschrieben in Aasman, Finding Traces, S. 44.

51 Vgl. Sebastian Thalheim, 8mm. Familienfilme als Alltagspraxis, Konsumgut und Erinnerungsmedium, Berlin 2021, S. 229–231, 243, 250–253.

52 Vgl. Aasman, Finding Traces, S. 36; Motrescu-Mayes/Aasman, Amateur Media, S. 140.

ein einziges relevantes Ergebnis, das auch in weiteren Suchvorgängen auftauchte: das Video *P.Laste & E.Laste – DDR Telekonsum*,[53] das am 30. Juli 2006 vom Account ‚ddcool' hochgeladen und bis Ende Juli 2022 189.550 Mal aufgerufen wurde. Das Video zeigt ein Comedy-Duo, das sich gleichzeitig auch auf einer eigenen Website bewarb[54] und die DDR-Konsumwirtschaft im Format des Teleshoppings parodierte. Die dauerhafte Verfügbarkeit dieses (oder jedes anderen Videos) auf Youtube ist dabei keinesfalls gesichert. Vielmehr erweisen sich die Flüchtigkeit originär digitaler Quellen aus dem Web und die Schwierigkeiten bei ihrer Archivierung im Fall von Youtube-Videos als besonders ausgeprägt.[55]

Ein Bewusstsein über die sich aus diesen Unwägbarkeiten ergebende Notwendigkeit, Youtube-Inhalte zu archivieren, ist bereits bei verschiedenen Nationalbibliotheken etabliert. Und doch scheitert die Archivierung von Youtube-Inhalten etwa bei der British Library oder der Deutschen Nationalbibliothek (DNB) an der sammelauftragsgemäßen Beschränkung auf die jeweilige nationale Domain (die Seiten der mit ‚.com' endenden Plattform Youtube bleiben damit außen vor), an Rechtsfragen,[56] oder, so im Fall der DNB, an technischen Hürden.[57] Eine Fortschreibung oder gar Verschärfung der allgemeinen Benachteiligung audiovisueller Quellen in den Geschichtswissenschaften scheint hier buchstäblich vorprogrammiert.

III Archivierte Stichwortsuchen: ‚DDR'

Die größte Sammlung an archivierten Youtube-Webseiten hält somit derzeit das Internet Archive bereit. Dessen Crawler archivieren seit dem 28. April 2005 – seit dem Upload von *Me at the Zoo* waren fünf Tage vergangen – regelmäßig Webseiten der Youtube-Domain. Anfang September 2022 fanden sich in der Wayback Machine bereits über 3 Millionen Versionen allein der Startseite der Video-Platt-

53 ddcool (30.07.2006), P.Laste & E.Laste – DDR Telekonsum, URL: https://www.youtube.com/watch?v=67YIhJID3-Q (letzter Zugriff 07.09.2022).

54 Vgl. URL: https://web.archive.org/web/20060521232003/http://www.laste.de/.

55 Vgl. Niels Brügger, Web History and Social Media, in: Jean Burgess/Alice E. Marwick/Thomas Poell (Hrsg.), The SAGE Handbook of Social Media, Los Angeles 2018, S. 196–212.

56 Zu Problemen bei der Archivierung von Youtube im UK und in den Niederlanden, vgl. Aasman, Finding Traces, S. 42. Eine Suche in den Beständen des UK Web Archive führte zu keinem Ergebnis, sodass anzunehmen ist, dass dort Stand Juli 2022 ebenfalls keine Youtube-Inhalte archiviert wurden. Vgl. URL: https://www.webarchive.org.uk/en/ukwa/index (letzter Zugriff 07.09.2022).

57 So die Auskunft der für Automatische Erschließungsverfahren, Netzpublikationen und Webarchiv zuständigen Stelle der Deutschen Nationalbibliothek.

form.[58] Die Erforschung dieser *captures* behindern allerdings die vielfach diskutierten Unwägbarkeiten, die die Nutzung der Wayback Machine allgemein mit sich bringt und die häufig dazu führen, dass Studien gar nicht erst entstehen.[59] Dass die Videos oftmals nicht abgespielt werden können,[60] wiegt darüber hinaus ungleich schwerer.

Beim Versuch, mithilfe des Internet Archive eine thematische Sammlung von Videos eines bestimmten Jahres zu erstellen, tut sich zudem ein forschungspraktisches – genauer gesagt: heuristisches – Problem auf. Grund dafür ist, dass die Suchfunktion von Youtube in der Wayback Machine nur in dem Maße funktioniert, in dem die daraus resultierende URL (https://www.youtube.com/results?search_query=DDR) zu verschiedenen Zeitpunkten archiviert wurde.[61] Im Fall des Schlagworts ‚DDR' geschah dies 2005 kein einziges Mal.[62] 2006 wurde sie sieben Mal erfasst, in den Jahren 2008 bis 2018 jedoch gar nicht, sodass hier eine große Lücke klafft. Die früheste Version der Webseite mit „Video results for ‚ddr'" stammt vom 31. August 2006 und zeigt die 20 ersten von insgesamt 12.675 Ergebnissen an[63] (Abb. III.1). In den folgenden Monaten stieg die Anzahl der Ergebnisse langsam, aber kontinuierlich an: von 13.870 am 20. September[64] über 15.995 am 26. Oktober[65] bis auf 20.162 am 20. Dezember 2006.[66] An diesem Datum wurde die Seite 2006 zum letzten Mal erfasst. Archiviert wurden die Webseiten teils im Rahmen des Alexa Crawls, teils im Rahmen der Brewster Kahle Web Collection, die

---

58 Vgl. URL: https://web.archive.org/web/20220000000000*/youtube.com.

59 Vgl. Rogers, Periodizing Web Archiving, S. 49.

60 Vgl. Aasman, Finding Traces, S. 42.

61 Suchergebnisse zur DDR lassen sich auch unter anderen URLs finden, die jedoch noch seltener archiviert wurden. Vgl. URL: https://web.archive.org/web/2007*/http://www.youtube.com/results?search_query=ddr&search=Search.

62 Dies liegt wohl daran, dass der Algorithmus 2005 noch eine andere URL für die Suchergebnisse vorsah: http://www.youtube.com/results.php?search=DDR. Auch diese URL wurde 2005 jedoch nicht archiviert.

63 Vgl. URL: https://web.archive.org/web/20060831162010/https://www.youtube.com/results?search_query=DDR.

64 URL: https://web.archive.org/web/20060920224400/http://www.youtube.com/results?search_query=DDR.

65 URL: https://web.archive.org/web/20061026212330/http://www.youtube.com:80/results?search_query=DDR.

66 URL: https://web.archive.org/web/20061220043446/http://www.youtube.com/results?search_query=DDR.

der Gründer des Internet Archive schuf und die eine Testsammlung zum Archivieren von Webseiten mit Videos umfasst.[67]

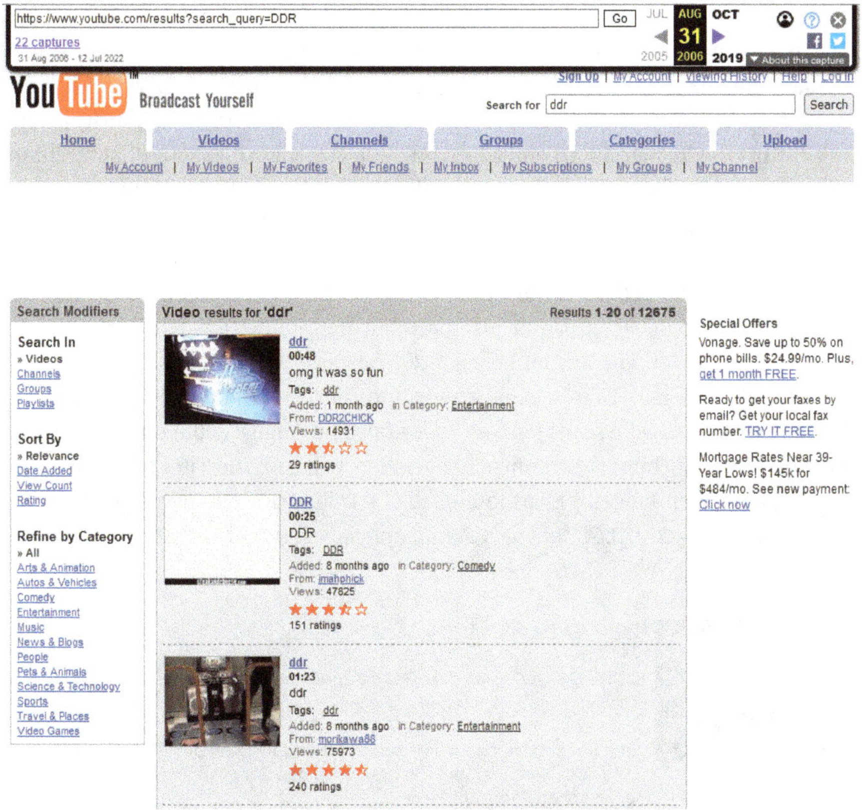

Abb. III.1 Die ersten Suchtreffer: drei Videos von zwei Menschen und einem Computerspiel-Avatar, die *Dance Dance Revolution spielen*. URL: https://web.archive.org/web/20060831162010/https://www.youtube.com/results?search_query=DDR.

Die ‚Deutsche Demokratische Republik' ist allerdings auf keiner der in diesem Jahr archivierten Seiten Thema der sich unter den ersten 20 Suchtreffern befindenden Videos. Stattdessen handelt es sich ausnahmslos um privat aufgenommene Videos des Spiels *Dance Dance Revolution* oder Variationen dieses Themas.

67 Zu Alexa Crawls siehe URL: https://archive.org/details/alexacrawls (letzter Zugriff 07.09.2022); zur Brewster Kahle Web Collection siehe URL: https://archive.org/details/ArchiveIt-Partner-86?tab=about (letzter Zugriff 07.09.2022).

Aussagekräftig für den Untersuchungszeitraum sind insbesondere diese ersten Suchtreffer, da die folgenden Seiten mit Suchtreffern in fast allen Fällen nicht archiviert wurden. Hier erweist sich die „Idee eines Immediatzugangs",[68] die Bischoff und Patel bereits als „Illusion" bezeichneten, gleich in mehrfacher Hinsicht als Trugbild – und die Sorge, Forscher*innen könnten sich in der Informationsmasse einfach die ihnen genehme Lösung herauspicken, als gänzlich unbegründet:[69] Weder ist der Zugang unmittelbar, noch erweist sich ein einziger als ausreichend, noch führt die Recherche zu einer Ergebnisflut. Der viel zitierte (und befürchtete) „paradigm shift from a culture of scarcity to a culture of abundance"[70] scheint hier zumindest im Rückblick vorerst auszubleiben. Stattdessen rückt unerwartet ein Einzelfall in den Blick:

Versucht man in der Version der Suchergebnisse vom 31. August 2006 die zweite Seite mit den Suchtreffern 21 bis 40 aufzurufen, öffnet die Wayback Machine eine Version davon, die am 19. Februar 2007 erfasst wurde und somit außerhalb des hier abgesteckten Untersuchungszeitraums liegt.[71] Auf dieser Seite finden sich jedoch zwei Videos, die sechs Monate zuvor (also im August 2006) und somit innerhalb des Untersuchungszeitraums hochgeladen wurden. Die Titel der beiden 4:22 und 4:24 Minuten langen Videos lauten *DDR – OSTALGIE mit dem Sandmännchen Teil 3* und *DDR – OSTALGIE mit dem Sandmännchen Teil 1* (Abb. III.2 und III.3).

DDR - OSTALGIE mit dem Sandmännchen Teil 3
04:22
DDR - OSTALGIE mit dem Sandmännchen, aufgenommen vom schwedischen Fernsehen.

Das Sandmännchen wurde speziell fuer die Kinder der DDR geschaffen. Mit dieser Sendung verband man auch das Schaffen und Wirken sowie den technischen Fortschrit (more)
Tags: DDR Ostalgie Sandmännchen
Added: 6 months ago in Category: Travel & Places
From: Nuuskuhelsinki
Views: 2,987

68 Für dieses und das folgende Zitat siehe Bischoff/Patel, Preis des Schweigens, S. 153.

69 Vgl. ebd.

70 Roy Rosenzweig, Scarcity or Abundance? Preserving the Past in a Digital Era, in: The American Historical Review 108 (Juni 2003), S. 735–762, hier S. 739.

71 Vgl. URL: https://web.archive.org/web/20070219023405/http://www.youtube.com/results?search_type=search_videos&search_query=ddr&search_sort=relevance&search_category=0&page=2. Beim Durchgehen der in der zweiten Hälfte des Jahres 2006 archivierten Suchen nach ‚DDR' zeigte sich, dass dies in diesem Zeitraum der einzige Fall ist, in dem eine weitere Seite mit Suchergebnissen archiviert wurde.

DDR - OSTALGIE mit dem Sandmännchen Teil 1
04:24
DDR - OSTALGIE mit dem Sandmännchen, aufgenommen vom schwedischen Fernsehen.
Das Sandmännchen wurde speziell fuer die Kinder der DDR geschaffen. Mit dieser Sendung verband man auch das Schaffen und Wirken sowie den technischen Fortschritt (more)
Tags: DDR Ostalgie Sandmännchen
Added: 6 months ago in Category: Travel & Places
From: Nuuskuhelsinki
Views: 2,517
1 rating

Abb. III.2 und III.3 Ausschnitte aus der zweiten Seite mit Suchergebnissen, URL: https://web.archive.org/web/20070219023405/http://www.youtube.com/results?search_type=search_videos&search_query=ddr&search_sort=relevance&search_category=0&page=2.

Die kurzen Abschnitte in der Liste mit Suchtreffern scheinen die einzigen noch sichtbaren Überreste der Sandmännchen-Videos zu sein. Denn: Die beiden Videos sind nicht im Internet Archive archiviert und auch nicht mehr online verfügbar.[72] Auch der Account namens ‚Nuuskuhelsinki', über welchen die Videos hochgeladen worden waren, ist offenbar zwischenzeitlich gelöscht worden. Ob der Name auf einen Wohnsitz in Helsinki verweisen soll, lässt sich nicht mehr nachvollziehen.[73] Die identischen Beschreibungen der Videos mit dem Hinweis, dass diese „vom schwedischen Fernsehen [aufgenommen]" worden seien, mögen jedoch auf einen nordeuropäischen Kontext hindeuten. Die Beschreibung der Rolle, die das Sandmännchen in der DDR spielte, und die Erinnerung an die Integration des Sandmännchens in die Abendroutinen der eigenen Kindheit lassen darauf schließen, dass ‚Nuuskuhelsinki' selbst in der DDR aufwuchs. Der Tag „Ostalgie" wiederum verstärkt den Eindruck, dass es der Person beim Upload darum ging, ein Video zu teilen, welches ihr ein nostalgisch-positiv gefärbtes Erinnern ermöglichte. Gleichzeitig schien sie in dem kurzen Begleittext jedoch über die DDR und das Sandmännchen informieren zu wollen, sodass die Videos sich wohl nicht ausschließlich an Menschen mit dem gleichen Erfahrungshintergrund richteten.

Obschon die Videos gelöscht sind, ist es aufschlussreich, die URLs im Browser aufzurufen. Daraufhin erscheint die Erklärung: „Dieses Video ist aufgrund einer

72 Vgl. die Fehlermeldungen beim Aufruf der folgenden URLs. URL: https://web.archive.org/web/20070219023405/http://www.youtube.com/watch?v=yRuWXlknWpI; URL: https://web.archive.org/web/20070219023405/http://www.youtube.com/watch?v=Grwzej0JBLU.

73 Vgl. die Fehlermeldung beim Aufruf der URL: https://www.youtube.com/user/Nuuskuhelsinki. Auch im Internet Archive findet sich keine brauchbare Version der Seite.

Beschwerde wegen Urheberrechtsverletzung von Deutsches Rundfunkarchiv [sic!] nicht mehr verfügbar".[74] Die Videos stellen somit nicht nur ein frühes Beispiel von mediatisierten DDR-Kindheitserinnerungen auf Youtube dar,[75] sondern verweisen auch auf eine Kollision von Ansprüchen, die letztlich zulasten dieses privaten Versuchs ging, ein Video mit persönlichem Erinnerungswert und mit Aussagekraft über die DDR zu teilen. Das Deutsche Rundfunkarchiv, das hier als Inhaber von Urheberrechten auftritt, setzte seinen alleinigen Anspruch durch. Fragen des Urheberrechts vermischten sich so schon in der Anfangszeit von Youtube mit Formen und Ansprüchen privater und institutioneller Archivierung.[76] Die private Erinnerung anhand des Fernsehmaterials wurde so eingehegt und auf ihren ursprünglichen Bereich zurückverwiesen. Dass dies sichtbar gemacht werden konnte, ist der Archivierung im Internet Archive zu verdanken.

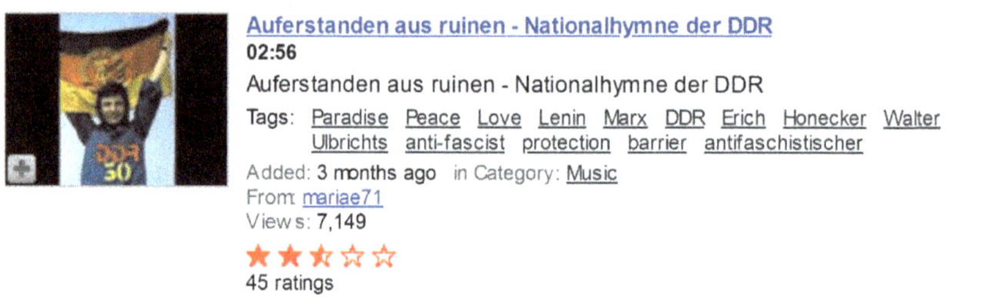

Abb. III.4 Ausschnitt aus den Suchergebnissen, URL: https://web.archive.org/web/20070204031822/http://www.youtube.com:80/results?search_query=ddr.

Abgesehen von den beiden Sandmännchen-Videos findet sich in den archivierten Versionen der ‚DDR'-Stichwortsuche nur ein weiteres in den Untersuchungszeitraum fallendes Video, bei dem ‚DDR' für ‚Deutsche Demokratische Republik' steht. Es handelt sich um das Video *Auferstanden aus ruinen – Nationalhymne der DDR* [sic!], das in den am 4. Februar 2007 archivierten Suchergebnissen aufgeführt

---

74 URL: https://www.youtube.com/watch?v=yRuWXlknWpI (letzter Zugriff 07.09.2022); URL: https://www.youtube.com/watch?v=Grwzej0JBLU (letzter Zugriff 07.09.2022).

75 Zum Konzept der mediatisierten Erinnerung, vgl. van Dijck, Mediated Memories.

76 Urheberrechtsverletzungen spielten schon im Vorfeld des Kaufs von Youtube durch Google eine Rolle. Vgl. o. A., Übernahmegerüchte. Google peilt YouTube an, Spiegel Online, 06.10.2006, URL: https://web.archive.org/web/20220907165104/https://www.spiegel.de/wirtschaft/uebernahme geruechte-google-peilt-youtube-an-a-441279.html.

wurde (Abb. III.4).[77] Es ist zugleich der erste Treffer unter den ersten 20 Ergebnissen, bei dem es tatsächlich um den ehemaligen Staat DDR geht.[78] Das Video wurde am 9. Oktober 2006 – dem Tag der Bekanntgabe von Googles Milliarden-Deal mit Youtube – vom Account ‚mariae71' hochgeladen, jedoch erst am 14. November 2009 in der Wayback Machine gespeichert.[79] Zu diesem Zeitpunkt war es bereits über 619.000 Mal angesehen worden. Aufschlussreich in Bezug auf die Haltung von ‚mariae71' zur DDR-Hymne sind die – in der aktuell auf Youtube verfügbaren Version der Suchergebnisse nicht mehr angezeigten, dafür aber 2007 sichtbaren – Tags, mit denen die Person das Video versah. Denn neben „Honecker", „Ulbrichts [sic!]", „Lenin" und „Marx" wählte sie Tags, die das Video mit einer verklärenden Deutung unterlegten („Paradise", „Peace", „Love") und den offiziellen DDR-Sprachgebrauch ungebrochen reproduzierten („protection", „barrier", „antifaschistischer"). Die Slideshow mit DDR-Fahnen und Fotos von Ulbricht, Honecker, Paraden und dem Palast der Republik entspricht dem so entstehenden Bild. Dass die Tags und damit eine Bedeutungsebene des Youtube-Videos später nicht mehr angezeigt wurden, verweist zugleich auf den Charakter der Webseiten als „living document[s]".[80] Die älteste im Internet Archive verfügbare Version des *Auferstanden aus ruinen*-Videos erlaubt darüber hinaus aufzuzeigen, dass auch solche Versionen Recherchepotenziale eröffnen können, die eigentlich aus dem Untersuchungszeitraum fallen. Denn von hier aus lassen sich nach dem Schneeballprinzip die unter „Related Videos" verlinkten Uploads nach älteren Videos durchsuchen.[81] In den Untersuchungszeitraum fällt wiederum nur eines der verlinkten Videos:[82] das schon erwähnte Video *P.Laste & E.Laste – DDR Telekonsum*.

---

77 URL: https://web.archive.org/web/20070204031822/http://www.youtube.com:80/results?search_query=ddr; mariae71 (09.10.2006), Auferstanden aus ruinen – Nationalhymne der DDR, URL: https://www.youtube.com/watch?v=memLPKw7cHo (letzter Zugriff 07.09.2022).

78 Die zweite Seite entspricht der oben besprochenen Version einer zweiten Seite. Seite 3 listet nur Videos zum Thema *Dance Dance Revolution*. Die übrigen Seiten sind nicht archiviert.

79 Vgl. URL: https://web.archive.org/web/20091114084836/http://www.youtube.com/watch?v=memLPKw7cHo.

80 Aasman, Finding Traces, S. 47. Gleiches gilt für den Umstand, dass der Account ‚mariae71' um die Jahre 2014 bis 2015 in „‚Terrorist"[sic!]' umbenannt war. Vgl. https://web.archive.org/web/20141026110130/http://www.youtube.com/watch?v=memLPKw7cHo. Dazu passt, dass die Videobeschreibung dem Online-Auftritt durch einen Boykott-Aufruf gegen Israel zusätzlich eine antisemitische Schlagseite verleiht.

81 Eine weitere Möglichkeit wäre, die entsprechenden Accounts auf frühe Videos zu prüfen.

82 Drei andere Videos mit DDR-Bezug wurden erst 2007 bzw. 2008 hochgeladen. Zwei weitere dort verlinkte Videos, sogenannte „Video Responses", sind weder online noch archiviert. Versuche der Wayback Machine, weitere verlinkte Videos zu archivieren, blockte Youtube. Vgl. URL: https://web.archive.org/web/20110618081327/http://www.youtube.com/das_captcha?next=http%3A//www.youtube.com/watch%3Fv%3DUDDpV50-lZA%26feature%3Drelated. Schließlich gibt es Fälle,

Die bis zu diesem Punkt skizzierte Recherche im Internet Archive ließe sich fortführen, etwa über verlinkte Accounts oder andere Stichworte.[83] Die exemplarisch auf das Stichwort ‚DDR' beschränkte Suche wiederum lässt sich unter Rückgriff auf den Suchbefehl „site:youtube.com" auf Google wiederholen, obschon die Ergebnisse damit auf Videos reduziert werden, die noch online verfügbar sind.

IV Instabilität und Intransparenz: Suchfenster von Google

Eine entsprechende, auf die Domain ‚youtube.com' eingegrenzte Google-Suche nach dem Stichwort ‚DDR' im Zeitraum von April 2005 bis Oktober 2006 ergab am 3. August 2022 die wiederum erstaunlich geringe Zahl von 59 Treffern. 32 der Videos wiesen einen Bezug zum Videospiel *Dance Dance Revolution* auf. Bei zwei weiteren Videos stand das Akronym ‚DDR' für ‚Double Data Rate'-Memory, also für Computer-Hardware.[84] Bei einem Treffer handelte es sich um ein Musikvideo der grönländischen Band ‚Disko Democratic Republic'.[85] 15 Videos ließen keinen unmittelbaren Bezug zum Stichwort ‚DDR' erkennen. Dies trifft etwa auf das Video *Robbie Williams in Dresden*[86] zu, wobei sich hier immerhin ein räumlicher Bezug konstruieren ließe. Gleiches gilt für das Musik-Video mit Standbild *Ling! Ling! Geht das Telefon, Gerhard Schöne.*[87] Zwar war Schöne schon in der DDR Liedermacher, doch erschien das Lied erst in den 1990er Jahren auf CD und weist keinen Bezug zur DDR auf. Das Video *Clever German border guards* stellte sich als

---

in denen die Webseite mit dem Video nicht erfasst und der Urheber-Account gelöscht wurde, womit auch das Video mitsamt Upload-Datum nicht mehr verfügbar ist. Vgl. bspw. pionierlieder – der kleine trompeter [sic!], URL: http://www.youtube.com/watch?v=Cy3FKJc76Ro&feature=related (letzter Zugriff 07.09.2022).

83 Zur Frage, inwiefern das Schlagwort ‚DDR' in der Betitelung privater Youtube-Videos aufgenommen wird, vgl. Thalheim, 8mm, S. 246 f.

84 3DGAMEMAN (15.07.2006), #360 – XFX FX5600 Ultra 128MB DDR DVI & VIVO Video Card, URL: https://www.youtube.com/watch?v=0xIMIZQ5d0s (letzter Zugriff 07.09.2022); 3DGAMEMAN (15.07.2006), #330 – ATI All-In-Wonder 9800 Pro 128MB Video Card, URL: https://www.youtube.com/watch?v=QXU2yUg1H68 (letzter Zugriff 07.09.2022).

85 Playground Music Denmark (09.06.2006), DDR – Kap Farvel til Ümanarssuaq (fra albummet „protestsange.dk"), URL: https://www.youtube.com/watch?v=iwiR-u-cZyU (letzter Zugriff 07.09.2022).

86 VCRulez (11.07.2006), Robbie Williams in Dresden, URL: https://www.youtube.com/watch?v=xGSEp4d41Ys (letzter Zugriff 07.09.2022).

87 Lu03 (05.10.2006), Ling! Ling! Geht das Telefon – Gerhard Schöne, URL: https://www.youtube.com/watch?v=5phGu4PVYCY (letzter Zugriff 07.09.2022).

britischer Sketch über deutsche Wachsoldaten im Zweiten Weltkrieg heraus.[88] Warum die Google-Algorithmen diese Videos in die Trefferliste spülten, bleibt letztlich Spekulation. Ebenso unklar ist, inwiefern sie dies auch schon vor 16 oder 17 Jahren getan hätten.

Letzteres gilt auch für die neun Videos (und damit weniger als 20 Prozent der Suchtreffer), die inhaltliche Bezüge zur ‚Deutschen Demokratischen Republik' erkennen ließen. Das mag wenig sein, ist jedoch neun Mal mehr, als die Suche auf der Video-Plattform selbst ergab – eine Diskrepanz, die sich nicht ohne Weiteres erklären lässt. Darüber hinaus erwiesen sich die Ergebnisse bereits im kurzen Zeitraum der Recherchen für diesen Beitrag als enorm fluide. So fehlte im Sommer 2022 ein markantes Ergebnis, das im September 2021 beim ersten Versuch, auf Google nach frühen Youtube-Videos zu suchen, noch angezeigt worden war. Es handelt sich dabei um das am 15. März 2006 hochgeladene Video *Miss Ostdeutschland* und damit um das früheste Youtube-Video mit (wenn auch nur am Rande bestehendem) DDR-Bezug, das im Rahmen dieser Recherchen aufgetan werden konnte.[89] Der Mitschnitt einer Sat.1-Aufnahme von 2004 zeigt die Gewinnerin des Titels und einige Mitbewerberinnen. Der Reporter forderte sie auf, in eine Deutschlandkarte ‚Ostdeutschland' bzw. die ‚DDR' einzuzeichnen und einen Mann (Wolfgang Thierse) auf einem Foto zu erkennen. Letztlich machte sich der Beitrag darüber lustig, dass die jungen Frauen mehrheitlich an diesen Aufgaben scheiterten. Ebenfalls nicht unter den Suchtreffern waren die in den vorherigen Abschnitten aufgetanen Videos zur DDR.

V ‚Rebellische' Erinnerung? Mediatisierung und Genre

Alles in allem konnten somit zum Thema DDR 14 Videos (bzw. zwölf Videos und zwei Video-Beschreibungen) aus der Anfangszeit von Youtube gefunden werden – eine Datenmenge, die auf dem USB-Stick in der Hosentasche aufbewahrt werden

---

88 Yugan Dali (10.04.2006), Clever German border guards, URL: https://www.youtube.com/watch?v=84biM6eUOrs (letzter Zugriff 07.09.2022).

89 Fhennhoefer (15.03.2006), Miss Ostdeutschland, URL: https://www.youtube.com/watch?v=9JKOz4zq2F4 (letzter Zugriff 07.09.2022).

könnte.[90] Eine „digitale Wunderkammer“[91] stellen diese Videos keinesfalls dar. Vielmehr bieten sie einen zeitgebundenen, kaleidoskophaften Ausschnitt – zusammengesetzt aus den Perspektiven, die die verschiedenen Suchfenster eröffneten –, auf den die Bezeichnung ‚rebellisch‘ nicht recht zutreffen mag. Um die spezifische Verfasstheit dieses Ausschnitts besser zu verstehen und die 14 frühesten Videos mit DDR-Bezug als mediatisierte Auseinandersetzungen mit der deutsch-deutschen Vergangenheit zu begreifen, werden die Videos nun verschiedenen Genres zugeordnet.

Zunächst einmal sticht dabei im Gegensatz zu heutigen Suchtreffern heraus, dass sich kein einziges Erklärvideo und keine TV-Dokumentation darunter findet. Während von Privatpersonen hochgeladene Dokumentationen inzwischen aufgrund von Urheberrechtsverletzungen wieder gelöscht worden sein könnten, handelt es sich bei den heute so erfolgreichen Erklärvideos schlicht um ein jüngeres Format. So betreibt etwa Mirko Drotschmann alias ‚MrWissen2go‘ erst seit September 2016 ebenso erfolgreich wie professionell seinen Youtube-Kanal.[92] Was die in der Wayback Machine archivierten ‚DDR‘-Suchen betrifft, zeigt sich zwischen 2007 und 2019 (erst in diesem Jahr erfolgte die nächste Erfassung der Suchtreffer) ein klarer Sprung in den Inhalten, weist doch in den Versionen ab 2019 plötzlich die Mehrheit der Videos einen Bezug zur Deutschen Demokratischen Republik auf. Auch Erklärvideos und öffentlich-rechtliche Dokumentationen finden sich nun darunter.[93]

Die im Rahmen dieser Studie gefundenen frühesten Videos mit DDR-Bezug lassen sich in drei andere Gruppen einteilen. Die größte Gruppe umfasst ursprünglich im Fernsehen ausgestrahltes digitalisiertes Filmmaterial, wobei sieben Videos (die zwei bereits erwähnten Sandmännchen-Filme und fünf Sportvideos mit DDR-Sportler*innen) offenbar vor 1989/90 entstanden sind und teils internationalen Produktionen entstammen, eines im rbb (der *Late-Night-Show*-Ausschnitt

---

90 Anschaulich zu Größenordnungen von digitalen Archiven vgl. Kathrin Passig, Rucksack oder Rechenzentrum? Closing Keynote der 8. Jahrestagung des Verbands Digital Humanities im deutschsprachigen Raum e.V. „DHd2022: Kulturen des digitalen Gedächtnisses“, 11.03.2022 Potsdam, URL: https://web.archive.org/web/20220907170454/https://lisa.gerda-henkel-stiftung.de/kathrin_passig_rucksack_oder_rechenzentrum?nav_id=10425&newsletter=1.

91 Zit. nach Motrescu-Mayes/Aasman, Amateur Media, S. 139. Übersetzung der Autorin.

92 Vgl. Judith Uebing, Geschichte in 10 Minuten – Wie geht das?, in: Bunnenberg/Steffen (Hrsg.), Geschichte auf YouTube, S. 71–94, hier S. 78.

93 Vgl. URL: https://web.archive.org/web/20190708094308/https://www.youtube.com/results?search_query=ddr&sp=SBTqAwA%253D. Die hier gelisteten Videos erhalten keine Treffer aus der Anfangszeit.

Harald Schmidt singt die Internationale,[94] das mit einer Honecker-Imitation des Moderators endete) gezeigt und eines (das *Miss Ostdeutschland*-Video) von Sat.1 produziert wurde. Die zweite Gruppe umfasst drei semiprofessionelle Produktionen aus den 2000er Jahren: das bereits erwähnte Comedy-Video *P.Laste & E.Laste – DDR Telekonsum* und zwei lokalpatriotisch grundierte Musikvideos mit Rap und Hiphop aus Halle an der Saale und Schwedt (*Fabster – Ich liebe diese Stadt (Halle Saale)*[95] und *Perle der Uckermark*[96]). Die letzte Gruppe schließlich umfasst zwei Videos, die Musik mit einer Slideshow kombinieren. Dies ist der Fall bei dem bereits erwähnten *Auferstanden aus ruinen* und dem Video *Deutsche Nationalhymne (German National Anthem) Deutschlandlied,*[97] dessen Titel insofern irreführend ist, als das Video nicht nur die dritte, sondern auch die nicht zur offiziellen Hymne gehörenden Strophen umfasst. Die Slide-Show zum Video zeigt unter anderem ein Foto von feiernden Menschen auf der Berliner Mauer im Jahr 1989. Auch in den Kommentaren wird die DDR immer wieder thematisiert, etwa am 3. Oktober 2006 von ‚William Maguire': „Auferstanden aus Ruinen is beautiful too".

Rückbezüge auf die DDR wurden hier also unter Rückgriff auf verschiedene unterschiedlich fest etablierte Genres unternommen – darunter auch solche, mit denen die Youtube-Nutzer*innen gerade in der Anfangszeit experimentierten.[98] Hierbei muss insbesondere das Verhältnis der Plattform zu Film und Fernsehen berücksichtig werden, bemühten sich doch sowohl frühe Nutzer*innen wie auch Youtube selbst (nicht zuletzt aus Gründen des Urheberrechts) um eigene Formate sowie darum, Fragmenten von Videos (*snippets*) als Genre, Ausdrucks- und Austauschform zu Geltung zu verhelfen. In der Realität waren die Grenzen zwischen etablierten Medien und Youtube-Inhalten alles andere als trennscharf. Gleichwohl ist dem Einfluss eines wenn auch nur vermeintlich zwischen ihnen bestehenden Gegensatzes auf das „image" der Videoplattform Youtube als „alternative medium" Rechnung zu tragen.[99]

Fragt man nach Rückbezügen auf und Erinnerungen an die DDR auf Youtube, sind solche Fragen gerade vor dem oft beschriebenen Gegensatz von – überspitzt formuliert – öffentlichem Diktaturgedächtnis und privaten Alltagserinnerungen

---

94 Hans Meiser (05.10.2006), Harald Schmidt singt die Internationale, URL: https://www.youtube.com/watch?v=3z6VB6-B86s (letzter Zugriff 07.09.2022).

95 Moneystarr (02.08.2006), Fabster – Ich liebe diese Stadt (Halle Saale), URL: https://www.youtube.com/watch?v=shwo-tAqYR8 (letzter Zugriff 07.09.2022).

96 Imagecrew (17.03.2006), Perle der Uckermark, URL: https://www.youtube.com/watch?v=yqQ1ESjI8no (letzter Zugriff 07.09.2022)

97 DonPromillo81 (05.08.2006), Deutsche Nationalhymne (German National Anthem) Deutschlandlied, URL: https://www.youtube.com/watch?v=cAK23saAI1I (letzter Zugriff 07.09.2022).

98 Vgl. Aasman, Finding Traces, S. 35.

99 Van Dijck, Connectivity, S. 120. Vgl. ebd., S. 118 f.

relevant. Ausgehend vom Narrativ einer Videoplattform, die den individuellen Ausdruck über User-Generated Content fördert,[100] läge die Annahme nahe, dass sich hier ein Raum für die Veröffentlichung privater Erinnerungen an das ‚normale' Leben in der DDR auftat.[101] Vor dem Hintergrund der beschriebenen Verbindungen und Überlappungen scheint dies jedoch zumindest für die frühe Youtube-Kultur zu kurz gedacht. Hier greifen vielmehr mediale Dispositive und Vorprägungen in vielfältigen, teils bedeutungsoffenen Aneignungen ineinander.

Auffällig ist, dass mehrere Videos Formate aufgreifen, die im Kontext der Etablierung des Privatfernsehens seit Ende der 1980er Jahre zu sehen sind. Dies gilt insbesondere für die zweite der beschriebenen Gruppen von Videos. Sowohl Comedy als auch Musikvideos erlangten nun Beliebtheit.[102] Die auf Youtube geteilten semiprofessionellen Produktionen knüpften an diese Formate an und machten sie sich für Auseinandersetzungen mit der DDR-Vergangenheit, mit regionaler Identität und Geschichte zu eigen. So rappte ‚Fabster' von Halle als Stadt, „wo man immer noch kommunistische Fahnen hisst, und das bestbesuchte Gebäude das Arbeitsamt ist". Der Desillusionierung begegnete er mit Stolz: „Wir stehen morgen auf und machen Halle zur Hauptstadt". Noch expliziter verhandelte das Video *Perle der Uckermark*, ein Hiphop-Song von DJ Kidney feat. Ille, die Umbrüche der Nachwendezeit vor dem Hintergrund der DDR. Die beiden Fotodesigner, die das Video drehten,[103] griffen dazu auf Sepia-Aufnahmen von verlassenen Plattenbauten und DDR-Gaslaternen zurück.

Die zwei mit Slide-Shows unterlegten und als Nationalhymnen gekennzeichneten Videos sind dagegen in ungleich größerem Maße eigene, aus digitalen Praktiken heraus entstandene Formate. Unter keinen Umständen könnte man sie sich im Fernsehen vorstellen. Über die Musik, die Betitelung, die Bebilderung und die Kommentare wird so letztlich Nationalität, aber auch die Einordnung der DDR in

100 Zur „Narrativierung" von Social Media, vgl. Cayce Myers/James F. Hamilton, Social Media as Primary Source, in: Media History 20 (2014), S. 431–444, hier S. 432.

101 Entsprechendes vermutete für Instagram etwa Andreas Kötzing, Heimat ist ein Raum aus Bytes. Partizipative Formen der DDR-Erinnerung in den Sozialen Medien, in: Deutschland Archiv, 16.05.2022, URL: https://web.archive.org/web/20220517181655/https://www.bpb.de/themen/deutschlandarchiv/508375/heimat-ist-ein-raum-aus-bytes/. Beides ist letztlich in die längere Geschichte digitaler Vernetzung einzuordnen, wobei insbesondere die starke Zunahme in der Nutzung des World Wide Web in der zweiten Hälfte der 1990er Jahre zu nennen ist.

102 Daniel Kosthorst, „In lustiger Gesellschaft?" Politischer Humor als Spiegel der Zeit, in: Stiftung Haus der Geschichte der Bundesrepublik Deutschland (Hrsg.), Spaß beiseite. Humor und Politik in Deutschland, Leipzig 2010, S. 10–23, hier S. 21 f. MTV Europe startete 1987, MTV Germany begann sein deutsches Programm 1997 und VIVA Deutschland ging 1993 auf Sendung.

103 Vgl. URL: https://web.archive.org/web/20060614160922/http://www.imagecrew.de/.

die deutsch-deutsche Geschichte verhandelt. In der auch internationalen Kommentierung fließen Nationalisierung und Globalisierung ineinander.[104]

VI Ausblick

Ein letzter notwendiger Schritt in der beschriebenen Abfolge von Suchbewegungen – von der plattformeigenen Suchfunktion über die Wayback Machine bis zur Google-Suche – wäre ein Zugriff auf Youtube über die Programmierschnittstelle der Plattform (auch API genannt), der ein weiteres in einer Reihe von Fenstern mit Blick auf zunächst verborgene Youtube-Inhalte eröffnen könnte.[105] Die Suche in Webarchiven kann jedoch auch ein solcher Zugriff wohl nicht ersetzen, erlauben doch nur sie einen Blick auf bereits gelöschte Videos. Der Zugriff über die API, letztlich selbst eine algorithmische Abfrage, verdeckt darüber hinaus die Einwirkung der Algorithmen in Prozesse der Archivierung und Nutzung von Youtube-Inhalten. Gerade die gewählten experimentellen Zugänge erlaubten dagegen zumindest ein Stück weit, das „grey of the technological unconscious"[106] zu reflektieren, das der Auseinandersetzung mit der DDR auf Youtube per se zugrunde liegt, und das noch einmal undurchdringlicher erscheinen mag, wenn es darum geht, eine bestimmte Zeitspanne in den Blick zu nehmen.

Darüber hinaus konnte die Sammlung von 14 frühen Videos mit Bezugnahme auf die DDR dazu beitragen, das Bild einer ‚rebellischen' Online-Kultur zu hinterfragen und auf vielschichtige Prozesse der Genre-Entwicklung und Mediatisierung verweisen. An die Stelle des vermeintlichen digitalen Kuriositätenkabinetts tritt somit eine in einem spezifischen historischen Moment zu verortende Aneignung von Medien und Geschichte. Unklar bleibt dabei zum einen, inwiefern diese Sammlung nur die letzten Überreste eines vormals umfangreicheren Bestands an Videos mit DDR-Bezug aus den Jahren 2005 und 2006 darstellt. Zum anderen ist offen, wie viele der Videos insbesondere über die von Instabilität und Dynamik gekennzeichneten Suchen mit Youtube und Google in fünf oder zehn Jahren noch auffindbar sein werden. Im Hinblick auf zukünftige Versuche, Youtube-Videos als

104 Zur Bundesrepublik unter dem Signum dieser beiden Prozesse, vgl. Reinhard Mehring, Die neue Bundesrepublik. Zwischen Nationalisierung und Globalisierung, Stuttgart 2019.

105 Für ein Projekt, das über Twitters Premium API „historical tweets" (Absatz 19) untersuchte, vgl. Hannah Smyth/Diego Ramirez Echavarria, Twitter and Feminist Commemorations of the 1916 Easter Rising, in: Journal of Digital History 1 (2021), URL: https://journalofdigitalhistory.org/en/article/SLCj9T3MsrEk (letzter Zugriff 07.09.2022).

106 Andrew Hoskins, The Restless Past. An Introduction to Digital Memory and Media, in: Ders. (Hrsg.), Digital Memory Studies. Media Pasts in Transition, Milton 2017, S. 1–24, hier S. 20.

Quellen fruchtbar zu machen, wären themenzentrierte und regional differenzierte Archivierungsinitiativen darum dringend zu begrüßen. Nicht zu vergessen dabei: die Trefferlisten der Suchmaschinen.

Literatur

Aasman, Susan (2018), Becoming YouTube's Grandad. Media, Age, and Generation in a Virtual Community, in: Aasman, Susan/Fickers, Andreas/Wachelder, Joseph (Hrsg.), Materializing Memories. Dispositifs, Generations, Amateurs, New York, S. 151–166.

Aasman, Susan (2019), Finding Traces in YouTube's Living Archive. Exploring Informal Archival Practices, in: Tijdschrift voor Mediageschiedenis 22, S. 35–55.

Beisch, Natalie/Egger, Andreas/Schäfer, Carmen (2021), Bewegtbildmarkt in Bewegung: Videonutzung habitualisiert sich in mittlerer Altersgruppe. Ergebnisse der ARD/ZDF-Massenkommunikation Trends und der ARD/ZDF-Onlinestudie 2021, in: Media Perspektiven 10, S. 518–540.

Bischoff, Frank M./Patel, Kiran Klaus (2020), Was auf dem Spiel steht. Über den Preis des Schweigens zwischen Geschichtswissenschaft und Archiven im digitalen Zeitalter, in: Zeithistorische Forschungen 17, S. 145–156.

Böick, Marcus/Goschler, Constantin/Jessen, Ralph (2020), Die Deutsche Einheit als Geschichte der Gegenwart, in: Böick, Marcus/Goschler, Constantin/Jessen, Ralph (Hrsg.), Jahrbuch Deutsche Einheit, Berlin, S. 9–23.

Bösch, Frank (2021), Perspektiven der Mediengeschichte im digitalen Zeitalter, in: Jahrbuch für Kommunikationsgeschichte 23, S. 32–43.

Brückweh, Kerstin (2020), Das vereinte Deutschland als zeithistorischer Forschungsgegenstand, in: Aus Politik und Zeitgeschichte 70, Nr. 28–29, S. 4–10.

Brügger, Niels (2018), Web History and Social Media, in: Burgess, Jean/Marwick, Alice E./Poell, Thomas (Hrsg.), The SAGE Handbook of Social Media, Los Angeles, S. 196–212.

Bunnenberg, Christian/Logge, Thorsten/Steffen, Nils (2021), SocialMediaHistory. Geschichtemachen in Sozialen Medien, in: Historische Anthropologie 29, S. 267–283.

Bunnenberg, Christian/Steffen, Nils (2019), Broadcast yourself: history stories! Geschichte auf YouTube – eine Bestandsaufnahme, in: Bunnenberg, Christian/Steffen, Nils (Hrsg.), Geschichte auf YouTube. Neue Herausforderungen für Geschichtsvermittlung und historische Bildung (Medien der Geschichte, Bd. 2), Berlin/Boston, S. 3–24.

Bunnenberg, Christian/Steffen, Nils (Hrsg.) (2019), Geschichte auf YouTube. Neue Herausforderungen für Geschichtsvermittlung und historische Bildung (Medien der Geschichte, Bd. 2), Berlin/Boston.

Burgess, Jean/Green, Joshua (2018), YouTube. Online Video and Participatory Culture, 2. Aufl., Cambridge.

Burkhardt, Hannes (2019), DDR-Geschichte auf YouTube. Alltag und Diktatur in digitalen Geschichtserzählungen des DDR-Museums (Berlin), in: Bunnenberg, Christian/Steffen, Nils (Hrsg.), Geschichte auf YouTube. Neue Herausforderungen für Geschichtsvermittlung und historische Bildung (Medien der Geschichte, Bd. 2), Berlin/Boston, S. 97–123.

Clavert, Frédéric (2021), History in the Era of Massive Data. Online Social Media as Primary Sources, in: Geschichte und Gesellschaft 47, S. 175–194.

Cooke, Paul (2005), Representing East Germany Since Unification. From Colonization to Nostalgia, Oxford.

Crueger, Jens (2019), Digital Native History: Überlegungen zum Kulturellen Gedächtnis im digitalen Zeitalter, in: Bunnenberg, Christian/Steffen, Nils (Hrsg.), Geschichte auf YouTube. Neue Herausforderungen für Geschichtsvermittlung und historische Bildung (Medien der Geschichte, Bd. 2), Berlin/Boston, S. 295–313.

Fickers, Andreas (2020), Update für die Hermeneutik. Geschichtswissenschaft auf dem Weg zur digitalen Forensik?, in: Zeithistorische Forschungen 17, S. 157–168.

Gerhards, Maria/Mende, Annette (2006), Offliner: Vorbehalte und Einstiegsbarrieren gegenüber dem Internet bleiben bestehen. ARD/ZDF-Online-Studie 2006, in: Media Perspektiven 8, S. 416–430.

Großbölting, Thomas (2020), Wiedervereinigungsgesellschaft. Aufbruch und Entgrenzung in Deutschland seit 1989/90, Bonn.

Hoskins, Andrew (2017), The Restless Past. An Introduction to Digital Memory and Media, in: Hoskins, Andrew (Hrsg.), Digital Memory Studies. Media Pasts in Transition, Milton, S. 1–24.

Kosthorst, Daniel (2010), „In lustiger Gesellschaft?“ Politischer Humor als Spiegel der Zeit, in: Stiftung Haus der Geschichte der Bundesrepublik Deutschland (Hrsg.), Spaß beiseite. Humor und Politik in Deutschland, Leipzig, S. 10–23.

Kötzing, Andreas (2022), Heimat ist ein Raum aus Bytes. Partizipative Formen der DDR-Erinnerung in den Sozialen Medien, in: Deutschland Archiv, 16.05.2022, URL: https://web.archive.org/web/20220517181655/https://www.bpb.de/themen/deutschlandarchiv/508375/heimat-ist-ein-raum-aus-bytes/ (letzter Zugriff 07.09.2022).

Lucchesi, Anita (2020), For a New Hermeneutics of Practice in Digital Public History: Thinkering with Memorecord.uni.lu, unveröffentlichte Hochschulschrift der Université du Luxembourg.

Mehring, Reinhard (2019), Die neue Bundesrepublik. Zwischen Nationalisierung und Globalisierung, Stuttgart.

Motrescu-Mayes, Annamaria/Aasman, Susan (2019), Amateur Media and Participatory Culture. Film, Video, and Digital Media, Abingdon.

Myers, Cayce/Hamilton, James F. (2014), Social Media as Primary Source, in: Media History 20, S. 431–444.

Passig, Kathrin (2022), Rucksack oder Rechenzentrum? Closing Keynote der 8. Jahrestagung des Verbands Digital Humanities im deutschsprachigen Raum e. V. „DHd2022: Kulturen des digitalen Gedächtnisses“, 11.03.2022 Potsdam, URL: https://lisa.gerda-henkel-stiftung.de/kathrin_passig_rucksack_oder_rechenzentrum?nav_id=10425&newsletter=1 (letzter Zugriff 07.09.2022).

Prelinger, Rick (2009), The Appearance of Archives, in: Snickars, Pelle/Vonderau, Patrick (Hrsg.), The YouTube Reader, Stockholm, S. 268–274.

Rogers, Richard (2019), Periodizing Web Archiving. Biographical, Event-Based, National and Autobiographical Traditions, in: Brügger, Niels/Milligan, Ian (Hrsg.), The SAGE Handbook of Web History, Los Angeles, S. 42–45.

Rosenzweig, Roy (2003), Scarcity or Abundance? Preserving the Past in a Digital Era, in: The American Historical Review 108 (Juni 2003), S. 735–762.

Smyth, Hannah/Ramirez Echavarria, Diego (2021), Twitter and Feminist Commemorations of the 1916 Easter Rising, Journal of Digital History 1, URL: https://journalofdigitalhistory.org/en/article/SLCj9T3MsrEk (letzter Zugriff 07.09.2022).

Snickars, Pelle/Vonderau, Patrick (2009), Introduction, in: Snickars, Pelle/Vonderau, Patrick (Hrsg.), The YouTube Reader, Stockholm, S. 9–21.

Thalheim, Sebastian (2021), 8mm. Familienfilme als Alltagspraxis, Konsumgut und Erinnerungsmedium, Berlin.

Uebing, Judith (2019), Geschichte in 10 Minuten – Wie geht das?, in: Bunnenberg, Christian/Steffen, Nils (Hrsg.), Geschichte auf YouTube. Neue Herausforderungen für Geschichtsvermittlung und historische Bildung (Medien der Geschichte, Bd. 2), Berlin/Boston, S. 71–94.
van Dijck, José (2007), Mediated Memories in the Digital Age, Stanford.
van Dijck, José (2013), The Culture of Connectivity. A Critical History of Social Media, Oxford.
Weinberger, David (2007), Everything Is Miscellaneous. The Power of the New Digital Disorder, New York.

Videos

3DGAMEMAN (15.07.2006), #330 – ATI All-In-Wonder 9800 Pro 128MB Video Card, URL: https://www.youtube.com/watch?v=QXU2yUg1H68 (letzter Zugriff 07.09.2022).
3DGAMEMAN (15.07.2006), #360 – XFX FX5600 Ultra 128MB DDR DVI & VIVO Video Card, URL: https://www.youtube.com/watch?v=0xIMIZQ5d0s (letzter Zugriff 07.09.2022).
ddcool (30.07.2006), P.Laste & E.Laste – DDR Telekonsum, URL: https://www.youtube.com/watch?v=67YIhJID3-Q (letzter Zugriff 07.09.2022).
DonPromillo81 (05.08.2006), Deutsche Nationalhymne (German National Anthem) Deutschlandlied, URL: https://www.youtube.com/watch?v=cAK23saAI1I (letzter Zugriff 07.09.2022).
DXY (10.07.2021), 1988 Helmut Kohl privat in der DDR, URL: https://www.youtube.com/watch?v=WtmbxMafr04&list=PL6Z96DF9IN_wjFCns6iEo2Ui8YH9YZMTw&index=13 (letzter Zugriff 07.09.2022).
Fhennhoefer (15.03.2006), Miss Ostdeutschland, URL: https://www.youtube.com/watch?v=9JKOz4zq2F4 (letzter Zugriff 07.09.2022).
Hans Meiser (05.10.2006), Harald Schmidt singt die Internationale, URL: https://www.youtube.com/watch?v=3z6VB6-B86s (letzter Zugriff 07.09.2022).
Imagecrew (17.03.2006), Perle der Uckermark, URL: https://www.youtube.com/watch?v=yqQ1ESjI8no (letzter Zugriff 07.09.2022).
Lu03 (05.10.2006), Ling! Ling! Geht das Telefon – Gerhard Schöne, URL: https://www.youtube.com/watch?v=5phGu4PVYCY (letzter Zugriff 07.09.2022).
mariae71 (09.10.2006), Auferstanden aus ruinen – Nationalhymne der DDR, URL: https://www.youtube.com/watch?v=memLPKw7cHo (letzter Zugriff 07.09.2022).
Moneystarr (02.08.2006), Fabster – Ich liebe diese Stadt (Halle Saale), URL: https://www.youtube.com/watch?v=shwo-tAqYR8 (letzter Zugriff 07.09.2022).
Playground Music Denmark (09.06.2006), DDR – Kap Farvel til Ümanarssuaq (fra albummet „protest-sange.dk"), URL: https://www.youtube.com/watch?v=iwiR-u-cZyU (letzter Zugriff 07.09.2022).
VCRulez (11.07.2006), Robbie Williams in Dresden, URL: https://www.youtube.com/watch?v=xGSEp4d41Ys (letzter Zugriff 07.09.2022).
Yugan Dali (10.04.2006), Clever German border guards, URL: https://www.youtube.com/watch?v=84biM6eUOrs (letzter Zugriff 07.09.2022)

Ulf Kerber und Franziska Wittau

Medien- und Filmkritik für das historische Denken: Sozioinformatischer Unterricht im Zeitalter von Propaganda 2.0, Desinformation und historischen Konternarrativen

Soziale Medien werden von „politischen Interessensvertretern" gezielt genutzt, um Empörung zu schüren, Fehlinformationen und alternative Fakten (aka Fake News) zu verbreiten. Trollarmeen verbreiten gezielte Desinformationen, extremistische Parteien fördern mithilfe intelligenter, digitaler Bots den Glauben an Verschwörungstheorien und unternehmen Versuche, den öffentlichen Diskurs im digitalen Raum zu kontrollieren.[1] Die Nutzer*innen des Internets sollen so verwirrt und manipuliert werden, um eine gezielte gesellschaftliche Spaltung hervorzurufen, die der Durchsetzung von partikularen Interessen dient. Ein Hauptziel hierbei ist die Beschädigung der Integrität wissenschaftlicher Erkenntnis und der Wissenschaften selbst, um die eigene Deutungshoheit über Fakten erlangen zu können. Gezielt wird das System der „Constitution of Knowledge"[2] angegriffen, wie der Publizist Jonathan Rauch schreibt, indem der etablierte Prozess der gesellschaftlichen Aushandlung von Wissen und konsensual vereinbarter „Wahrheit" gestört wird.

Wir dürfen diese gesamtgesellschaftliche Bedrohung nicht unterschätzen und müssen es als Aufgabe aller Wissenschaftsdisziplinen – auch der Geschichtswissenschaften und ihrer Didaktik – begreifen, Aufklärung gegen Manipulation zu betreiben und geschichtsdidaktisch umsetzbare Antworten zu finden. Denn:

> Wenn es um die Rezeption und Verarbeitung von Informationen aus dem Internet geht, sind traditionelle Vorstellungen von Bildung und kritischem Denken nicht ausreichend und wir können nicht die gleichen Mittel, wie bei traditionell gedruckten Quellen nutzen, ohne dabei die einzigartigen Herausforderungen digitaler Inhalte zu berücksichtigen.[3]

---

1 Vgl. Benjamin Zachariah, Die Bedrohung der akademischen Freiheit in Indien, URL: https://geschichtedergegenwart.ch/die-bedrohung-der-akademischen-freiheit-in-indien/ (letzter Zugriff 28.04.2022).

2 Jonathan Rauch, The constitution of knowledge: A defense of truth, Washington, D. C. 2021.

3 Sam Wineburg, Warum historische Kompetenzen für die Auswertung von digitalen Quellen nicht ausreichend sind, in: Sebastian Barsch u. a. (Hrsg.), Fake und Filter: Historisches und politisches Lernen in Zeiten der Digitalität, Frankfurt am Main 2019, S. 105–120.

https://doi.org/10.1515/9783110792898-003

Die Geschichtsdidaktik benötigt hierzu die Erkenntnisse unterschiedlichster Wissenschaftsrichtungen,

- um die Veränderungen, Transformationen und Emergenzen[4] der Digitalität konkret (be)greifen und beschreiben zu können
- und um das Zustandekommen und die Wirkungen informatischer Systeme wirklich zu verstehen, statt diese nur symptomatisch zu beschreiben.

Bereits Bunnenberg und Steffen haben mit *Geschichte auf YouTube – Neue Herausforderungen für Geschichtsvermittlung und historische Bildung* auf eine stärkere Berücksichtigung der Digitalität im Geschichtsunterricht gedrungen.[5] Benötigt wird eine mögliche und notwendige Erweiterung der Analysekompetenzen im Geschichtsunterricht zur Förderung historischen Denkens. Diese Aufgabe könnte darin bestehen, die technologisch-medialen Strukturen und Funktionen im Zusammenhang mit den gesellschaftlich-kulturellen Wechselwirkungen[6] noch intensiver zu untersuchen und damit die Ausbildung digitaler Medienkompetenzen im Sinne und als Beitrag zur historischen Medienbildung[7] zu fördern. Dabei gilt es vor allem, die Zusammenhänge von Technologie und Medienpsychologie im Zusammenhang mit informatischen Systemen weiter zu durchdringen und didaktisch für den Geschichtsunterricht nutzbar zu machen.

---

4 Vgl. Katharina A. Zweig, Wo Maschinen irren können: Verantwortlichkeiten und Fehlerquellen in Prozessen algorithmischer Entscheidungsfindung, Impuls Algorithmenethik #4, 2018, URL: https://www.bertelsmann-stiftung.de/fileadmin/files/BSt/Publikationen/GrauePublikationen/WoMaschinenIrrenKoennen.pdf (letzter Zugriff 28.04.2022). Emergenz dient hierbei als informatische Bezeichnung für das plötzliche Entstehen neuer Eigenschaften eines Sachverhalts innerhalb eines komplexen, etablierten Systems – hervorgerufen durch digitalisierte Prozesse.

5 Vgl. Christian Bunnenberg/Nils Steffen (Hrsg.), Geschichte auf YouTube, Neue Herausforderungen für Geschichtsvermittlung und historische Bildung (Medien der Geschichte, Bd. 2), Berlin/Boston 2019.

6 Vgl. Torsten Brinda/Niels Brüggen/Ira Diethelm/Thomas Knaus u. a., Frankfurt-Dreieck zur Bildung in der digital vernetzten Welt. Ein interdisziplinäres Modell, in: Thomas Knaus/Olga Merz, Schnittstellen und Interfaces: Digitaler Wandel in Bildungseinrichtungen, Band 7, München 2020, S. 157–168.

7 Vgl. Ulf Kerber, Historische Medienbildung als theoretisches Kompetenz-Strukturmodell für eine Integration der Medienbildung in die Fachdidaktik des Faches Geschichte in Baden-Württemberg, Dissertation, o. O. 2016.

I Wissen(sproduktion) in der Kultur der Digitalität

Die neben die „Macht des geschriebenen oder gesprochenen Wortes“ getretene „Macht der Technologien und ihrer Algorithmizität“ hat in den letzten Jahren eine kulturelle Transformation hin zu einer „Kultur der Digitalität“[8] eröffnet. Aufbauend auf einer historischen Beleuchtung der Wurzeln des sog. digitalen Wandels postuliert Felix Stalder drei charakteristische Formen der Kultur der Digitalität:[9]

1. Referentialität: Die Vielzahl der jedem/r Einzelnen begegnenden Informationen werden von Nutzer*innen geliked, geteilt, kommentiert und in einen eigenen, subjektiven Bedeutungszusammenhang gebracht. Somit wird ein persönliches Bezugssystem hergestellt, das letztlich das je eigene Verhältnis zur Welt mitbestimmt.
2. Gemeinschaftlichkeit: Durch den informellen (ggf. auch unbewussten) digitalen Zusammenschluss von Personen werden über kooperative Filter- und Interpretationsmechanismen (neue) geteilte Bedeutungen (z. B. Wissen, Handlungsformen) und damit auch Interpretationen von Wirklichkeit hervorgebracht.
3. Algorithmizität: Die unüberschaubare Vielzahl an Informationen, auf die gemeinschaftlich Referenz genommen wird und über die damit geteilte Bedeutung (=Kultur) hergestellt wird, wird durch Maschinen (vor-)geordnet. Algorithmen nehmen erheblichen Einfluss auf Reichweite und Akzeptanz von Informationen und Wissen.

In ihrem Zusammenspiel führen diese drei Formen dazu, dass immer mehr Menschen auf immer mehr Feldern mithilfe immer komplexerer Technologien über die soziale Bedeutung von Wissen und Information verhandeln und damit „Wahrheit“ konstruieren (müssen). Insbesondere den algorithmischen Systemen kommt dabei eine herausragende Stellung zu. Durch ihre technisch-ästhetischen Mittel sind sie in der Lage, die Wahrnehmung, Rezeption und Interpretation von Fakten und Informationen erheblich zu beeinflussen. Die Algorithmen der sozialen Medienplattformen arbeiten dabei mit menschlichen Verhaltensmustern und bilden diese nach.[10] Das Ergebnis ist – insbesondere aus Sicht der Plattformen – eine Stei-

---

8 Felix Stalder, Kultur der Digitalität, 5. Aufl., Berlin 2021.

9 Vgl. Stalder, Kultur der Digitalität, S. 95 ff.

10 Vgl. Konrad Lischka/Christian Stöcker/Bertelsmann Stiftung, Digitale Öffentlichkeit: Wie algorithmische Prozesse den gesellschaftlichen Diskurs beeinflussen (2017), URL: https://www.bertels

gerung der Effizienz. Bewusst oder unbewusst verstärken die Betreiber*innen der Algorithmen damit existierende Gesellschaftsproblematiken wie jene der Postdemokratie oder der Aufmerksamkeitsökonomie und tragen damit mindestens potenziell dazu bei, deren Tendenzen zu verstärken. Es eröffnen sich aber auch neue Problemlagen, die wir unter anderem mit Begriffen wie Überwachungskapitalismus oder Desinformationsgesellschaft beschreiben können.[11]

II Die Grenzen (gängigen) historischen Denkens in der Kultur der Digitalität

Diese Problemlagen stellen auch die Geschichtswissenschaften und ihre Didaktik vor neue Herausforderungen. Exemplarisch lässt sich das an Forschungen Sam Wineburgs zur Rezeption historischer Informationen im Internet darstellen,[12] die die Grenzen klassischer historischer Erkenntnisgewinnung im digitalen Raum belegen. In einem experimentellen Setting verglich er die Fähigkeit von Historiker*innen zur Bewertung digitaler Informationen mit der von Faktenchecker*innen – wobei die Gruppe der Historiker*innen erstaunlich schlecht abschnitt. Wineburg begründet die feststellbaren Schwierigkeiten unter anderem mit der für das historische Denken gängigen Praxis, sich Quellen *vertikal* – also über die vertiefte Auseinandersetzung vorwiegend mit den Inhalten einzelner Seiten und einigen, wenigen, leicht fälschbaren äußeren Merkmalen – zu nähern. Die Faktenchecker*innen hingegen näherten sich der gleichen Problematik *lateral*, d. h. sie zogen zuerst Referenzquellen heran, verglichen Reaktionen anderer Nutzer*innen auf die präsentierten Inhalte auf externen Webseiten und prüften, welche Gruppierungen auf die Inhalte der Referenzquelle mittels Verlinkungen verweisen. Ihre Quellenanalyse machte damit die Aspekte Referentialität, Gemeinschaftlichkeit und Algorithmizität zum zentralen Gegenstand ihrer Bewertung.

Im Kern verweisen die Ergebnisse Wineburgs darauf, dass historisches Denken in der Kultur der Digitalität andere Wege zu gehen hat, als bei der Rezeption

mann-stiftung.de/fileadmin/files/BSt/Publikationen/GrauePublikationen/Digitale_Oeffentlichkeit_final.pdf (letzter Zugriff 05.06.23); Reinhard Keil, Gestaltung interaktiver Systeme: Ein ökologischer Ansatz, in: LOG IN 5/6 (1992), URL: https://beat.doebe.li/bibliothek/t26095 (letzter Zugriff 22.09.2022). „Informatik [darf sich] nicht nur mit maschineller Datenverarbeitung, sondern [muss sich] auch mit menschlicher Datenverarbeitung beschäftigen".

11 Vgl. Rauch, The constitution of knowledge.

12 Vgl. Wineburg, Warum historische Kompetenzen für die Auswertung von digitalen Quellen nicht ausreichend sind, S. 110.

klassischer Darstellungen. Beim historischen Denken geht es demnach „nicht [nur] um Geschichte“[13] und deren Darstellungen, sondern darum, in einer digitalen Welt die Vielzahl an Informationen, Darstellungen und Interpretationen kritisch bewerten, einordnen und Manipulationsversuche erkennen und hinterfragen zu können. Grundvoraussetzung für ein entsprechendes kritisches Denken ist es – so die These des vorliegenden Beitrags –, die algorithmisch-technologischen Funktionen, deren Möglichkeiten und manipulative Spielräume verstehen zu können. Dies soll nachfolgend am Beispiel der Plattform Youtube belegt werden.

III Rezipient*innenorientierte, laterale Filmanalyse im digitalen Zeitalter auf Youtube

Youtube stellt nicht nur einfach Geschichtsvideos als Phänomene der Geschichtskultur zur Verfügung, deren Informationen man auf inhaltliche – in unserem Falle: historische – Authentizität und Faktentreue überprüfen sollte, sondern zudem Möglichkeiten zum Kommentieren, Teilen und Remixen der Videos. Als paradigmatisch für die oben beschriebene Kultur der Digitalität, bauen diese auf Formen von Referentialität, Gemeinschaftlichkeit und Algorithmizität auf.

Grundsätzlich lassen sich zwei zentrale Bereiche unterscheiden, die sowohl getrennt als auch im Zusammenhang analysiert und unterrichtlich betrachtet werden müssen:

Tab. III.1: Analyseebenen der Youtube-Plattform

Bereiche/ Ebene auf Youtube	Bezüge: Worüber erfolgt die analytische Annäherung?
Videos selbst	Rezipient*innenorientierte Analyse von Aspekten der Mediengestaltung und Medienwahrnehmung als „programmierbare Wahrnehmung“ im Sinne der Algorithmizität
Kommentar-, Like- und Teilen-Funktionen	Möglichkeiten zur Wahrnehmungsmanipulation historischer Inhalte (Meinungsbeeinflussung und historisches Agenda-Setting) im Sinne der Gemeinschaftlichkeit und Referentialität

13 Sam Wineburg, Why Historical Thinking is not about History, in: AASLH History News 71 (2) (2016), URL: https://stacks.stanford.edu/file/druid:yy383km0067/Wineburg%20Hist.%20Thinking%20is%20not%20about%20history.pdf (letzter Zugriff 28.04.2022).

Im Anschluss an Wineburg kann eine laterale Analyse der Geschichtsvideos einen Beitrag zum kritisch-historischen Denken leisten – eine Analyse also, die sich nicht ausschließlich auf die vertiefte Analyse der im Video präsentierten Inhalte sowie ihrer vermeintlichen Authentizität stützt, sondern auch auf externe Referenzen zurückgreift. Wie dies gelingen kann und welche Möglichkeiten der Umsetzung bestehen, möchten wir anhand von Beispielen aus der hochschulischen Lehrkräfteausbildung vorstellen, konkret anhand eines geschichtsdidaktischen Seminars zu *Geschichtsdokumentationen und Youtube*.

Rezipient*innenenorientierte Analyse von Aspekten der Mediengestaltung und Medienwahrnehmung als „programmierbare Wahrnehmung"

Gut gemachte Filmproduktionen berücksichtigen menschliche Wahrnehmungsroutinen. Die Nutzung und Ausnutzung menschlicher Medienrezeptionsmuster beginnt nicht erst mit der Digitalisierung, sondern bei der Medialisierung selbst – die Informatik nutzt diese etablierten Muster nur noch effektiver. Filme „funktionieren" nur dann gut, wenn sie sorgfältig auf die Sehgewohnheiten und -traditionen des Publikums hin konstruiert worden sind. Sprich: Wie die Informatik Muster in Handlungen und Prozessen von Menschen in algorithmische Formen überträgt, suchen Filmschaffende Wahrnehmungsmuster, Klischees und Stereotype, die gleich einem programmierten Algorithmus die Wahrnehmungs- und Interpretationsroutinen der Rezipierenden planbar(er) und vorhersehbar machen. Wir sprechen daher bei dieser Art der Mediengestaltung von „programmierbarer Wahrnehmung und Medienkonstruktion". Dadurch lassen sich kognitive und audiovisuelle Wahrnehmung, emotionales Empfinden, Aussageabsichten, Authentizitätswahrnehmung und vieles mehr beeinflussen. Die passende Hypothese hierzu könnte nach Markus Huff lauten: Obwohl Menschen bereit sind, filmische Konstruktionsprobleme zu übersehen, solange der Informationsfluss stimmig ist, ist für die Konstruktion von Glaubwürdigkeit und Bestätigung von Sinnbildung die ästhetische Komposition und Darstellung intendierter Aussageabsichten wichtiger als Fakten und deren Belege.[14]

Filmschaffende nutzen neben ästhetischen und technischen Konstruktionsprinzipien vor allem bekannte und etablierte Medienwahrnehmungsroutinen,

---

14 Vgl. Markus Huff, Die wahrnehmungspsychologischen Grundlagen des Filmemachens oder warum Menschen Filme verstehen, 2014, URL: https://de.in-mind.org/article/die-wahrnehmungs psychologischen-grundlagen-des-filmemachens-oder-warum-menschen-filme (letzter Zugriff 06.05.2022).

wie z. B. mythologische Zuschreibungen, bekannte Invektive, aktivierende Feindbilder, Inszenierungen von Macht und stereotype Denk- und Argumentationsmuster, die in ihren Konstruktionsroutinen einem, für die Geschichtsdidaktik, noch immer „unbekannten Regelwerk" folgen. Diese Wahrnehmungsroutinen sind über einen langen Zeitraum entstanden und haben eine historische Herkunft. Teilweise sind diese sogar evolutionär in uns verankert und funktionieren – in Abwandlungen – bis heute dauerhaft. Dieser Verweis auf Kontinuität und Wandel, der im Rahmen digitaler Emergenz[15] besonders gut sichtbar wird, lässt sich geschichtsdidaktisch unter dem Stichwort des Historizitätsbewusstseins für einen zukunftsorientierten Geschichtsunterricht nutzen, der die digitale Gegenwart und deren gesellschaftskulturelle Problemfelder gerade im Bereich menschlicher Kognitionswahrnehmung zum Ausgangspunkt nimmt.[16]

Beispiel 1: Narratives Priming manipuliert visuelle Wahrnehmung.

Christoph Hamann[17] belegt in seinen Arbeiten, dass Bildunterschriften historische Bildinterpretationen beeinflussen können. Die Digitalität vereinfacht es, (historischen) Bildern Falschaussagen „unterzuschieben", und erhöht zusätzlich Reichweite, Zugänglichkeit und Frequenz der Rezeption deutlich.

Dies funktioniert noch viel wirkungsvoller beim Medium des Films. Hier können mithilfe „leerer Klischeevorstellungen"[18] ganze Zusammenhänge neu konstruiert werden. Als aktuelles Ausgangsbeispiel kann auf die auf Youtube zu findende Zeitgeschichts-Dokumentation *Ukrainian Agony – Der verschwiegene Krieg*[19] verwiesen werden, die die Verantwortung an den Unruhen auf dem Kiewer Maidan, der Annexion der Krim und der Gewalt im Donbass nicht auf Russland bezieht, sondern die Verantwortung allein der EU, den USA, ukrainischen „Nazis" und der Nato zuschreibt. Hier werden zahlreiche, höchst emotionalisierende Bilder von

---

15 Vgl. Zweig, Wo Maschinen irren können.

16 Vgl. Steve Connolly, What do film teachers need to know about cognitivism? Revisiting the work of David Bordwell and other cognitivists, in: Film Education Journal 1 (2) (2018), URL: https://doi.org/10.18546/FEJ.01.2.03 (letzter Zugriff 25.11.2022).

17 Vgl. Christoph Hamann, Bild – Abbild – Schlüsselbild: Zur Vergegenwärtigung von Vergangenheit durch Fotografien, in: Praxis Geschichte 1 (2006), S. 4–9.

18 Zum „Effekt leerer Bildklischees" vgl.: Ulf Kerber, Zum Umgang mit Fakten und Fiktionen bei der Visuellen Kommunikation im Digitalen Zeitalter, in: Zeitschrift für Geschichtsdidaktik 17 (1) (2018), S. 101–119, URL: https://doi.org/10.13109/zfgd.2018.17.1.101 (letzter Zugriff 25.11.2022).

19 NuoViso (17.12.2015), Ukrainian Agony – Der verschwiegene Krieg (kompletter Film), URL: https://www.youtube.com/watch?v=sy759dlJWYE (letzter Zugriff 06.05.2022).

Gräueltaten ohne jegliche historische Einordung, Belege, Gegenperspektive oder Quellenangaben aneinandergereiht. Analog zu ähnlichen Zeitgeschichtsdokumentationen erfolgt im Video zunächst ein Priming (vorausgehende, psychologisch aktivierende Reize) der Rezipierenden durch einen scheinbar neutralen Moderationstext mit klarer Schuldzuweisung und eine bestätigende Kommentierung der Bilder durch eine russische Ukrainerin als Zeitzeugin. Beide erklären zusammen, was auf den Bildern zu sehen und wie diese zu interpretieren seien. Eine Möglichkeit zur Authentifizierung für die Rezipierenden besteht nicht. Dass solche „Berichte" auf fruchtbaren Boden fallen, zeigen nicht nur die mittlerweile fast 1,3 Millionen Aufrufe bei Youtube (inkl. entsprechender Kommentare). Auch eine aktuelle Studie zur Glaubwürdigkeit solcher Verschwörungserzählungen in der deutschen Gesellschaft belegt, dass knapp ein Fünftel der Befragten dieser Interpretation zustimmen.[20]

	Touristisch	**Amerikanisch**	**Kommunistisch**
	Komfortable Einkaufs- und Konsummöglichkeiten wie zu Hause	Wirtschaftsboom und Wohlstand für alle erschwinglich, nicht wie in Kuba	Zerstörung der heimischen Handwerke und Betriebe durch Ketten und Kontrolle durch USA
	Bedauerliche Zerstörung des kolonialen Erbes	Linksextremisten versuchen die Zufriedenheit mit Terror zu stören	Bombenanschläge gegen US-Unternehmen zeigen Unzufriedenheit
	Lateinamerikanisches Temperament auch bei kleinen, politischen Veranstaltungen	Irrationale anti-amerikanische Proteste, die noch nicht einmal 3% der Wählerstimmen erhalten	Proteste gegen US-Imperialismus nehmen flächenbrandartig zu

Abb. III.1 Den „Effekt leerer Bildklischees" am Filmbeispiel *Ein Film – Drei Texte* erkennen.

20 Vgl. Pia Lamberty/Maheba Goedeke Tort/Corinne Heuer, Von der Krise zum Krieg: Verschwörungserzählungen über den Angriffskrieg gegen die Ukraine in der Gesellschaft, Center für Monitoring, Analyse und Strategie (CeMAS), 2022, URL: https://cemas.io/publikationen/von-der-krise-zum-krieg-verschwoerungserzaehlungen-ueber-den-angriffskrieg-gegen-die-ukraine-in-der-gesell schaft/2022_05_CeMAS_ResearchPaper_Verschwoerungserzaehlungen_Ukraine.pdf (letzter Zugriff 06.05.2022).

Um die Machart solcher Videos mit den Studierenden entschlüsseln zu können, nutzen wir die – selbst schon historisch gewordene – Dokumentation *Ein Film – Drei Texte*[21] aus den 1970er Jahren. Diese zeigt wiederholt drei Mal die gleichen Bilder, die Puerto Rico jedoch aus drei unterschiedlichen Sprecherinnenperspektiven vorstellt: touristisch (im Mittelpunkt steht die Schönheit des Landes), proamerikanisch (im Mittelpunkt stehen Fortschritt und Erfolg der Wirtschaft) und pro-kommunistisch (im Mittelpunkt steht die Unzufriedenheit der Menschen unter dem US-Imperialismus). Die Studierenden analysieren – neben den historischen Hintergründen – mittels Materialien den Zusammenhang von Priming-Effekten, medialen Klischeeprägungen und dem Effekt der „Leeren Bildklischees" und wie dieser in der Lage ist, Wahrnehmungen zu beeinflussen. Sie lernen dabei, dass auch in zahlreichen historischen Dokumentationen solche leeren Bildklischees genutzt werden – absichtlich, unabsichtlich, oder aus guten oder schlechten Gründen, z. B. weil entsprechendes visuelles Material nicht zur Verfügung steht (vgl. die sog. Ton-Bild-Schere).

Beispiel 2: Manipulation mittels Emotionen, Vorurteilen und Stereotypen.

Die Analyse und Dekonstruktion der Reportage *Ukrainian Agony* lässt sich mithilfe eines weiteren Beispiels vertiefen. Die Mockumentary[22] *Spiel mit dem Tod*[23] greift die generelle Machart dieses Genres auf und verwendet die typischen Elemente, die Reportagen und Dokumentationen manipulativ konstituieren können. Historisch und geschichtsdidaktisch relevant ist diese Mockumentary wegen ihres Spiels mit immer noch verbreiteten gesellschaftsprägenden, postsowjetischen Ressentiments und Vorstellungen. Die Fake-Doku zeigt einen jungen deutschrussischen Mann, der in Russland an einem Paintball-Spiel teilnimmt – nur mit echten Waffen, durch die er auch stirbt. Die Bilder führen uns ein stereotypisches Russland und stereotypische Russ*innen vor: abgewirtschaftet, unterentwickelt, weit verbreiteter Alkoholmissbrauch und heruntergekommene Gebäude. Jedoch wurde keines der Bilder in Russland, stattdessen wurde ausschließlich in Deutschland

21 Vgl. 16mmkino (01.05.2019), Ein Film Drei Texte, URL: https://www.youtube.com/watch?v=45TamGotoqA (letzter Zugriff 06.05.2022).

22 Mockumentary: fiktionales Filmgenre, das das Genre der Dokumentation und insbesondere den Glauben in dessen objektive Faktizität parodieren.

23 Vgl. Felix Müller, Spiel mit dem Tod: Spiel mit dem Zuschauer, with the assistance of Felix Müller, DVD complett, Stuttgart 2007. Der Film besteht aus zwei Teilen. Im zweiten Teil wird aufgezeigt, wie Manipulationen vorgenommen werden und wie diese wirken sollen.

gedreht (auch hier wieder leere Bildklischees). Die luftverpestete Stadt ist Mannheim, über die Bilder wurde ein Farbfilter gelegt; die russischen Kasernen sind nachbearbeitete Ruinen französischer Kasernen und zumeist wird nicht einmal richtiges Russisch gesprochen. Dennoch fällt dies den wenigsten auf: Von insgesamt mittlerweile über 200 Seminarteilnehmer*innen hatten weniger als 5 Prozent Zweifel an der Echtheit der Darstellung – auch nicht ein ehemaliger Mitarbeiter eines militärhistorischen Archivs und Experte für Kasernen im badischen Raum.

Abb. III.2 Fragestellungen zur Auflösung des *Inattentional Blindness*-Effekts (mit Abbildungen aus dem Film: *Spiel mit dem Tod*, 2007).

Kognitionswissenschaftlich ist dies u. a. mit der Belastung des Arbeitsgedächtnisses während der Filmwahrnehmung und -verarbeitung mittels der *Cognitive Load Theory*[24] zu erklären. Sie erklärt, wie wenig „Gegenwehr" und Faktenkontrolle wir einer schnell getakteten, visuellen Narration entgegenbringen können. Durch den erhöhten *intrinsic* und *extraneous cognitive load* (= die kognitive Belastung durch die Taktung und Vielzahl der Informationen, Bilder und Dramatisierungen)

24 Vgl. Nitzan Ben-Shaul, Split Attention Problems in Interactive Moving Audiovisual Texts, URL: https://citeseerx.ist.psu.edu/viewdoc/download?doi=10.1.1.538.1261&rep=rep1&type=pdf (letzter Zugriff 20.05.2022); John Sweller, The Role of Evolutionary Psychology in Our Understanding of Human Cognition: Consequences for Cognitive Load Theory and Instructional Procedures, in: Educational psychology review (2021), S. 1–13, URL: https://doi.org/10.1007/s10648-021-09647-0 (letzter Zugriff 25.11.2022).

ist das Publikum nicht in der Lage, die Informationen vertiefend zu verarbeiten, zu hinterfragen oder zu dekonstruieren. Die Aufmerksamkeit versucht dem Haupthandlungsstrang zu folgen und bemerkt visuelle Reize aus Ungereimtheiten und Veränderungen nicht. Dies wird auch als *Inattentional Blindness*-Effekt[25] bezeichnet. Es bleibt nur, der Argumentation der Narration zu folgen, sich ästhetisch-emotional gefangen nehmen zu lassen und ihr – anhand von anderen, „sichtbaren" Authentifizierungsstrategien – Glauben zu schenken.

Beispiel 3: Authentifizierungsstrategien

Ein Film kann also authentisch wirken, ohne die Wirklichkeit wiederzugeben. Eine künstliche Realität kann aus dem Nichts geschaffen werden und muss gegenüber dem Publikum nur Merkmale einer scheinbaren Authentizität vermitteln. Die Sinnbildung kann noch so desaströs oder erfunden sein; mit angeblichen Expert*innen, vermeintlichen Forschungsergebnissen und zweifelhaften Zeit- oder Augenzeug*innen lassen sich Verschwörungsmythen visuell-narrativ manifestieren. Daher erscheint es sinnvoll, sich nicht nur auf die Authentizität der Inhalte (*vertikal*) zu fokussieren, sondern auch auf die filmtechnischen und psychologischen Authentifizierungsstrategien (*lateral*). Geschichtsdokus eignen sich sehr gut dazu, solche Mechanismen zu untersuchen, da diese häufig dazu tendieren, ihre Sinnbildung und Wissenschaftlichkeit anhand von zahlreichen Authentifizierungsstrategien als wissenschaftlich-unhinterfragbare Fakten abzusichern. Dabei sind die Grenzen zu pseudohistorischen Theorien durchaus fließend. Eine Auseinandersetzung mit Lehramtsstudierenden – aber auch mit Schüler*innen – hat hierbei eine hohe geschichtsdidaktische Relevanz, da pseudohistorische Inhalte auf Youtube massenhaft aufzufinden sind. „Pseudohistorische Ideen werden zur Rechtfertigung von Rassismus und üblen politischen Agenden verwendet. Sie bieten eine scheinbar faktische Grundlage für die Überzeugungen von Randgruppen und destruktiven Kulten. Die Pseudohistorie kann unglücklichen Anhängern manchmal eine sehr reale und tragische Geschichte bescheren."[26]

Die Rolle von Expert*innen bei der Authentifizierung pseudohistorischer Dokumentationen lassen sich am Beispiel der Erfolgsdokumentation *Ancient Aliens* –

---

25 Tim J. Smith/John M. Henderson, Edit Blindness: The relationship between attention and global change blindness in dynamic scenes, in: Journal of Eye Movement Research 2 (2) (2008), URL: https://doi.org/10.16910/jemr.2.2.6 (letzter Zugriff 25.11.2022).

26 Ronald H. Fritze, On the Perils and Pleasures of Confronting Pseudohistory, in: Historically Speaking 10 (5) (2009), S. 2–5, URL: https://doi.org/10.1353/hsp.0.0067 [eigene Übersetzung aus dem Englischen] (letzter Zugriff 25.11.2022).

Unerklärliche Phänomene[27] aufzeigen (151 Folgen in 15 Staffeln – vgl. Abb. III.3). Die Serie basiert auf der pseudowissenschaftlichen Hypothese der Existenz antiker Astronauten, die in einer zeitlich nicht ganz klar definierten Antike zahllose Innovationen auf der Erde beeinflusst hätten und bislang von der etablierten Wissenschaft ignoriert worden seien. Diese Grundannahme der Doku-Reihe, deren Ausgangsthesen von Erich von Däniken popularisiert worden sind, der dort selbst häufig als Experte auftritt, wird vornehmlich durch Expert*inneninterviews und sog. *out-of-place artifacts* (OOPArt) authentifiziert.

Das Gros der vermeintlichen Expert*innen sind jedoch „nur" freie Autor*innen oder Journalist*innen, die Anhänger*innen dieser Thesen sind und selbst nicht wissenschaftlich arbeiten. Fragestellungen werden in Sprechtexten als rhetorische Fragen formuliert, die Antwort erfolgt immer wiederholend mittels eines argumentativen Framing („Alien-Theoretiker sagen ja"). Tatsächliche wissenschaftliche Expert*innen werden mit einem Verweis auf ihre Hochschule (Hervorhebung in einer Bauchbinde/einem Untertitel) dazu benutzt, eine eventuelle Forschungslücke oder wissenschaftliche Unklarheit zu bestätigen. Nachdem den vermeintlichen Behauptungen im Detail nachgegangen wurde, bricht die Erzählung ab mit: „Vielleicht können noch mehr Beweise gefunden werden …" Ein anderer Ort, ein anderer archäologischer Fund oder ein Ereignis mit einer hypothetischen Verbindung zur vorherigen Behauptung wird vorgestellt. Die Bedeutung von Theorie, Hypothese, Veri- und Falsifikation und „wissenschaftlich anerkannten Fakten" verschwimmt. Das *Smithsonian Magazine*[28] bezeichnete den Präsentationsstil der Doku-Serie als sog. argumentativen „Gish-Gallop".

Beim psychologisch bedenklichen Argumentationsstil des Gish-Gallop wird versucht, das Gegenüber mit einer Flut von Fragen, Halbwahrheiten und Falschaussagen einzudecken und schnell von einem Punkt zum nächsten zu springen.[29] Der „Galoppierende" erscheint dabei als allwissend, während der Diskussionsgegner als unfähig und ständig einen Schritt hinterher erscheint.

27 Vgl. Kevin Burns, Ancient Aliens – Unerklärliche Phänomene (ab 2009).

28 Riley Black, The Idiocy, Fabrications and Lies of Ancient Aliens, 2012, URL: https://www.smithsonianmag.com/science-nature/the-idiocy-fabrications-and-lies-of-ancient-aliens-86294030/ (letzter Zugriff 20.05.2022).

29 Vgl. John Grant, Denying science: Conspiracy theories, media distortions, and the war against reality, Amherst, NY 2011, S. 74.

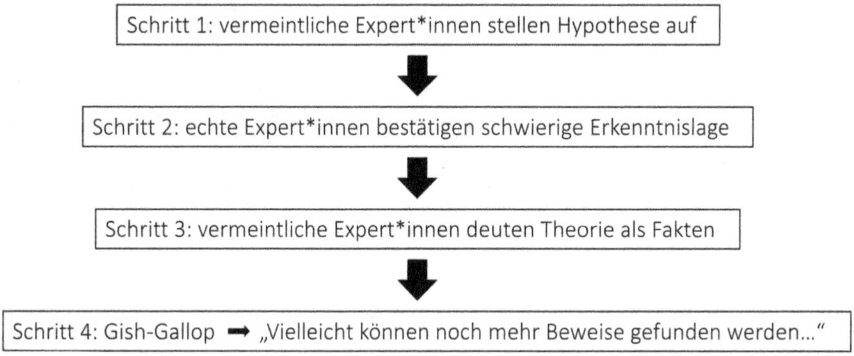

Abb. III.3 Rezipierendenmanipulation durch Authentifizierungsstrategien.

Hier schließt sich der Kreis zu unseren Beispielen weiter oben. Die Zuschauenden werden in einer Flut an Informationen, Emotionen und Authentizitätsstrategien „ertränkt". Am Ende wirkt die etablierte – hier – historische Wissenschaft als rückständig, obrigkeitsgläubig und fehleranfällig.

Aus den bisherigen Darstellungen zur rezipient*innenorientierten Analyse von Aspekten der Mediengestaltung und -wahrnehmung lässt sich die Forderung ableiten, dass der Kanon des „Historischen Denkens" bei der Analyse von Filmen – insbesondere auf Social Media – einer dringenden Ergänzung um die oben aufgeführten und weitere laterale Effekte bedarf. Diese traditionellen, filmgestalterischen Methoden der Manipulation sind kein besonderes Merkmal der Digitalität. Die Tatsache, dass es angesichts der Digitalität jeder Person freisteht, digitale (Video-)Inhalte zu produzieren, die zudem häufig keiner qualitativen journalistischen oder wissenschaftlichen Überprüfung unterliegen, rückt die Aufklärung und Reflexion über – auch traditionelle Manipulationstechniken – in den Vordergrund.

Analyse der Möglichkeiten zur Wahrnehmungsmanipulation historischer Inhalte auf YouTube: Laterale Rezipient*innenanalyse beim Kommentieren, Liken und Sharen

Wie medial vermittelte Informationen und Botschaften beim Publikum aufgenommen und weiterverarbeitet werden, ist hoch komplex. Seit der Entwicklung des Feldschemas der Massenkommunikation nach Maletzke[30] wissen wir, dass die

30 Vgl. Gerhard Maletzke, Psychologie der Massenkommunikation: Theorie und Systematik, Hamburg 1963.

Wahrnehmung der Rezipierenden nicht nur in Abhängigkeit von Voreinstellungen, von Persönlichkeit und Selbstbild zu sehen ist. Beeinflusst wird die Wahrnehmung ebenso durch das Publikum und die sozialen Beziehungen, innerhalb derer sich die Rezipierenden bewegen (vgl. Abb. III.4). Die Möglichkeiten der Digitalisierung und die Funktionalitäten der Social-Media-Plattformen wie Youtube führen im Vergleich zu den bisherigen Massenmedien zu fast uneingeschränkten Interaktionsmöglichkeiten des Publikums untereinander (Gemeinschaftlichkeit nach Stalder).

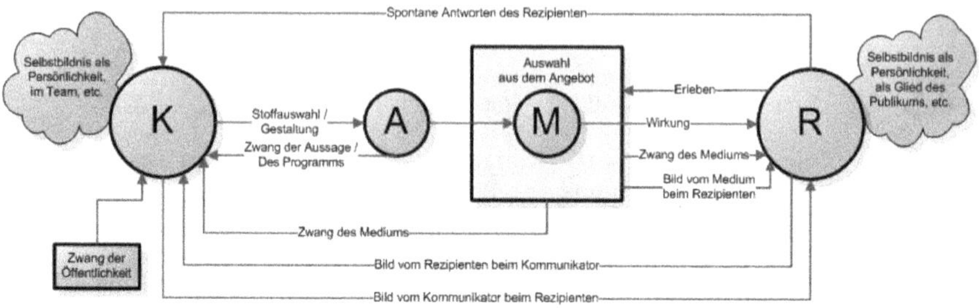

Abb. III.4 Feldschema der Massenkommunikation nach Gerhard Maletzke: Psychologie der Massenkommunikation (1963). CC-by-sa 2.0 (Martin Assmann)

Publikumskommentare zu einer historischen Videodarstellung können historische Inhalte, Meinungen und Aussagen bestätigen, ablehnen, angreifen oder relativieren. Sie sind in einem bestimmten Maß in der Lage, die Wahrnehmung der rezipierenden Person zu beeinflussen.[31] Dabei wird, im Sinne der Referentialität Stalders, bereits mit Bedeutung versehenes Material verwendet, z. B. eine mehr oder weniger zuverlässige, historische Video-Narration, um mittels Kommentaren, Likes und durch Teilen der Beiträge neue Bedeutungszusammenhänge zu generieren.

Dabei können zwei Vorgehensweisen auf Youtube denkbar sein:

1. Ein bereits vorhandenes Video wird durch Kommentare einer entsprechenden Community umgedeutet und der Versuch unternommen, die eigene Agenda anzulegen und durchzusetzen.
2. Eine Person aus einer Community postet ein Video oder gezielt Ausschnitte eines fremden Videos und versucht daran anschließend diese Inhalte durch

---

31 Vgl. T. Franklin Waddell/Amanda Bailey, Inspired by the crowd: The effect of online comments on elevation and universal orientation, in: Communication Monographs 84 (4) (2017), S. 534–550, URL: https://doi.org/10.1080/03637751.2017.1369137 (letzter Zugriff 25.11.2022).

Kommentare der Community umzudeuten, oder in Einklang mit der eigenen Agenda zu bringen.

Die Kommentare lösen durch die gemeinschaftlichen Diskussionen einzelne Objektivationen von Geschichte aus der übergeordneten Narration und aus deren bisherigen Kontexten heraus, da in der Regel nur einzelne Aspekte einer Gesamtaussage im Fokus der Diskussionen stehen. Infolgedessen wird die eigentliche Sinnbildung immer bedeutungsoffener und kann in neue Bahnen gelenkt werden.[32] Es kann davon ausgegangen werden, dass – je höher die Zahl der Kommentare ist, die eine bestimmte Auslegung bevorzugen – eine desto publikumsbeeinflussendere Deutungshoheit über die Wahrnehmung erreicht wird, die als Beeinflussung der Meinungsmetrik bezeichnet werden kann.[33] Gerade rechtsradikale Gruppierungen versuchen, Deutungshoheit über historische Sinnbildungen in der Kommentarsektion von Youtube zu erhalten, wie u. a. die Forschung von Friedburg gezeigt hat.[34]

Die Deutungshoheit über die historische Sinnbildung eines Videos lässt sich noch weiter steigern, indem sog. Reaction-Videos als eigene Videoproduktion auf Youtube gepostet und mit dem Originalvideo verlinkt werden oder indem man das Originalvideo dem weiten, publikumsöffentlichen Zugang auf die Kommentarfunktion auf Youtube entzieht. Die Schnittstellen der großen Videoplattformen erlauben es jedem, alle Videoinhalte auf anderen Webseiten oder anderen Social-Media-Plattformen einzubinden (*embedded video*). Somit können ausgewählte Inhalte genutzt werden, um den bereits bestehenden Interpretationskontext einer spezifischen konsensualen Zielgruppe (Echokammer) zu stützen. Dabei ist es relativ einfach, die eigentliche Sinnbildung des Videos gezielt zu rekontextualisieren, indem der jeweiligen Zielgruppe nur bestimmte, aus dem Gesamtkontext herausgelöste Ausschnitte eines Videos präsentiert werden.

Die Analyse von Dokumentationen, die auch auf Youtube o. ä. zu finden sind, sollte daher auch die Rezeption der Sinnbildung und deren Veränderungsprozesse auf Seiten der Rezipierenden untersuchen. Eine Auseinandersetzung mit den Rezipient*innenwahrnehmungen in den Kommentarsektionen eines Youtube-Clips und die damit einhergehende Neu- und Rekontextualisierung der eigentlichen

32 Vgl. Stalder, Kultur der Digitalität.

33 Vgl. Amit K. Kushwaha/Arpan Kumar Kar/Sanjit Kumar Roy/P. Vigneswara Ilavarsan, Capricious opinions: A study of polarization of social media groups, in: Government Information Quarterly 101709 (2022), URL: https://doi.org/10.1016/j.giq.2022.101709 (letzter Zugriff 25.11.2022).

34 Vgl. Christopher Friedburg, Zwischen „Wahrheit" und „08/15 Hitlerscheisse" – Beiträge auf YouTube mithilfe der Nutzerrollen analysierbar machen, in: Christian Bunnenberg/Nils Steffen, Geschichte auf YouTube: Neue Herausforderungen für Geschichtsvermittlung und historische Bildung (Medien der Geschichte, Bd. 2), Berlin/Boston 2019, S. 227–260.

Filmbotschaft, die nicht nur auf Youtube selbst, sondern als intermedial-digitale Refigurationen durch sog. *embedded videos* auf anderen Plattformen in Erscheinung treten, ermöglichen unmittelbar einen Einblick, wie Teile des Publikums auf historische Sachverhalte und/oder Sinnbildungsangebote reagieren. Die intendierte Sinnbildung eines Videos und deren Rezeption lässt sich somit in der Folge nicht allein durch die Beobachtung des Filmmaterials auf Youtube vollständig erschließen (vertikal), sondern muss alle Verlinkungen sowie Handlungs- und Reaktionsräume berücksichtigen (lateral).

IV Analyse der Bedeutung der Algorithmizität bei der lateralen Rezipient*innenanalyse

Die oben beschriebenen Abläufe beim Kommentieren, Liken und Sharen von Videos werden in der Sozioinformatik als sog. digitale Emergenzen beschrieben.[35] Sie bezeichnen Interaktionen verschiedener Personen, die erst durch Hard- oder Software zustande kommen und für das plötzliche Entstehen neuer Eigenschaften eines Systems verantwortlich sind. Die Emergenzen der gemeinschaftlichen Aushandlung, der Referentialität und der Kommentierung können durch politische Einflussgruppen manipulativ für ihre Interessen ausgenutzt werden.

Die aus den digitalen Kulturen der Gemeinschaftlichkeit und Referentialität entstehenden Aushandlungs- und Deutungskämpfe bzw. Infokriege gewinnen oftmals diejenigen Parteien, die die meisten Aktivist*innen aus ihren Communities und Echokammern herbeirufen können. Für die historiografische Analyse müssen daher algorithmische Funktionen von Social Media, die die kognitionspsychologischen Verhaltensweisen des Publikums im Visier haben, zusätzliche Berücksichtigung finden. Denn auf dieser Grundlage sollen Inhalte und Positionen geprägt werden, um Diskurse in eine bestimmte politische Richtung zu verschieben.

Um die Algorithmizität und deren kommerzielle und politische Ausnutzbarkeit des Teilens und Likens allgemein verständlich zu machen, lohnt sich ein Ausflug in die Geschichte der Menschheit. Indem diese selbst zum Gegenstand einer digitalen Perspektive im Geschichtsunterricht wird, lässt sich die Gegenwart der Sozialen Medien – auch aus historischer Perspektive – besser verstehen.

---

35 Vgl. Katharina A. Zweig/Tobias D. Krafft/Anita Klingel/Enno Park, Sozioinformatik: Ein neuer Blick auf Informatik und Gesellschaft, München 2021, S. 85.

Im 17. Jahrhundert kam bei Theateraufführungen und in der Politik ein Phänomen auf, das man als Claqueure oder auch bezahlte Klatscher bezeichnet.[36] Diese sollten durch ihren bezahlten Applaus den psychologischen Eindruck großer Zustimmung vermitteln, diesen auf andere Personen übertragen und damit den Erfolg eines Theaterstückes oder einer politischen Abstimmung entscheidend mitbeeinflussen. Alle totalitären Systeme haben mehr oder weniger erfolgreich propagandistisch versucht, Zustimmung und Begeisterung für ihre Politik durch „gekaufte", oder zwangsverpflichtete Claqueure herzustellen.[37] In der Lehrer*innenausbildung, aber auch im Unterricht lässt sich dies längsschnitthaft an den Paraden der Sowjetdiktatur, der Machtübernahme der Nationalsozialisten oder der Rolle der „Jubelperser" beim Besuch des Schahs 1967 aufzeigen.

Dieser Claqueur-Effekt appelliert an den Herdentrieb des Menschen und stellt ein dauerhaftes, menschliches Verhaltensmuster dar, wie es bereits von Gustave Le Bon in *Psychologie der Massen*[38] im 19. Jahrhundert beschrieben wurde. Im digitalen Zeitalter, wo sich Millionen von Menschen auf Social-Media-Plattformen wie Youtube, zusammenfinden, sind die Klatscher Shares und Likes. Der Homo digitalis[39] likt und teilt im Vorübergehen täglich millionenfach Inhalte. Da dabei auch gefälschte Informationen verbreitet werden, „nimmt die ‚Fake-News-Gläubigkeit' mit zunehmender Exposition zu und verfestigt sich mit fortschreitender Zeit. Wenn Wiederholungen die Wahrnehmung des Wahrheitsgehalts verstärken [...]",[40] dann können politische Akteure die algorithmischen Systeme von Social

36 Vgl. Robert Yann, La claque et la représentation politique au XIXe siècle, in: Romantisme 136 (2) (2007), S. 121–133, URL: https://doi.org/10.3917/rom.136.0121 (letzter Zugriff 25.11.2022).

37 Vgl. Árpád von Klimó, Rausch und Diktatur: Inszenierung, Mobilisierung und Kontrolle in totalitären Systemen, Frankfurt am Main/New York 2006.

38 Vgl. Gustave Le Bon, Psychologie der Massen, 2. Aufl., Hamburg 2021. Einige Aspekte sind auch in der Digitalität besonders interessant: 1. In der Masse leidet die Kritikfähigkeit und Fakten gehen in persönlichen Geschichten unter. 2. Die Masse kann nicht durch logische Argumente überzeugt werden, sondern nur emotional. 3. Die Mitglieder einer hochemotionalisierten Masse büßen ihre Kritikfähigkeit ein, die sie als Individuen im Zustand der seelischen Ruhe haben. 4. Die Masse ist empfänglich für naive Legenden 5. Die Masse kann Persönliches nicht von Sachlichem unterscheiden. 6. Sie erliegt leicht Suggestionen und wird unter bestimmten Umständen hysterisch. 7. Die Meinungsbildung in der Masse erfolgt durch geistige Übertragung und Nachahmung. Und genau diese Verhaltensmuster können algorithmisch „missbraucht" werden.

39 Vgl. Klaus Backhaus/Thomas Paulsen, Vom Homo Oeconomicus zum Homo Digitalis – Die Veränderung der Informationsasymmetrien durch die Digitalisierung, in: Manfred Bruhn/Manfred Kirchgeorg/Heribert Meffert (Hrsg.), Marketing Weiterdenken: Zukunftspfade für eine marktorientierte Unternehmensführung, Wiesbaden 2018, S. 105–122.

40 A. Fielden/Marian Grupac/Peter Adamko, How users validate the information they encounter on digital content platforms: The production and proliferation of fake social media news, the likelihood of consumer exposure, and online deceptions, in: Geopolitics, History, and Internatio-

Media für ihre Zwecke (aus-)nutzen und die Einstellungen beim Publikum über die Meinungsmetrik[41] beeinflussen.

Grund dafür ist der Effekt der Verfügbarkeitsheuristik.[42] Der Mensch verlässt sich darauf, dass ein persönlich häufig zu beobachtender Sachverhalt auch empirisch signifikant ist. Die zur Verfügung stehenden medial kommunizierten Daten aus sich immer wiederholenden Postings verbucht er als ausreichend valide. Dadurch fällt es den Nutzer*innen leicht, einen Beitrag zu liken und zu teilen, wenn sie durch diesen ihre Meinung bestätigt sehen. Sie erhöhen damit die Masse und Rezeptionsreichweite des Postings. Verstärkend wirkt sich dabei der sog. Bandwagon-Effekt[43] aus, der durch eine hohe Anzahl an Shares und Likes eine hohe soziale Akzeptanz suggeriert. Hier kommt die Algorithmizität von Shares und Likes ins Spiel: Politische Einflussgruppen können ihre Anhängerschaft dazu ermutigen, über Teilen, Likes und entsprechende Kommentare die Meinungsmetrik beim Publikum mittels medienpsychologischer Effekte zu beeinflussen. Doch solche Likes und Shares und Claqueure in Form von Followern kann man zu Hunderttausenden für bereits unter 10 Euro kaufen. So hat sich zum Beispiel herausgestellt, dass die AfD ihre illegalen Spendengelder dazu genutzt hat, Likes für ihre Kampagnen zu erwerben, um den Eindruck zu erwecken, dass viel mehr Menschen die politische Einstellung der AfD unterstützen, als dies tatsächlich der Fall ist.[44]

Durch die hohe Sichtbarkeit eines Postings steigt dessen soziale Akzeptanz und die Bereitschaft einzelner Nutzer*innen, persönlich vertretene, aber sozial unerwünschte Meinungen als (doch) erwünscht zu betrachten. Durch den aufgrund der vielen Likes subjektiv entstandenen Eindruck, die Meinung sei (wider Erwarten) sozial erwünscht, kommt es zu einer Aufhebung des sog. Effekts der Schweigespirale.[45]

---

nal Relations 10 (2) (2018), S. 51–57, URL: https://doi.org/10.22381/GHIR10220186 [eigene Übersetzung aus dem Englischen](letzter Zugriff 25.11.2022).

41 Vgl. Holger Marcks/Maik Fielitz, Digitaler Faschismus: Die sozialen Medien als Motor des Rechtsextremismus, Berlin 2020, S. 144 ff. Vgl. die Kapitel: Die Technik der metrischen Manipulation und Die digitale Metrik politischer Diskurse.

42 Vgl. Tilmann Betsch/Henning Plessner/Cornelia Betsch, Intuition in judgment and decision making, New York 2008, S. 3–22.

43 Vgl. Wolfgang J. Koschnick, Standard dictionary of the social sciences: Standardwörterbuch für die Sozialwissenschaften, München 1992, S. 344.

44 Vgl. o. A., Illegale Afd-Parteispenden: Alice Weidel kauft Facebook-Likes!, 14.11.2018, URL: https://www.tag24.de/nachrichten/afd-alice-weidel-parteispenden-facebook-likes-social-media-ille gal-schweiz-bodensee-866223 (letzter Zugriff 14.06.2022).

45 Vgl. Heinz Bonfadelli/Thomas N. Friemel, Medienwirkungsforschung, 4., völlig überarb. Aufl., Konstanz 2011, S. 239.

Hinzu kommt die Algorithmizität von Social Media, wobei ein Blick auf die Aufmerksamkeitsökonomie und die Monetarisierungsstrategien dieser Medien lohnt: Es ist wahrscheinlicher, dass ein Beitrag gelikt wird, je mehr er für Aufmerksamkeit sorgt, etwa durch Strategien der Emotionalisierung. Die Algorithmen der Sozialen Medien bevorzugen Postings, die von vielen Menschen gelikt, geteilt und kommentiert werden (Stichwort: Trending Hashtags). Dadurch bekommen alle Social Media-Nutzenden solche manipulierten Meinungen deutlich häufiger auf ihren Timelines angezeigt, als dies ansonsten der Fall gewesen wäre, was in der Folge die Meinungsmetrik zusätzlich verschiebt. Heute kann zudem auf die Möglichkeiten von sog. Social Bots zurückgegriffen werden, die das Teilen, Liken und Kommentieren automatisiert übernehmen.

Der Überblick macht deutlich, dass für die Geschichtsdidaktik noch eine ganze Reihe kognitionswissenschaftlicher Effekte aufzuarbeiten sind, die bei der Rezipient*innenforschung und der Auseinandersetzung mit den Kommentarsektiosektionen bei Videos mit und zu historischen Inhalten berücksichtigt werden müssen. Insbesondere spielen hierbei sog. Back-Fire-Effekte[46] eine große Rolle, die dazu beitragen können, dass sich ablehnende Haltungen zu wissenschaftlichen Fakten sogar durch Aufklärung verstärken können.

V Fazit

Viele der im vorliegenden Artikel gezeigten Mechanismen werden auch in den alternativen Narrativen und konkurrierenden Geschichtsdarstellungen auf Youtube verwendet. Eine gezielte, didaktisch strukturierte Auseinandersetzung mit diesen Mechanismen – im Sinne einer lateralen Medienanalyse Wineburgs – berücksichtigt gezielt die Wechselwirkungen technologisch-medialer Strukturen mit gesellschaftlich-sozialen Entwicklungslinien. Sie soll zur Ausbildung digitaler Kompetenzen beitragen, die als „sozioinformatisches Denken“ bezeichnet werden können:

> Sozioinformatisches Denken ist ein Denkprozess, der dabei hilft, die durch die Digitalisierung ausgelösten soziokulturellen Verwerfungen und Probleme von Individuen und Gesellschaften als Phänomene, Prozesse und Auswirkungen dieser fortschreitenden Digitalisierung in Form von (medien-)psychologischen und gesellschaftlich geprägten soziokulturellen

46 Vgl. Briony Swire-Thompson/Joseph DeGutis/David Lazer, Searching for the backfire effect: Measurement and design considerations, in: Journal of Applied Research in Memory and Cognition 9(3) (2020), S. 286–299, URL: https://www.sciencedirect.com/science/article/pii/S2211368120300516 (letzter Zugriff 14.06.2022).

> Wahrnehmungs- und Denkmustern zu erkennen. Durch Analyse und Reflexion soll ein Bewusstsein dafür entwickelt werden, wie sich das Bild der Menschheit aufgrund des technologischen Fortschritts in Form von Emergenzen und Metamorphosen wandelt und wie die Digitalität menschliche Verhaltensweisen für ihre Zwecke nutzt. Sie stellt eine gesellschaftswissenschaftliche Ergänzung des informatischen Denkens (computational thinking) dar.[47]

Den Rückgriff auf ebendieses sozioinformatische Denken verstehen wir als eine Strategie der emanzipativen Wehrhaftigkeit gegen eine medial-digitale Erosion des öffentlichen Diskurses. Konfrontieren wir zukünftige Generationen von Studierenden vermehrt mit der lateralen Analyse geschichtskultureller Sinnbildungsangebote in der Kultur der Digitalität und machen sie vertraut mit den „Techniken der medial-digitalen Manipulation und der programmierten Wahrnehmung“, leisten wir einen nicht zu unterschätzenden Beitrag zur Wissenschaftsorientierung im Lehramtsstudium im digitalen Zeitalter und in der Folge auch zu einer besseren und an der Wirklichkeit der Lernenden ausgerichteten Wissenschaftsorientierung in der Schule.

Dieses Denksystem lässt sich auf die verschiedensten Themenfelder für den historisch-politischen, sozioinformatischen Unterricht übertragen, wie der Abb. V.1. entnommen werden kann.

Abb. V.1 Ideen für einen sozioinformatischen Unterricht und für die Förderung der lateralen Analyse der Digitalität.

---

47 Ulf Kerber/Franziska Wittau, Sozioinformatisches Denken: Ein Modell zum Umgang mit digitalen Erinnerungskulturen in der historisch-politischen Bildung, in: zdg – Zeitschrift für Didaktik der Gesellschaftswissenschaften 2 (2021), S. 102–124.

Literatur

o. A. (2018), Illegale Afd-Parteispenden: Alice Weidel kauft Facebook-Likes!, 14.11.2018, URL: https://www.tag24.de/nachrichten/afd-alice-weidel-parteispenden-facebook-likes-social-media-illegal-schweiz-bodensee-866223 (letzter Zugriff 05.06.2023).

Backhaus, Klaus/Paulsen, Thomas (2018), Vom Homo Oeconomicus zum Homo Digitalis – Die Veränderung der Informationsasymmetrien durch die Digitalisierung, in: Bruhn, Manfred/Kirchgeorg, Manfred/Meffert, Heribert (Hrsg.), Marketing Weiterdenken: Zukunftspfade für eine marktorientierte Unternehmensführung, Wiesbaden. S. 105–122.

Ben-Shaul, Nitzan (o. J.), Split Attention Problems in Interactive Moving Audiovisual Texts, URL: https://citeseerx.ist.psu.edu/viewdoc/download?doi=10.1.1.538.1261&rep=rep1&type=pdf (letzter Zugriff 05.06.2023).

Betsch, Tilmann/Plessner, Henning/Betsch, Cornelia (2008), Intuition in judgment and decision making, New York.

Black, Riley (2012), The Idiocy, Fabrications and Lies of Ancient Aliens, URL: https://www.smithsonianmag.com/science-nature/the-idiocy-fabrications-and-lies-of-ancient-aliens-86294030/ (letzter Zugriff 05.06.2023).

Bonfadelli, Heinz/Friemel, Thomas N. (2011), Medienwirkungsforschung, 4., völlig überarb. Aufl. Konstanz.

Brinda, Torsten/Brüggen, Niels/Diethelm, Ira/Knaus, Thomas u. a. (2020), Frankfurt-Dreieck zur Bildung in der digital vernetzten Welt. Ein interdisziplinäres Modell, in: Knaus, Thomas/Merz, Olga (Hrsg.), Schnittstellen und Interfaces: Digitaler Wandel in Bildungseinrichtungen [Band 7], München. S. 157–168.

Bunnenberg, Christian/Steffen, Nils (Hrsg.) (2019), Geschichte auf YouTube: Neue Herausforderungen für Geschichtsvermittlung und historische Bildung (Medien der Geschichte, Bd. 2), Berlin/Boston.

Connolly, Steve (2018), What do film teachers need to know about cognitivism? Revisiting the work of David Bordwell and other cognitivists, in: Film Education Journal 1 (2), S. 133–146, URL: https://doi.org/10.18546/FEJ.01.2.03 (letzter Zugriff 05.06.2023).

Fielden, Anna/Grupac, Marian/Adamko, Peter (2018), How users validate the information they encounter on digital content platforms: The production and proliferation of fake social media news, the likelihood of consumer exposure, and online deceptions, in: Geopolitics, History, and International Relations 10 (2), S. 51–57, URL: https://doi.org/10.22381/GHIR10220186 (letzter Zugriff 05.06.2023).

Friedburg, Christopher (2019), Zwischen „Wahrheit" und „08/15 Hitlerscheisse" – Beiträge auf YouTube mithilfe der Nutzerrollen analysierbar machen, in: Bunnenberg, Christian/Steffen, Nils (Hrsg.), Geschichte auf YouTube: Neue Herausforderungen für Geschichtsvermittlung und historische Bildung (Medien der Geschichte, Bd. 2), Berlin/Boston, S. 227–260.

Fritze, Ronald H. (2009), On the Perils and Pleasures of Confronting Pseudohistory, in: Historically Speaking 10 (5), S. 2–5, URL: https://doi.org/10.1353/hsp.0.0067 (letzter Zugriff 05.06.2023).

Grant, John (2011), Denying science: Conspiracy theories, media distortions, and the war against reality, Amherst, NY.

Hamann, Christoph (2006), Bild – Abbild – Schlüsselbild: Zur Vergegenwärtigung von Vergangenheit durch Fotografien, in: Praxis Geschichte 1, S. 4–9.

Huff, Markus (2014), Die wahrnehmungspsychologischen Grundlagen des Filmemachens oder warum Menschen Filme verstehen, URL: https://de.in-mind.org/article/die-wahrnehmungspsychologischen-grundlagen-des-filmemachens-oder-warum-menschen-filme (letzter Zugriff 05.06.2023).

Keil, Reinhard (1992), Gestaltung interaktiver Systeme: Ein ökologischer Ansatz, in: LOG IN, 5/6, S. 18–27.

Kerber, Ulf (2016), Historische Medienbildung als theoretisches Kompetenz-Strukturmodell für eine Integration der Medienbildung in die Fachdidaktik des Faches Geschichte in Baden-Württemberg, Dissertation, o. O.

Kerber, Ulf (2018), Zum Umgang mit Fakten und Fiktionen bei der Visuellen Kommunikation im Digitalen Zeitalter, in: Zeitschrift für Geschichtsdidaktik 17 (1), S. 101–119, URL: https://doi.org/10.13109/zfgd.2018.17.1.101 (letzter Zugriff 05.06.2023).

Kerber, Ulf/Wittau, Franziska (2021), Sozioinformatisches Denken: Ein Modell zum Umgang mit digitalen Erinnerungskulturen in der historisch-politischen Bildung, in: zdg – Zeitschrift für Didaktik der Gesellschaftswissenschaften 2, S. 102–124.

Klimó, Árpád von (2006), Rausch und Diktatur: Inszenierung, Mobilisierung und Kontrolle in totalitären Systemen, Frankfurt am Main/New York.

Koschnick, Wolfgang J. (1992), Standard dictionary of the social sciences: Standardwörterbuch für die Sozialwissenschaften, München.

Kushwaha, Amit Kumar/Kar, Arpan Kumar/Roy, Sanjit Kumar/Ilavarasan, P. Vigneswara (2022), Capricious opinions: A study of polarization of social media groups, in: Government Information Quarterly 101709, URL: https://doi.org/10.1016/j.giq.2022.101709 (letzter Zugriff 05.06.2023).

Lamberty, Pia/Goedeke Tort, Maheba/Heuer, Corinne (2022), Von der Krise zum Krieg: Verschwörungserzählungen über den Angriffskrieg gegen die Ukraine in der Gesellschaft, URL: https://cemas.io/publikationen/von-der-krise-zum-krieg-verschwoerungserzaehlungen-ueber-den-angriffskrieg-gegen-die-ukraine-in-der-gesellschaft/2022_05_CeMAS_ResearchPaper_Verschwoerungserzaehlungen_Ukraine.pdf (letzter Zugriff 05.06.2023).

Le Bon, Gustave (2021), Psychologie der Massen, 2. Aufl., Hamburg.

Lischka, Konrad/Stöcker, Christian/Bertelsmann Stiftung (2017), Digitale Öffentlichkeit: Wie algorithmische Prozesse den gesellschaftlichen Diskurs beeinflussen, URL: https://www.bertelsmann-stiftung.de/fileadmin/files/BSt/Publikationen/GrauePublikationen/Digitale_Oeffentlichkeit_final.pdf (letzter Zugriff 05.06.2023).

Maletzke, Gerhard (1963), Psychologie der Massenkommunikation: Theorie und Systematik, Hamburg.

Marcks, Holger/Fielitz, Maik (2020), Digitaler Faschismus: Die sozialen Medien als Motor des Rechtsextremismus, Berlin.

Müller, Felix (2007), Spiel mit dem Tod: Spiel mit dem Zuschauer, With the assistance of Felix Müller, DVD complett, Stuttgart.

Rauch, Jonathan (2021), The constitution of knowledge: A defense of truth, Washington, D. C.

Smith, Tim J./Henderson, John M. (2008), Edit Blindness: The relationship between attention and global change blindness in dynamic scenes, in: Journal of Eye Movement Research 2 (2), URL: https://doi.org/10.16910/jemr.2.2.6 (letzter Zugriff 05.06.2023).

Stalder, Felix (2021), Kultur der Digitalität, 5. Aufl., Berlin.

Sweller, John (2021), The Role of Evolutionary Psychology in Our Understanding of Human Cognition: Consequences for Cognitive Load Theory and Instructional Procedures, in: Educational psychology review, S. 1–13, URL: https://doi.org/10.1007/s10648-021-09647-0 (letzter Zugriff 05.06.2023).

Swire-Thompson, Briony/Degutis, Joseph/Lazer, David (2020), Searching for the backfire effect: Measurement and design considerations, in: Journal of Applied Research in Memory and Cognition

9 (3), S. 286–299, URL: https://www.sciencedirect.com/science/article/pii/S2211368120300516 (letzter Zugriff 05.06.2023).

Waddell, T. Franklin/Bailey, Amanda (2017), Inspired by the crowd: The effect of online comments on elevation and universal orientation, in: Communication Monographs 84 (4), S. 534–550, URL: https://doi.org/10.1080/03637751.2017.1369137 (letzter Zugriff 05.06.2023).

Wineburg, Sam (2016), Why Historical Thinking is not about History, in: AASLH History News 71 (2), URL: https://stacks.stanford.edu/file/druid:yy383km0067/Wineburg%20Hist.%20Thinking%20is%20not%20about%20history.pdf (letzter Zugriff 05.06.2023).

Wineburg, Sam (2019), Warum historische Kompetenzen für die Auswertung von digitalen Quellen nicht ausreichend sind, in: Barsch, Sebastian u. a. (Hrsg.), Fake und Filter: Historisches und politisches Lernen in Zeiten der Digitalität, Frankfurt am Main, S. 105–120.

Yann, Robert (2007), La claque et la représentation politique au XIXe siècle, in: Romantisme 136 (2), S. 121–133, URL: https://doi.org/10.3917/rom.136.0121 (letzter Zugriff 05.06.2023).

Zachariah, Benjamin (2021), Die Bedrohung der akademischen Freiheit in Indien, URL: https://geschichtedergegenwart.ch/die-bedrohung-der-akademischen-freiheit-in-indien/ (letzter Zugriff 28.04.2022).

Zweig, Katharina A. (2018), Wo Maschinen irren können: Verantwortlichkeiten und Fehlerquellen in Prozessen algorithmischer Entscheidungsfindung, Impuls Algorithmenethik #4, URL: https://www.bertelsmann-stiftung.de/fileadmin/files/BSt/Publikationen/GrauePublikationen/WoMaschinenIrrenKoennen.pdf (letzter Zugriff 05.06.2023).

Zweig, Katharina A./Krafft, Tobias D./Klingel, Anita/Park, Enno (2021), Sozioinformatik: Ein neuer Blick auf Informatik und Gesellschaft, München.

Videos

16mmkino (01.05.2019), Ein Film Drei Texte, URL: https://www.youtube.com/watch?v=45TamGotoqA (letzter Zugriff 30.11.2022).

NuoViso (7.12.2015), Ukrainian Agony – Der verschwiegene Krieg (kompletter Film), URL: https://www.youtube.com/watch?v=sy759dlJWYE (letzter Zugriff 05.06.2023).

Sebastian Kubon

Das Mittelalter bei Youtube. Das „Tufekci-Experiment“, oder: Der Algorithmus als *The Great Radicalizer*?

Der Themenkombination „Mittelalter und Youtube“ kann man sich auf verschiedene Weisen annehmen.[1] Besonders naheliegend wäre die Analyse, wie z. B. MrWissen2go, Mirko Drotschmann,[2] oder andere vielgeklickte Kanäle und Videos das Mittelalter bzw. die entsprechenden Unterthemen darstellen.[3] Der genannte Kanal, der als Pionierleistung unter den deutschen Youtube-Erklärvideo-Kanälen in Bezug auf Geschichte bezeichnet werden kann, kommt auf eine beachtliche Zuschauerschaft, die nicht zuletzt aus Schülerinnen und Schülern besteht. Die Relevanz einer solchen Untersuchung wäre unmittelbar einsichtig. Sie muss aber an anderer Stelle vorgenommen werden.

Zu Beginn ist die Frage zu stellen, ob der/die durchschnittliche Zuschauende Youtube ausschließlich entlang einzelner Kanäle konsumiert. Oder lässt man sich nicht vielleicht doch eher durch Autoplay und den Algorithmus durch das Meer aus Youtube-Videos verschiedener Produzierender treiben? Mangels umfänglicher Rezeptionsforschung kann Letzteres nur eine Vermutung bleiben, von der aber wenigstens anzunehmen ist, dass zumindest kein kleiner Teil der Youtube-Nutzer*innen so verfährt und daher wohl zu manchen Themen eher ein Potpourri von Videos verschiedener Anbieter wahrnimmt – vielleicht auch geführt von clever gestalteten Thumbnails in der Videovorschau. Nicht zuletzt aus diesem

1 Den Forschungstand zum Thema Youtube und Geschichte markiert der Sammelband: Christian Bunnenberg/Nils Steffen (Hrsg.), Geschichte auf YouTube. Neue Herausforderungen für Geschichtsvermittlung und historische Bildung (Medien der Geschichte, Bd. 2), Berlin/Boston 2019. Hier spielte der Bezug auf das Mittelalter jedoch keine wesentliche Rolle.

2 Zu MrWissen2go, URL: https://www.youtube.com/@MrWissen2go (letzter Zugriff 03.12.2022), s. Benjamin Roers, „Herrlich unprofessionell“ – Zur Authentifizierung von Geschichte(n) auf YouTube am Beispiel von MrWissen2go (2012–2013), in: ebd., S. 145–160, und das Interview mit Mirko Drotschmann, „YouTube bietet ganz andere Möglichkeiten …“ – Interview mit dem YouTuber Mirko Drotschmann (MrWissen2go), in: ebd., S. 163–176. Vgl. auch den Podcast: Der Krisenlotse, Folge 7 (10.05.2021): Krise und Wissen mit Mirko Drotschmann, URL: https://anchor.fm/helmut-schmidt-stiftung/episodes/Krise-und-Wissen-mit-Mirko-Drotschmann-e10jfjf/a-a5h1ulj (letzter Zugriff 30.10.2022).

3 Der Kanal „Geschichte – simpleclub“ hat auch weite Verbreitung gefunden und würde sich für eine Analyse ebenfalls anbieten, URL: https://www.youtube.com/c/Geschichtesimpleclub (letzter Zugriff 30.10.2022).

https://doi.org/10.1515/9783110792898-004

Grund wird im Folgenden nicht auf die Darstellung des Mittelalters in besonders prominenten Geschichtskanälen der Fokus gerichtet. Auch soll es daher hier nicht darum gehen, bestimmte einschlägige Spartenkanäle zum Thema Mittelalter zu identifizieren und auszuwerten.[4]

Nachdem umfänglich geklärt ist, was hier nicht gemacht werden soll, aber an anderer Stelle natürlich dringend getan werden müsste, stellt sich selbstverständlich die Frage: Worum geht es denn nun hier? Und warum ist das wichtig? Kurz gesagt: Es geht an dieser Stelle viel grundsätzlicher darum zu erwägen, welche Fragestellungen – die über ein solches, eher klassisch geschichtswissenschaftliches Vorgehen, d. h. über die Analyse von Geschichtsbildern bzw. Mittelalterrezeptionen, hinausgehen – weiterführend erscheinen und ob nicht lieber die Plattform Youtube als eine Art Metamedium selbst und seine Funktionsmechanismen in den Mittelpunkt gestellt werden sollten.

Die gleich genauer zu skizzierende Fragestellung ergibt sich aber nicht nur aus der eben dargelegten Vermutung zur Youtube-Nutzung, sondern auch aus zwei weiteren Beobachtungen: Obwohl – oder vielleicht weil – in Bildungseinrichseinrichtungen wie Universitäten und Schulen die Beschäftigung mit dem Mittelalter zurückgeht, muss man feststellen, dass dieses Zeitalter dennoch insgesamt Konjunktur hat – vor allem 1) in der Populärkultur und hier nicht zuletzt in Medien- bzw. Geschichtssorten,[5] die in der Turing-Galaxis[6] angesiedelt sind. Das ist im Gegensatz zur Gutenberg-Galaxis, in der Bücher im Mittelpunkt stehen, die Galaxis der miteinander verbundenen Computer, in der auch und gerade user-generated content und seine Kommentierungen eine große Rolle spielen. Überall ist Mittelalter – und insbesondere auch auf Youtube ist das Medium Aevum ein häufig als Video verarbeitetes Thema, das dann wiederum mit User-Kommentierungen angereichert ist.

---

4 Hinzuweisen wäre an dieser Stelle auf folgende spezialisierte Youtube-Kanäle, die aufgrund ihrer Spezialisierung und Expertise eine genaue Betrachtung verdienten: Geschichtsfenster, URL: https://www.youtube.com/user/pfeifferperkuhn1 (letzter Zugriff 30.10.2022); hAmilkar, URL: https://www.youtube.com/c/hAmilkarHistory (letzter Zugriff 30.10.2022); Kaptorga – Visual History, URL: https://www.youtube.com/channel/UCu18fy-t77sshrC-H4yCzEw (letzter Zugriff 30.10.2022); Armidas, URL: https://www.youtube.com/channel/UCGtqxleVuZ1TiqK6B_I5KUg (letzter Zugriff 30.10.2022).

5 Thorsten Logge, Geschichtssorten als Gegenstand einer forschungsorientierten Public History, in: Public History Weekly 6 (2018), 24, URL: dx.doi.org/10.1515/phw-2018-12328 (letzter Zugriff 30.10.2022).

6 Vgl. zur Turing-Galaxis als erster Ansatzpunkt Wolfgang Coy, Von der Gutenbergschen zur Turingschen Galaxis: Jenseits von Buchdruck und Fernsehen. Einleitung zu: Marshall McLuhan, Die Gutenberg-Galaxis. Das Ende des Buchzeitalters, Köln 1995.

2) Zudem hat eine spezielle Gruppe in jüngerer Vergangenheit das Thema Mittelalter für sich entdeckt: die Neue und extreme Rechte, die nicht zuletzt auch Geschichtssorten der Turing-Galaxis für die Fabrikation ihres Geschichtsbildes nutzt.[7] Die Geschichte des Mittelalters bzw. bestimmte Aspekte davon (s. u.) sind in den USA und Großbritannien, aber auch z. B. in Frankreich, in Russland oder auch Brasilien immer mehr und immer wieder als Bezugspunkt der Neuen und extremen Rechten zu erkennen.[8] Dort hat das Thema mittlerweile öffentlich schon eine Sprengkraft, wie sie hier seit einiger Zeit eher die Epoche des Kolonialismus hat. Das alles ist mittlerweile im Übrigen nicht nur eine theoretische akademische Frage für Mediävist*innen, die beleidigt sind, dass ihr Thema verzerrt dargestellt und missbraucht wird, sondern es zeigt sich hier ganz klar die praktische Möglichkeit einer Radikalisierung zu einer ‚Angewandten Geschichte der schrecklichen Tat‘. Kaum ein Amoklauf der letzten Jahre, bei denen sich die Täter nicht auf das Mittelalter berufen hätten. Breivik sah sich in der Nachfolge der Tempelritter.[9] Brenton Tarrant, der Attentäter von Christchurch, hat sich offenbar mit kruden Mittelalter-Vorstellungen aus dem Netz radikalisiert. Er hat seine Facebook-live-Videos von der Tat wiederum ins Netz eingespeist und somit Feedback-Schleifen produziert. Hier standen seine Waffen im Mittelpunkt. Diese waren nicht zuletzt mit den Namen von Personen und Orten des Mittelalters (Tours 732, Akkon 1189, Kaiser Sigismund, Karl Martel etc.) beschrieben, die im kollektiven Gedächt-

7 Das ist insgesamt ein bislang untererforschtes Thema. Den Forschungsstand fassen zusammen Amy Kaufman/Paul Sturtevant, The Devil's Historians. How Modern Extremists Abuse the Medieval Past, Toronto 2020 (hierüber ist die weitere Literatur zu erschließen; Fallstudien, die für die breitere Öffentlichkeit aufbereitet sind, finden sich auf der Webseite von Paul Sturtevant [Hrsg.], URL: https://www.publicmedievalist.com [letzter Zugriff 03.12.22]). Zur Instrumentalisierung von Geschichte durch die Neue Rechte vgl. allgemein Andreas Audretsch/Claudia Gatzka (Hrsg.), Schleichend an die Macht. Wie die Neue Rechte Geschichte instrumentalisiert, um Deutungshoheit über unsere Zukunft zu erlangen. Bonn 2020, bes. S. 31–37, wo die mittelalterliche Geschichte kurz angesprochen wird. Insbesondere zu Breivik vgl. Claus Leggewie, Anti-Europäer, Breivik, Dugin, al-Suri & Co, Berlin 2016, auch wenn der Rekurs aufs Mittelalter sehr schwach ist. Vgl. generell zur Nutzung des Internets durch die Rechtsextremen: Angela Nagle, Die digitale Gegenrevolution. Online-Kulturkämpfe der Neuen Rechten von 4chan und Tumblr bis zur Alt-Right und Trump, Frankfurt 2017, sowie neuerdings Simon Strick, Rechte Gefühle. Affekte und Strategien des digitalen Faschismus, Frankfurt 2021.

8 Vgl. zum Beispiel die Beiträge im Sammelband von Louie Dean Valencia-García (Hrsg.), Far-Right Revisionism and the End of History, New York/London 2020. Zu Brasilien s. knapp einführend Paulo Pachá, Why the Brazilian Far Right Loves the European Middle Ages, in: Pacific Standard vom 18.02.2019, URL: https://psmag.com/ideas/why-the-brazilian-far-right-is-obsessed-with-the-crusades (letzter Zugriff 30.10.2022).

9 Vgl. dazu den knappen Abriss von Daniel Wollenberg, The new knighthood: Terrorism and the medieval, in: postmedieval: a journal of medieval cultural studies (2014) 5, S. 21–33, URL:https://doi.org/10.1057/pmed.2014.1.

nis mit dem Kampf gegen Muslime bzw. den Islam verbunden sind.[10] Das zeigt: Das Mittelalter bzw. spezielle Vorstellungen davon im Netz können sogar tödlich wirken und Nachahmer*innen produzieren. Hier spielen Plattformen, wie Reddit oder die chans – das sind Social-News-Aggregatoren und Imageboards, in denen jede*r Nutzer*in anonym posten kann – eine große Rolle, aber eben auch Youtube-Videos.

Man hat also zwei Befunde. Das Mittelalter ist beliebt – und das nicht zuletzt bei Extremist*innen. Ersterer Aspekt ist eher als positiv einzuschätzen, während der zweite überaus sorgenvoll stimmen muss. Diese Sorgen nehmen extrem zu, wenn man bedenkt, dass die Technik-Soziologin Zeynep Tufekci die Video-Plattform im Jahr 2018 als „YouTube, the Great Radicalizer“[11] beschrieben hat. Ihre These: Youtube versuche mit seinem Algorithmus die Konsument*innen so lange wie möglich auf der Seite zu halten. Dazu schlage der Algorithmus nach geschautem Video über Autoplay immer extremere Inhalte vor: In ihrem Experiment ging es inhaltlich zunächst um die Wahl Trump vs. Clinton. Dabei landete sie bei immer rechteren Videos und bald bei Verschwörungstheorien. Sie hat in einem weiteren Experiment das Ergebnis erzielt, dass das auch für andere Themen gelte: Beim Thema Laufen sei man bald beim Marathon und dann beim Ultra-Marathon. Mit anderen Worten: Radikalisierung funktioniere unabhängig vom Themengebiet. Guillaume Chaslot, ein ehemaliger Google-Ingenieur und Betreiber der Seite algotransparency, hat das, wie er meint, informatikgestützt belegen können.[12] Youtube streitet ab, dass diese Erkenntnisse stimmen. Das Problem: Der Algorithmus ist unbekannt. Und er wurde seitdem auch immer wieder verändert. Zudem werden extreme Kanäle und Videos auch von der Plattform genommen. Denn natürlich gibt es Community-Regeln, da zu extrem auch für Youtube schlecht fürs Geschäft ist.

Daraus ergibt sich folgende Fragestellung: Das „Tufekci-Experiment“ soll hier auf die Video-Angebote, die sich zum Thema Mittelalter bei Youtube finden lassen, angewendet werden. Kann man sich also hier gemäß der Tufekci-These in seiner Mittelalter-Auffassung radikalisieren? Man könnte demnach die Erwartungshaltung haben, dass man letztlich bei einem Bild vom Mittelalter landet, das dem der

10 S. die Beschriftungen der Waffen und Magazine, die am detailliertesten, wenn auch bei weitem nicht fehlerfrei, von URL: https://www.dailysabah.com/asia/2019/03/15/new-zealand-mosque-shooter-names-his-idols-on-weapons-he-used-in-massacre (letzter Zugriff 30.10.2022) rekonstruiert wurden.

11 Zeynep Tufekci, YouTube, the Great Radicalizer, in: The New York Times vom 10.03.2022, URL: https://www.nytimes.com/2018/03/10/opinion/sunday/youtube-politics-radical.html (letzter Zugriff 30.10.2022).

12 Guillaume Chaslot (Hrsg.), URL: https://www.algotransparency.org (letzter Zugriff 30.10.2022) (hierüber ist auch ein umfänglicher, multimedialer Pressespiegel zu diesem Thema zugänglich).

Neuen und extremen Rechten ähnelt.[13] Und sollte das doch nicht der Fall sein, ist dann Ende gut, alles gut oder ergeben sich daraus dann andere Probleme? Welche Rolle spielt der Algorithmus für das Youtube-Mittelalter bzw. für die Mittelalterbilder, die bei Youtube dargeboten werden? An dem Grundproblem, dass der Algorithmus eine Black Box ist, lässt sich nichts ändern. Und auch dass der verfügbare Content ausgesprochen veränderlich und volatil ist, macht die Beantwortung solcher Fragen nicht einfacher. Ganz bescheiden kann es also nur darum gehen zu prüfen, was passiert, wenn man sich mittels Autoplay durch Youtube treiben lässt, um erste Eindrücke zu gewinnen, ob und welche Einflüsse der Algorithmus haben kann und ob eine Radikalisierung (immer noch) angelegt ist, wie eben Tufekci im Jahr 2018 demonstriert hat. Ganz allgemein gedacht geht es daher natürlich auch um die Frage: Was ist eigentlich das zu untersuchende Medium, wenn wir über die Rezeption von Youtube-Videos sprechen? Das Einzelvideo, der (Sparten-)Kanal oder vielleicht nicht doch eher oder zumindest nicht zuletzt die Youtube-Plattform selbst als eine Art Metamedium, das durch Autoplay Geschichtsbilder generiert[14] – ohne dass letztlich klar ist, nach welchen Regeln das geschieht? Und wie verhalten sich diese Medien zueinander, weiß man doch aus Produzent*innenaussagen, dass diese versuchen, in ihren Produktionen auf den Algorithmus Rücksicht zu nehmen.[15]

13 Das scheint mir im Sinne der Ergebnisse Tufekcis die wahrscheinlichste Erwartungshaltung zu sein, zu der man bei diesem Thema kommen muss. Einem möglichen Einwand, dass eine Radikalisierung von Mittelaltervorstellungen auch die Darstellung von Drachen, Elfen, Fabelwesen sein könnte, würde ich entgegnen, dass dies nur für die Vorstellungen von Fachwissenschaftler*innen gelten dürfte, aber nicht für die meisten Konsumierenden, für die solche Aspekte mittlerweile zum normalen Repertoire der Mittelaltervorstellungen gehören. Solche Aspekte wären daher gerade keine Radikalisierung, sondern würden dem Erwartungshorizont von populären Medien und ihren Plattformen entsprechen. Darauf deuten zumindest die Ergebnisse von Paul Sturtevant hin, The Middle Ages in Popular Imagination. Memory, Film and Medievalism, London 2018. Auch der mögliche Einwand, dass der Algorithmus Videos rein vom Allgemeinen zum Speziellen anordne und dass das insbesondere bei politikfremden Themen noch keine Radikalisierung bedeuten müsse, sollte man entgegenhalten, dass es kein Zufall sein dürfte, dass Tufekci vom Joggen zu Ultramarathons geführt wurde und nicht zu Nordic Walking oder zu Senior*innenwandern.

14 Ein ähnlicher Geschichtsbildgenerator ist überraschenderweise die DIY-Plattform Pinterest; s. dazu Sebastian Kubon, Der Deutsche Orden auf Pinterest. Pinterest: Trivial-Historiographie-Generator oder Content-Management-System für Geschichtsbebilderungen und -bilder?, in: URL: https://www.derdeutscheordenimnetz.de (letzter Zugriff 30.10.22).

15 Vgl. dazu die Podcast-Folge von Der Krisenlotse mit Mirko Drotschmann und die Folge mit Florian Wittig über The Great War: Anno ... (Podcast) SF 003 – The Great War – Geschichte auf YouTube, URL: https://anno-punktpunktpunkt.de/sf-003-the-great-war-geschichte-auf-youtube (letzter Zugriff 07.11.2022). Vgl. ebenso ders., Digital Story Telling auf YouTube – Werkstattbericht von „The Great War", in: Bunnenberg/Steffen, Geschichte auf YouTube, S. 177–189.

Angesichts des Forschungsstandes[16] wäre es vermessen, allzu viele Ergebnisse zu erwarten. Es geht vielmehr darum, aus dieser Durchführung des Tests produktive Schlussfolgerungen für weitere Untersuchungen zu ziehen. Vorteil an einem solchen Verfahren ist, dass Ergebnisse, die im Detail eher für Mediävist*innen bzw. Medievalism-Forscher*innen von Interesse wären, weniger im Mittelpunkt stehen, sondern mehr allgemeine Erwägungen, erste Einsichten und weiterführende Thesen aufgestellt werden, um eine allgemeine Diskussion anzuregen, wie man mit Youtube wissenschaftlich umgehen könnte. Zudem müssten solche Fragestellungen natürlich eigentlich mit auf codebasierten Abfrageroutinen bzw. ganz allgemein mit informatischen Mitteln multimethodisch zusätzlich abgesichert durchgeführt werden. Bei diesem Experiment geht es eher explorativ darum zu ermitteln, ob und welche Fragestellungen sich hier zukünftig lohnen könnten und überhaupt die oftmals leider eher technikaverse Geschichtswissenschaft auf die Wichtigkeit von Algorithmen hinzuweisen.

Zum Vorgehen: Es muss dazu als Erstes kurz skizziert werden, welche Aspekte des Mittelalters bzw. welche Form ihrer Rezeption von Rechtsextremist*innen als anschlussfähig gewertet werden, damit man prüfen kann, ob es möglich ist, zu einem solchen Bild über Youtube zu kommen. Danach steht die Durchführung des Tufekci-Experiments zum Thema Mittelalter im Mittelpunkt, d. h. die Beschreibung der Versuchsanordnung und die Ergebnisse. Daraus haben sich andere Beobachtungen und andere Probleme als erwartet ergeben – so viel sei hier vorweggenommen. Diese sollen daher kurz skizziert werden, da es sich dabei um eine Art ‚weiterführender Probleme' handelt. Im abschließenden Fazit werden mögliche Lösungsansätze für die zentralen Herausforderungen ausgelotet, die sich aus der Untersuchung ergeben haben.

---

16 Zum Forschungsstand s. Bunnenberg/Steffen, Geschichte auf YouTube und allgemein zu Geschichte in den Sozialen Medien s. Christian Bunnenberg/Thorsten Logge/Nils Steffen, SocialMediaHistory. Geschichtemachen in Sozialen Medien, in: Historische Anthropologie 15 (2021), S. 267–283 (hierüber ist die weiterführende Literatur zu erschließen), wo aber natürlich nicht speziell auf das Phänomen Mittelalter in den Sozialen Medien rekurriert wird. Wichtige Hinweise zum Mittelalter in den Sozialen Medien und zur Funktionsweise eines „banal medievalism" bei Andrew B. R. Elliott, Medievalism, Politics and Mass Media. Appropriating the Middle Ages in the Twenty-First Century, Cambridge 2017, der aber nicht speziell auf Videos fokussiert.

I Das Mittelalter der Rechten

Allgemein kann man sagen, dass man sich in den Kreisen der Neuen und extremen Rechten vielfach die „Wiedergeburt“ des Mittelalters wünscht.[17] Dieses ist dort vielfach ein Sehnsuchtsort. Warum aber? Welches sind die Hauptaspekte eines Mittelalterbildes, die in dieser ideologisch verzerrten Perspektive als attraktiv wahrgenommen werden? Im Wesentlichen fallen folgende Vorstellungen von der Essenz des Mittelalters auf, die für die Neue und extreme Rechte eine große Anschlussfähigkeit aufweisen:[18]

- Das Mittelalter wird in diesen Vorstellungen als ein rein weißes Zeitalter konstruiert, in dem Menschen, die man im US-amerikanischen bzw. im britischen Diskurs unter die Akronyme BIPOC bzw. BAME subsumieren würde, keine Rolle spielen.
- Es wird als fundamental christlich aufgefasst, wobei wahrscheinlich dahinter eher die Auffassung steckt, dass es fundamental antimuslimisch und antijudaisch/antisemitisch geprägt gewesen sei.
- Auch die Auffassung, dass das Mittelalter genuin wissenschaftsfremd sei, findet man häufig.
- Das Mittelalter wird als patriarchalisch, hypermaskulin und ausschließlich heterosexuell sowie LGBTQ+-feindlich, um es mit einer modernen Beschreibung zu formulieren, aufgefasst.
- Zudem sei das Mittelalter einfacher und übersichtlicher in einer starr-hierarchischen Gesellschaftsstruktur organisiert, in der jeder seinen Platz zugewiesen bekommen habe.
- Ganz wesentlich ist auch, dass in solchen Vorstellungen als Wesensmerkmale des Mittelalters Kampf und Konflikt unter den Bedingungen eines Survival of the Fittest identifiziert werden.
- Zudem wird die Herrschaftsstruktur des Mittelalters als eine Melange aus absolutistischer Herrschaft und charismatischer Führerherrschaft, wie sie erst im 20. Jahrhundert vorgekommen ist, verstanden.

---

17 Vgl. Kaufman/Sturtevant, Devil's Historians. Erste Gedanken zu entsprechenden Kriterien bei Sebastian Kubon, Die Entzauberung des patriarchalischen und ‚absolutistischen‘ Mittelalters? Disenchantment von Matt Groening (Netflix), in: Zeitgeschichte-online, Februar 2022, URL: https://zeitgeschichte-online.de/film/die-entzauberung-des-patriarchalischen-und-absolutistischen-mittelalters (letzter Zugriff 30.10.2022).

18 Diese Thesen wurden aus der Überblicksdarstellung von Kaufman/Sturtevant, Devil's Historians, destilliert; hier ist dann auch zu den einzelnen Aspekten weiterführende Literatur zu finden. Einige davon sind schon recht gut erforscht, während jedoch bemerkenswerterweise die Vorstellungen über Herrschaft im Mittelalter auf Seiten der Neuen und extremen Rechten, die m. E. aber besonders emblematisch sind, bislang kaum Aufmerksamkeit gefunden haben.

Hier sehen wir zum einen natürlich ein absolut eurozentristisches Mittelalterbild, das sogar darüber hinaus noch einen überstarken Fokus auf Zentraleuropa hat. Wenn diese Sichtweisen als konstituierende Elemente für das Mittelalter hervorgehoben werden, dann wird zum anderen nicht wahrgenommen, dass die neuere Forschung mittlerweile vielfach ganz andere Akzente setzt und das Mittelalter viel differenzierter darstellt; immerhin ist es ja auch nur eine Konvention, die 1.000 Jahre und einen, selbst wenn man nur Europa einschließt, breiten geografischen Raum umfasst.[19]

Das Zeitalter war schließlich wesentlich diverser und weniger monolithisch, als die hier skizzierten Vorstellungen andeuten, die noch in der älteren Forschung ja auch durchaus anzutreffen waren und von extremistischen Vorstellungen unterschieden werden müssen, doch dazu unten mehr. Es muss an dieser Stelle daran erinnert werden, dass es ein rein weißes Mittelalter nicht gegeben hat – erst recht nicht in den Kontaktzonen zu anderen Erdteilen (Spanien, Sizilien etc.); und für Mitteleuropa sei daran erinnert, dass der oberste Heilige des Heiligen Römischen Reichs Mauritius als schwarz vorgestellt wurde.[20] Krieg und Kampf hingegen soll es ja dem Vernehmen nach auch heute noch geben und erst recht war das ein wesentliches Merkmal des 20. Jahrhunderts. Das Mittelalter jedoch war – trotz oder gerade wegen aller Konflikte – durchaus auch eine friedensbewegte Zeit. Man versuchte, den Krieg mit rechtlichen und diplomatischen Mitteln einzuhegen und das regelmäßig und nicht nur ausnahmsweise.[21] Und zur Vorstellung vom christlichen Mittelalter: Auch hier gilt, dass es aber eben auch muslimisch und jüdisch und, das darf man nicht vergessen, auch pagan geprägt war. Zwar gab es nicht selten Konflikte, aber eben auch nicht nur, sondern auch friedliches Zusammenleben.[22] Und erst recht waren Konflikte, die aufkamen, nicht von allen gewünscht. Vor allem war das Mittelalter aber eben kein Zeitalter mit absolutistischen Herrscherfiguren oder gar einer Führerkultur: Es war eher auf Konsens

---

19 Das Opus magnum von Michael Borgolte, Die Welten des Mittelalters, München 2022, ist ein Paradebeispiel dafür, welche Aspekte eine moderne und globale Mediävistik behandeln kann.

20 Vgl. Olivette Otele, African Europeans. An Untold History, London 2020, URL: https://medievalpoc.tumblr.com (letzter Zugriff 03.12.2022). Weitere Ressourcen sind zu erschließen unter URL: https://medievalistsofcolor.com (letzter Zugriff 03.12.2022).

21 Das ist in der Forschung und in Fachkreisen aber schon lange bekannt. Diese Erkenntnis hat aber bezeichnenderweise keine weitere Verbreitung in der interessierten Öffentlichkeit gefunden; vgl. als Einstieg das Lexikon des Mittelalters s. v. Gottesfrieden und Friede.

22 Vgl. dazu u. a. Michael Borgolte, Christen, Juden, Muselmanen. Die Erben der Antike und der Aufstieg des Abendlandes 300 bis 1400 n. Chr., Berlin 2006.

und Zustimmung und Aushandlung ausgerichtet.[23] Es gehörte auch zu einer gerechten Herrschaft, Rat und Hilfe einzuholen; alles andere wurde als eine ungerechte Herrschaft empfunden.[24] Und abschließend: Das Zeitalter war auch alles andere als wissenschaftsfremd.[25]

Ähnlich könnte man auch die restlichen oben genannten Auffassungen dekonstruieren. Das muss aber an anderer Stelle geschehen. Es kommt darauf an zu zeigen, dass insbesondere die aktuelle Forschung das Mittelalter deutlich anders darstellt, als es von den Extremisten durch selektive Wahrnehmung konstruiert wird. Es sollte deutlich geworden sein, dass das Mittelalter, in das sich die extremen Rechten zurückwünschen, Letztere sich schon selbst konstruieren mussten, dafür insbesondere in der älteren Forschung aber auch genug Anknüpfungspunkte fanden. Bislang ist aber noch nicht einmal andiskutiert worden, wo genau der Kipppunkt ist von einem sehr traditionellen Mittelalterbild, das vielleicht naiv die Ergebnisse der älteren Forschung akzentuiert, zu einer extremistischen Perspektive auf das Mittelalter. Die Antwort auf diese Frage ist nicht ganz einfach und als vorläufige Antwort liegt nahe, dass eine extremistische Lesart vorliegt, wenn die oben skizzierten Auffassungen nicht nur als Beschreibung eines vergangenen Zeitalters, sondern darüber hinaus auch noch als überaus wünschenswerte Einrichtung einer gegenwärtigen und zukünftigen Gesellschaft aufgefasst werden.

II Das Youtube-Mittelalter im Tufekci-Experiment

Die Versuchsanordnung dieses zeitlich relativ aufwändigen Experiments sei nur knapp skizziert. Wenn die Annahmen von Zeynep Tufekci auch heute noch reproduzierbar sein sollten, dann ist die Erwartungshaltung, dass man im Laufe der Schauzeit von relativ allgemeinen Erklärvideos zum Thema Mittelalter durch Autoplay bzw. die Vorschlagsfunktion von Youtube auf Videos stößt, die eher extreme Interpretationen des Zeitalters darstellen – wahrscheinlich eben solche aus dem rechtsextremen Spektrum, wie sie oben skizziert wurden. Der Startpunkt waren daher zunächst allgemeine (Erklär-)Videos, die über den Suchbegriff „Mittelalter“ in der Suchfunktion von Youtube angezeigt wurden. Danach wurde dem von

23 Vgl. als erster Ansatzpunkt Bernd Schneidmüller, Konsensuale Herrschaft. Ein Essay über Formen und Konzepte politischer Ordnung im Mittelalter, in: Paul-Joachim Heinig u. a. (Hrsg.), Reich, Regionen und Europa in Mittelalter und Neuzeit. Festschrift für Peter Moraw, Berlin 2000, S. 53–87.

24 Vgl. Peter Moraw, ‚Herrschaft‘ im Mittelalter, in: Geschichtliche Grundbegriffe, Bd. 3, Stuttgart 1982 [NA 2004], S. 5–13.

25 Vgl. Seb Falk, The Light Ages, London 2020.

Youtube vorgeschlagenen Pfad jeweils bis zu fünf Stunden gefolgt, bei insgesamt 30 Durchläufen. Technisch wurde dabei einiges ausprobiert. Der Versuch wurde mit dem eigenen Youtube-Account durchgeführt und mit einem neu eingerichteten Account sowie auf verschiedenen, teils noch nie benutzten Endgeräten. Es wurde mit und ohne VPN-Client und zu verschiedenen Tageszeiten ausprobiert. Dabei wurden Videos in den Sprachen Deutsch, Englisch, Italienisch und Französisch als Startpunkte gewählt.

Um die knappen Resultate an dieser Stelle zu benennen: Die Ergebnisse von Zeynep Tufekci aus dem Jahre 2018 konnten im Sommer 2021 nicht reproduziert werden – jedenfalls nicht mit diesem Thema. Auch nicht, als am Schluss immer spezifischer gesucht wurde und die Suchbegriffe immer konkreter auf extreme Videos hin formuliert waren, um doch Inhalte zu finden, die an das Mittelalterbild der Rechtsextremen zumindest erinnern. Um solchen, wenn es ihn denn überhaupt noch gibt, sehr versteckten Content, der in der Regel wenige Klickzahlen hat, auf Youtube zu finden, muss man im Prinzip schon die genaue Kenntnis haben, wo und unter welchem Namen man das finden kann bzw. am besten den entsprechenden Link kennen. Da muss man also schon einen gewissen Radikalisierungsgrad haben, um auf entsprechende Videos zu kommen. Um umstandslos radikale Inhalte zu finden, braucht man nur auf BitChute ausweichen.[26] Dort wird keine inhaltliche Prüfung betrieben und alles kann gesendet werden, was insbesondere die US-amerikanische Rechte auch macht. Solche Videos, die ein rechtsextremes Mittelalterbild aufweisen bzw. zumindest Aspekte davon, findet man dort auf den ersten Klick.

III Weitere Beobachtungen und weiterführende Probleme

Radikale Mittelalterbilder konnten auf Youtube also nicht entdeckt bzw. mit dem ‚Tufekci-Experiment' provoziert werden. Das ist schließlich erst einmal als positiv zu bewerten. Was aber ist passiert? Was für Inhalte sind aufgefallen bei der Durchführung des ‚Tufekci-Experiments'? Trotzdem sind – das muss betont werden – natürlich nicht alle Videos aus fachwissenschaftlicher und fachdidaktischer Perspektive als hochwertig zu bezeichnen. Eine stärkere Orientierung der Videos an der neuesten Forschung wäre daher durchaus wünschenswert. Es sind Aspekte

26 URL: https://www.bitchute.com (letzter Zugriff 30.10.2022). Überhaupt müssen die Alternativen zu Youtube auch betrachtet werden wie URL: https://vimeo.com (letzter Zugriff 30.10.2022) und URL: https://d.tube (letzter Zugriff 30.10.2022).

aufgefallen, die ich hier ‚weiterführende Probleme‘ nennen möchte: Es muss betont werden, dass es sich dabei um Nebenbeobachtungen handelt und nicht um Ergebnisse, die methodisch-systematisch abgesichert erhoben wurden. Es werden hier daher mehr Thesen formuliert denn abschließende Ergebnisse. Diese lohnen aber eine genauere Untersuchung in naher Zukunft.

Egal mit welchem Suchbegriff auf Deutsch die Suche und das Experiment begonnen wurde: Man kam im Sommer 2021 kaum weg von MrWissen2go-Videos und Dokumentationen der öffentlich-rechtlichen Fernsehsender, die bei Youtube eingestellt wurden. Ist man hier erst einmal gelandet, dann kann man dort über Stunden verweilen, ohne andere Kanäle oder Formate zu entdecken. Gerade bei MrWissen2go muss man bei allen seinen Verdiensten um Geschichte auf Youtube anmerken, dass das alles bekanntlich eher als objektives Klausurwissen dargestellt und performt wird. Etwas überspitzt formuliert, kann man die hier gebotenen Erklärvideos mehrheitlich vielleicht als einen in Filmform gegossenen Wikipedia-Artikel betrachten. Dass viele von den angesprochenen Themen umstrittene Forschungsfragen enthalten und so manches pure Konventionen sind, wird immerhin in aller Regel zumindest erwähnt, wenn auch die fachwissenschaftlichen Diskussionen kaum abgebildet werden. Es finden sich eben in aller Regel Themen zum Mittelalter, bei denen unter den Youtuber*innen kaum Dissens herrscht. Oder zumindest herrscht kein Dissens darüber, dass man das klassische Schulbuchwissen darstellt, obgleich es häufig in der modernen Fachdiskussion schon längst relativiert wurde.[27] Das ist alles reichlich unkontrovers, was für historisches Lernen schwierig ist, aber das Ziel dürfte hier auch eher sein, ein grundsätzliches Gerüst an Daten, Fakten und Informationen anzulegen. Und diese durchaus ehrenwerte Zielsetzung dürfte ohne Zweifel erreicht werden.

27 Das Paradebeispiel ist auch für Youtube die Lehnspyramide. Kaum ein Video zum Lehnswesen kommt ohne dieses Konstrukt aus, obgleich es schon mehrfach dekonstruiert wurde. Das betrifft sowohl Low-Budget-Produktionen als auch Kanäle mit einer eigenen Redaktion: Maren Seyfahrt (08.01.2022), Das Lehnswesen im Mittelalter, URL: https://www.youtube.com/watch?v=V_dIL1rmk5k (letzter Zugriff 03.12.2022); Duden Learnattack (08.07.2020), Grundherrschaft im Mittelalter: Das musst du wissen, URL: https://www.youtube.com/watch?v=-cNX4Y2gK6s (letzter Zugriff 03.12.2022); MrWissen2go Geschichte (23.03.2017), Das Leben im Mittelalter, URL: https://www.youtube.com/watch?v=BRXQvm-tG6U (letzter Zugriff 03.12.2022). Vgl. zu diesem Phänomen in Schulbüchern Markus Bernhardt, Die Lehnspyramide – ein Wiedergänger des Geschichtsunterrichts, in: Public History Weekly 2 (2014), 23, URL: dx.doi.org/10.1515/phw-2014-2164. Überhaupt sind die Darstellungen des Lehnswesens in Erklärvideos kaum berührt von der aktuelleren Forschung, die die klassischen Vorstellungen schon seit längerem relativieren; vgl. die Einführung für ein breiteres Publikum: Steffen Patzold, Das Lehnswesen, München 2012. Hier würde sich einmal eine Spezialstudie anbieten.

Ansätze und Ergebnisse, die in der mediävistischen Forschung der jüngsten Vergangenheit eine größere Rolle gespielt haben, wie z. B. das friedliche Zusammenleben der Religionen oder das Leben von POC im Mittelalter, finden sich nur selten. Man findet insgesamt vor allem klassisch-nationale Bilder vom Kampf der großen Männer und der Schlachten sowie Lehrplanklassiker, die en masse in Erklärvideos in den Mittelpunkt gestellt werden. Man könnte die These aufstellen, dass es offenbar notwendig ist, dass die Themen, wenn nicht im Lehrplan, dann wenigstens in Formen fest verankert scheinen, die in der Forschung mit den Begriffen kollektives, kommunikatives oder kulturelles Gedächtnis bezeichnet werden, damit die Produzent*innen ihnen eine Klickchance unterstellen.[28] Das müsste aber dringend genauer mit Rekurs auf die klassischen und gegenwärtigen Theorien untersucht werden. Nicht überraschend finden sich als vielbehandelte Themen daher Filme über Foltermethoden, wobei aber der Sinn hinter diesem Verfahren der Urteilsfindung in aller Regel nicht erklärt wird. Dass es sich in dieser Zeit um eine Rationalisierung der Rechtsprechung weg vom Gottesurteil handelt, wird als kontraintuitive Einsicht zu behandeln verpasst.[29] Man verharrt eben bei der Andersartigkeit des Mittelalters.[30] Auch Hexen sind ein häufig wiederkehrendes Thema, das bei Youtube immer mit dem Mittelalter assoziiert wird. Zwar wird immer wieder darauf rekurriert, dass es eigentlich ein Phänomen der Frühen Neuzeit sei. Jedoch wird nicht erklärt, was dieser Umstand dann bedeutet. Ob damit ein Lerneffekt erreicht wird, muss unklar bleiben. Nicht zuletzt dank der letzten Coronajahre ist auch die Pest ein häufiges, in unterschiedlicher Qualität behandeltes Thema.[31] Alles in allem ist das wenig überraschend. Offenbar ist die Themenwahl immer noch eher am dunklen Mittelalter orientiert, wobei man zwar Ansätze der Relativierung dieses Bildes entdecken kann, ohne dass das jedoch in der Regel ausgeführt wird. Es müsste hier einmal quantitativ ausgezählt

---

28 Vgl. vor allem: Maurice Halbwachs, Das Gedächtnis und seine sozialen Bedingungen, Berlin 2019 (frz. Originalausgabe 1925); Maurice Halbwachs, Stätten der Verkündigung im Heiligen Land. Eine Studie zum kollektiven Gedächtnis, Konstanz 2003 (frz. Originalausgabe 1941). Als erster Zugriff auf die Gedächtnisforschung s. Astrid Erll, Kollektives Gedächtnis und Erinnerungskulturen. Eine Einführung, Stuttgart 2017 (3. Aufl.).

29 Als erster Ansatzpunkt vgl. Lexikon des Mittelalters s. v. Gottesurteil und Zweikampf.

30 Vgl. den klassischen Aufsatz von Otto Gerhard Oexle, Das entzweite Mittelalter, in: Gerd Althoff (Hrsg.), Die Deutschen und ihr Mittelalter. Themen und Funktionen moderner Geschichtsbilder vom Mittelalter, Darmstadt 1992, S. 7–28.

31 Es wird darauf verzichtet, an dieser Stelle Einzelvideos zu den Themen Folter, Hexen und Pest als Belege anzuführen. Vielmehr kann der*die geneigte Leser*in selbst den Test durchführen, wie die Videos, die ihm bei einer Schlagwortsuche zunächst präsentiert werden, diese Themen behandeln. Es wäre eine große Überraschung, würden hier andere Ergebnisse erzielt werden, als eben skizziert.

werden, welche Themen bei der Behandlung des Mittelalters zahlenmäßig im Mittelpunkt stehen und diese müssten dann im Detail sachorientiert untersucht werden. So lange sind die geschilderten Eindrücke eher persönliche Impressionen.

Die Relativierung von solchen einseitigen populären Auffassungen ist einem Subgenre des Erklärvideos, den Mythbuster-Videos, zuzuordnen.[32] Es finden sich also zahlreiche Videos, die erklären, warum das Mittelalter eigentlich gar nicht so dunkel gewesen sei, wie man gemeinhin annimmt. Als visueller Eindruck nach mehreren Stunden Video-Sichtung bleibt jedoch eher hängen, dass diese zumeist in den dunkelsten Farbtönen inszeniert wurden: Krankheit, Tod und Krieg stehen auch hier häufig am Ausgangspunkt. Und dennoch wird als Fazit bzw. als Tenor herausgestellt: So dunkel, so frauenfeindlich, so kämpferisch sei es alles gar nicht gewesen. Das ist nun hier natürlich etwas überspitzt dargestellt, bleibt aber eben letztlich doch der Eindruck, den man gewinnt. Man muss wohl eine generelle Text-Bild-Schere konstatieren. Es bleibt somit eben doch hängen, dass es eine Zeit war, in der alles nicht so aufgeklärt war wie heute. Die Vorstellungen und Narrative von der Gegenwart, von der Moderne und vom Fortschritt, die hinter solchen Filmen stecken und die diese bestimmen, sind dabei die eigentlich untersuchenswerten Aspekte und gar nicht so sehr die Auffassung vom Mittelalter, die der Anlass für diese Filme ist.

Eine erste zu untersuchende These wäre, dass der Versuch der Dekonstruktion des dunklen Mittelalterbildes, was ja eine ehrenvolle Aufgabe ist, in dieser Art und Weise mit den genutzten filmischen Mitteln des Erklärvideos eigentlich doch im Gegenteil eher zu seiner Stärkung neigt. Der Grund könnte sein, dass die Produzent*innen, die meist Generalist*innen sind, in aller Regel nur wenig Zugriff auf dieses Zeitalter haben. Damit ist die Konzentration auf die klassischen Wissensbestände zu erklären und auch, dass der Forschungsstand aufgerufen wird, der durch die Netzressourcen abgedeckt ist, aber wenig Kenntnis von der gegenwärtigen Forschungsdiskussion vorhanden ist. Zwar reichen die Ressourcen und Möglichkeiten häufig nicht dazu aus, die neueste Forschung zu überblicken – zumal ja bei gewinnorientierten Unternehmungen zu Recht auch die Frage bedacht werden muss, ob das die potenziellen Zuschauer*innen überhaupt interessiert, oder ob diese nicht vielmehr ihre Vorstellungen bestätigt haben wollen. Es würde sich aber lohnen, zu prüfen, ob die hier formulierten steilen Thesen nicht eine gewisse Berechtigung haben und welche Folgerungen man daraus vielleicht nicht zuletzt für die visuelle Gestaltung von Erklärvideos ziehen müsste. Insbesondere

---

32 Pars pro toto sei folgendes Video genannt, das alle genannten Monita aufweist, auch wenn es einige richtige Dekonstruktionsangebote macht, und in dem natürlich auch die Lehnspyramide vorkommt (s. Anm. 27): Terra X (29.03.2020), 5 Fakten über das Mittelalter | MrWissen2go | Terra X, URL: https://www.youtube.com/watch?v=irTCmjR_A0 (letzter Zugriff 03.12.2022).

wäre diskussionswürdig, welche Arbeitsaufträge sich daraus für die akademische Wissenschaft ergeben könnten.

Es ist auch die Beobachtung mitzuteilen, dass zu einem dunklen Eindruck vom Mittelalter auf Youtube nicht zuletzt auch die Thumbnails in der Videovorschau beitragen, die in aller Regel in dunklen Farben gehalten sind. Vielleicht ist gerade hier eine wesentliche Erklärung zu finden, wie über Youtube-Geschichtsbilder entstehen. Man bekommt schließlich durch die Auswahl einen Überblick an möglichen Videos zu einem Thema präsentiert. Hier haben wir es dann weniger mit einem Bild als eher mit einem Mosaik zu tun, das sich bei der oberflächlichen Betrachtung ergibt und so unbewusst wirken kann. Verschiedene dunkle Thumbnails ergeben ein dunkles Bild des Mittelalters und alle Videos, also auch die, die eigentlich ein anderes Bild propagieren wollen, führen dazu, dass dennoch ein dunkles Bild hängen bleibt. Das ist aber eher eine These, die durch die empirische Nutzerforschung einmal genauer untersucht werden müsste. Das kleine Bild sagt aber vielleicht mehr als 1.000 Worte, zumal viele Videos sicherlich auch nicht angeklickt und geschaut werden und nur der wirkmächtige erste Eindruck bleibt.

Wenn man die Eindrücke zusammenfasst, die sich bei diesem Experiment geradezu nebenbei, abseits von der eigentlichen Fragestellung, ergeben haben, dann hat man zwar kein radikales Mittelalterbild gefunden, aber doch eher eines, das aufgrund von Themenwahl und visueller Gestaltung ziemlich eindeutig dunkel ist[33] – ein im Ganzen eher sehr traditionelles Bild vom Mittelalter. Das alles ist bestenfalls als einseitig zu beschreiben. Das bildet in dieser Form zwar noch keine Radikalismen ab, bietet der Radikalisierung dieser Vorstellungen durch die extreme Rechte aber eher mehr Anschlüsse als weniger. Wer dann die Plattform wechselt und auf BitChute weiterschaut, der findet die radikale Fortsetzung und kann nahtlos anschließen. Aber wohlgemerkt: Das sind alles nur Beobachtungen, die sich quasi als Nebenergebnisse und als weiterführende Probleme ergeben haben. Diese müssten daher noch einmal genauer in Detailstudien überprüft werden, die systematisch und methodisch abgesichert sind.

33 Das helle Mittelalter findet sich neuerdings hier podestiert: Matt Gabriele/David M. Perry, The Bright Ages. A New History of Medieval Europe, New York 2021. (Es ist allerdings weiterhin ziemlich weiß, wie in umfangreichen Twitterdiskussionen bzw. -shitstorms moniert wurde.)

IV Fazit: Welche Auswege aus dieser Situation bieten sich an?

Man muss feststellen, dass spätestens seit dem Jahr 2021 die Zeit der großen Radikalisierung auf Youtube also offenbar vorbei ist – wenn es sie denn je für alle Bereiche in der von Tufekci beschriebenen Weise jemals gegeben hat.[34] Es steht zu vermuten, dass, spätestens seitdem MrWissen2go bei Funk ist und ein Erklärvideo nach dem anderen produziert, jegliche Form von abseitigen Radikalismen weniger Chancen haben, die Auffindbarkeits- und damit die Wahrnehmungsschwelle zu überschreiten, bevor sie dann recht bald aufgrund der Community-Richtlinien gelöscht werden. Mirko Drotschmann hat sich ein Monopol erarbeitet, sodass andere Kanäle wohl kaum einfach daran vorbeikommen. Youtube ist in diesem Bereich also nicht mehr „The Great Radicalizer“, sondern eher „The Great Verfestiger“ von Wikipedia- bzw. Schulbuchwissen. Das ist einerseits natürlich gut, da kein grober Unfug eskaliert, aber es nutzt das Potenzial von Youtube vielleicht nur bedingt aus, da immer mehr vom immer gleichen zu finden ist, ohne dass neuere Forschung einen großen Raum einnimmt. Dabei muss man konstatieren, dass mit der Professionalisierung und der redaktionellen Unterstützung bei den großen Kanälen auch die Inhalte bedeutend tiefer und intellektuell anregender geworden sind und mehr neuere Forschung rezipiert wird. (In welchem Ausmaß, müsste man noch einmal im Detail untersuchen.) Dennoch bleibt insgesamt als Fazit: Es gibt keine große Gefahr der Radikalisierung (mehr), aber auch nur wenige Dekonstruktionsangebote für traditionell-konservative Mittelalterbilder, wenn man diese Aspekte nicht genau kennt und explizit danach sucht. Die Plattform Youtube ist damit ein Paradebeispiel für ein Phänomen, das man die bewahrende Kraft des Internets nennen könnte.

34 Gegen diese These haben schon im Jahr 2020 argumentiert: Mark Ledwich/Anna Zaitzev, Algorithmic extremism. Examining YouTube's rabbit hole of radicalization, URL: https://firstmonday.org/ojs/index.php/fm/article/view/10419/9404 (letzter Zugriff 14.09.22), und zuletzt Shira Ovide, NYT Newsletter On Tech der New York Times vom 21.04.2022, die es folgendermaßen auf den Punkt bringt: „The kittens-to-terrorist pipeline is extremely uncommon.“ Dieser Newsletter bezieht sich auf diese Studie: Annie Y. Chen/Brendan Nyhan/Jason Reifler/Ronald E. Robertson/Christo Wilson, Subscriptions and external links help drive resentful users to alternative and extremist YouTube videos, URL: https://cpb-us-e1.wpmucdn.com/sites.dartmouth.edu/dist/5/2293/files/2022/04/YouTube.pdf (letzter Zugriff 30.10.2022). Wichtig für weitere Untersuchungen ist dabei die Erkenntnis der Autor*innen, dass externe Links wohl das größte Problem darstellen. Zudem muss der Einfluss von subscriptions von Kanälen und deren Auswirkungen auf den Algorithmus geprüft werden.

Was würde das für die akademische Wissenschaft bedeuten? Wissenschaftler*innen könnten sich natürlich selbst einmal an solchen Videos versuchen, doch steht zu befürchten, dass diese kaum die Aufmerksamkeit bei Youtube generieren könnten, die sie bräuchten, um einen Effekt zu haben. Ist Kuratieren vielleicht das neue Produzieren? Sollten Wissenschaftler*innen vielleicht gar nicht erst gegen die Youtube-Platzhirsche antreten, sondern lieber kommentierte Filmografien erstellen? Sollte vielleicht auch für Youtube-Kanäle und Einzelvideos das altbekannte Rezensionswesen in üblicher Weise als Regulativ greifen? Das wären zwar Möglichkeiten, aber man kann auch skeptisch sein, ob das überhaupt jemanden, geschweige denn die richtigen Adressat*innen interessiert.[35] Man kann zweifeln, ob es dafür eine Zielgruppe gibt, unabhängig von der Frage, wer so etwas unentgeltlich übernehmen wollte.

Man muss, will man etwas wissenschaftlich-pädagogisch bewegen, wohl eher an der Rezipient*innenseite ansetzen. Youtube sinnvoll und reflektiert zu schauen, erfordert offenbar einen aktiven kreativen Auswahlprozess nach noch zu bestimmenden Maßstäben. Es wäre vielleicht zunächst ein Ausweg, eine Art Bechdel-Test[36] für das Youtube-Mittelalter als ein handliches Analysetool für den ersten Zugriff zu entwickeln. Dieser Bechdel-Test fürs Mittelalter darf nicht zu umfangreich sein, soll er handhabbar bleiben. Mit so einem Test könnte schnell geprüft werden, welche Tendenz die Mittelalter-Bilder haben, die den Rezipient*innen angeboten werden. Dann wäre der reflektierte Auswahlprozess im Übrigen schon ein Ansatz von Doing History.[37] Wie die inhaltliche Ausgestaltung wäre, müsste man prüfen. Das ist nicht trivial, will man möglichst viele wesentliche Aspekte abdecken. Denkbar wären ein paar wenige Fragen nach dieser Art: Wird das Mittelalter vom Personal als rein weiß beschrieben? Geht es nur um Krieg und Kampf? Werden Cis-hetero-Männer als die natürlichen Machtinhaber dargestellt? Kommen Muslim*innen und Jüd*innen ausschließlich als Feindbilder vor? Wird eine absolutistische Herrschaft in das Mittelalter projiziert? Etc. Wahr-

---

35 Vielleicht ist die beste Möglichkeit der kritischen Bewertung auch nur plattformimmanent und mit den Mitteln des Mediums selbst zu erreichen. Wichtig sind hierbei sog. Reactionvideos, in denen Kenner andere Videos kommentieren. Als hervorragende Beispiele seien genannt: Geschichtsfenster (01.03.2022), Terra X zerstört das Mittelalter! Eine Reaktion URL: https://www.youtube.com/watch?v=5uRNhi1FR-g (letzter Zugriff 03.12.2022) (hier wird das Video Ein Tag im Mittelalter von Terra X kritisch kommentiert) und hAmilkarHistory (01.02.2022), Templerforscher REAGIERT: „Leben als Tempelritter" – History Check, URL: https://www.youtube.com/watch?v=8S1xWoMmmbc&t=584s (letzter Zugriff 03.12.2022).

36 Der Bechdel-Test ist zwar kein wissenschaftlicher Test, aber trotz aller Mängel immer noch ein probates Mittel, um sich für sexistische Geschlechterklischees in Filmen zu sensibilisieren.

37 Zum Konzept von Doing History s. Stefanie Samida/Sarah Willner/Georg Koch (Hrsg.), *Doing History*. Performative Praktiken in der Geschichtskultur, Münster/New York 2016.

scheinlich dürften sieben Fragen die Maximalanzahl sein, soll der Test unproblematisch umsetzbar sein. Als abschließende Meta- bzw. Gretchenfrage, um sicherzugehen, dass man es mit extremistischem Content zu tun hat, würde sich wohl folgende übergreifende Frage anbieten: Wird das alles auch als wünschenswerte Gesellschaftseinrichtung bewertet? Die inhaltliche Tiefenanalyse wäre dann erst der zweite Schritt, der nach dem Bechdel-Test, der als erste Orientierung dient, vorgenommen werden könnte.[38] Der Vorteil: Der Test ist auf Einzelvideos, ganze Kanäle und auch die Youtube-Vorschauseite anwendbar – und natürlich auch auf alle anderen Geschichtssorten. Damit kann mit wenig Aufwand den Rezipient*innen ein Hilfsmittel an die Hand gegeben werden, um die grundsätzlichen Narrative von Geschichtsdarstellungen in Bezug auf das Mittelalter zu prüfen.

Abschließend muss man unbedingt das Konzept Doing History und die Demokratisierung der Distribution von Geschichtsproduktionen in der Turing-Galaxis kurz ansprechen: Wer macht denn hier eigentlich Geschichte? Wenn wir in den Metaphern von Bildern und Mosaiken beim Nachdenken über Geschichte auf Youtube bleiben wollen, dann wird man Folgendes feststellen können: Einzelne Bilder werden sicherlich von Video-Produzent*innen fabriziert, die ihre Geschichtsauffassung über eine Narration in einem Youtube-Video verbreiten wollen. Diese Videos sind die Einzelsteine, aus denen der*die Rezipient*in das Mosaik bzw. Gesamtbild dann zusammensetzt. Das ist auch mit traditionellen analogen Medien nicht viel anders. Es stellt sich aber doch bei der Plattform Youtube die Frage: Zu welchem Grad entscheidet der Algorithmus, welche Mosaiksteine die Rezipient*innen für ihr Gesamtbild überhaupt nutzen können? Was bedeutet das auch für die Hoffnung auf Demokratisierung der Geschichte in der Turing-Galaxis, wenn Videos von Konsument*innen für Konsument*innen hergestellt werden können, aber diese letztlich von der Plattform nach unbekannten Regeln zugeteilt werden? Es ist daher die technische Seite der Sozialen Medien, mit denen sich auch Geisteswissenschaftler*innen verstärkt auseinandersetzen müssen, um die sozialen Auswirkungen zu verstehen und diese Fragen, die hier nur gestellt werden können, zumindest in Ansätzen zu beantworten. Hier ist noch einiges unklar. Solange die empirische Rezeptions- und Nutzungsforschung noch ausbaufähig ist, ist es sicherlich ein sinnvoller erster Ausweg, den Rezipient*innen Mittel für einen reflektierten Auswahlprozess bei der Videoauswahl an die Hand zu geben.[39] Ein gut

---

38 Erst danach könnte man dann die deutlich elaborierteren Analyseschritte anwenden, die entwickelt wurden von Judith Uebing, Geschichte in 10 Minuten – Wie geht das? Ein Vorschlag zur Analyse von historischen Erklärvideos auf der Plattform YouTube, in: Bunnenberg/Steffen, Geschichte auf YouTube, S. 71–94.

39 In diesem Aufsatz wurden nicht die Kommentarsektionen von Youtube in die Betrachtung einbezogen. Sie sind ein wesentliches Element für die Interaktionsmöglichkeiten zu den Videos

konzipierter „Bechdel-Test fürs Mittelalter" könnte eine erste Hilfe sein – nicht nur für Mittelalterdarstellungen auf Youtube, sondern in der ganzen Turing-Galaxis.[40]

Literatur

Audretsch, Andreas/Gatzka, Claudia (Hrsg.) (2020), Schleichend an die Macht. Wie die Neue Rechte Geschichte instrumentalisiert, um Deutungshoheit über unsere Zukunft zu erlangen, Bonn.

Bernhardt, Markus (2014), Die Lehnspyramide – ein Wiedergänger des Geschichtsunterrichts, in: Public History Weekly 2, 23, URL: dx.doi.org/10.1515/phw-2014-2164 (letzter Zugriff 14.09.2022).

Borgolte, Michael (2006), Christen, Juden, Muselmanen. Die Erben der Antike und der Aufstieg des Abendlandes 300 bis 1400 n. Chr., Berlin.

Borgolte, Michael (2022), Die Welten des Mittelalters, München.

Bunnenberg, Christian/Logge, Thorsten/Steffen, Nils (2021), SocialMediaHistory. Geschichtemachen in Sozialen Medien, in: Historische Anthropologie 15, S. 267–283.

Bunnenberg, Christian/Steffen, Nils (Hrsg.) (2019), Geschichte auf YouTube. Neue Herausforderungen für Geschichtsvermittlung und historische Bildung, Berlin/Boston.

Chen, Annie Y./Nyhan, Brendan/Reifler, Jason/Robertson, Ronald E./Wilson, Christo (2022), Subscriptions and external links help drive resentful users to alternative and extremist YouTube videos, URL: https://cpb-us-e1.wpmucdn.com/sites.dartmouth.edu/dist/5/2293/files/2022/04/YouTube.pdf (letzter Zugriff 14.09.2022)

Coy, Wolfgang (1995), Von der Gutenbergschen zur Turingschen Galaxis: Jenseits von Buchdruck und Fernsehen, Einleitung in: McLuhan, Marshall, Die Gutenberg-Galaxis. Das Ende des Buchzeitalters, Köln.

DAILY SABAH (15.03.2019), New Zealand mosque shooter names his ‚idols' on weapons he used in massacre, URL: https://www.dailysabah.com/asia/2019/03/15/new-zealand-mosque-shooter-names-his-idols-on-weapons-he-used-in-massacre (letzter Zugriff 30.10.2022)

Drotschmann, Mirko (2019), „YouTube bietet ganz andere Möglichkeiten ..." – Interview mit dem YouTuber Mirko Drotschmann (MrWissen2go), in: Bunnenberg, Christian/Steffen, Nils (Hrsg.), Geschichte auf YouTube. Neue Herausforderungen für Geschichtsvermittlung und historische Bildung (Medien der Geschichte, Bd. 2), Berlin/Boston, S. 163–176.

Elliott, Andrew B. R. (2017), Medievalism, Politics and Mass Media. Appropriating the Middle Ages in the Twenty-First Century, Cambridge.

bei Youtube und bestimmen auch, wie stark Videos nach oben bzw. nach unten gerankt werden, denn Interaktion signalisiert Interesse und wird entsprechend vom Algorithmus belohnt. Zuweilen finden sich hier auch Links, die die User zu anderen Angeboten innerhalb und außerhalb von Youtube führen sollen. Hier konnten vereinzelt Links zu extremen Angeboten entdeckt werden. Die Kommentarsektion bei Youtube ist daher ein weites Thema mit viele Facetten, das einem eigenen Beitrag vorbehalten bleiben muss.

40 Ein solcher Bechdel-Test für das Mittelalter wird vom Autor dieses Artikels gegenwärtig entwickelt und erprobt.

Erll, Astrid (2017), Kollektives Gedächtnis und Erinnerungskulturen. Eine Einführung, 3. Aufl., Stuttgart.
Falk, Seb (2020), The Light Ages, London.
Gabriele, Matt/Perry, David M. (2021), The Bright Ages. A New History of Medieval Europe, New York.
Halbwachs, Maurice (2003), Stätten der Verkündigung im Heiligen Land. Eine Studie zum kollektiven Gedächtnis, Konstanz (frz. Originalausgabe 1941).
Halbwachs, Maurice (2019), Das Gedächtnis und seine sozialen Bedingungen, Berlin (frz. Originalausgabe 1925).
Kaufman, Amy/Sturtevant, Paul (2020), The Devil's Historians. How Modern Extremists Abuse the Medieval Past, Toronto.
Kubon, Sebastian (2020), Der Deutsche Orden auf Pinterest. Pinterest: Trivial-Historiographie-Generator oder Content-Management-System für Geschichtsbebilderungen und -bilder?, in: URL: https://www.derdeutscheordenimnetz.de (letzter Zugriff 30.10.22).
Kubon, Sebastian (2022), Die Entzauberung des patriarchalischen und ‚absolutistischen' Mittelalters? Disenchantment von Matt Groening (Netflix), in: Zeitgeschichte-online, URL: https://zeitgeschichte-online.de/film/die-entzauberung-des-patriarchalischen-und-absolutistischen-mittelalters (letzter Zugriff 30.10.2022).
Ledwich, Mark/Zaitzev, Anna (2020), Algorithmic extremism. Examining YouTube's rabbit hole of radicalization, URL: https://firstmonday.org/ojs/index.php/fm/article/view/10419/9404 (letzter Zugriff 14.09.22).
Leggewie, Claus (2016), Anti-Europäer, Breivik, Dugin, al-Suri & Co, Berlin.
Logge, Thorsten (2018), Geschichtssorten als Gegenstand einer forschungsorientierten Public History, in: Public History Weekly 6, 24, URL: dx.doi.org/10.1515/phw-2018-12328 (letzter Zugriff 30.10.2022)
Moraw, Peter (1982), ‚Herrschaft' im Mittelalter, in: Geschichtliche Grundbegriffe, Bd. 3, Stuttgart [NA 2004], S. 5–13.
Nagle, Angela (2017), Die digitale Gegenrevolution. Online-Kulturkämpfe der Neuen Rechten von 4chan und Tumblr bis zur Alt-Right und Trump, Frankfurt.
Oexle, Otto Gerhard (1992), Das entzweite Mittelalter, in: Althoff, Gerd (Hrsg.), Die Deutschen und ihr Mittelalter. Themen und Funktionen moderner Geschichtsbilder vom Mittelalter, Darmstadt, S. 7–28.
Otele, Olivette (2020), African Europeans. An Untold History, London.
Ovide, Shira (2022), NYT Newsletter On Tech der New York Times vom 21.04.2022.
Pachá, Paulo (2019), Why the Brazilian Far Right Loves the European Middle Ages, in: Pacific Standard, 18.02.2019, URL: https://psmag.com/ideas/why-the-brazilian-far-right-is-obsessed-with-the-crusades (letzter Zugriff 30.10.2022).
Patzold, Steffen (2012), Das Lehnswesen, München.
Roers, Benjamin (2019), „Herrlich unprofessionell" – Zur Authentifizierung von Geschichte(n) auf YouTube am Beispiel von MrWissen2go (2012–2013), in: Bunnenberg, Christian/Steffen, Nils (Hrsg.), Geschichte auf YouTube. Neue Herausforderungen für Geschichtsvermittlung und historische Bildung (Medien der Geschichte, Bd. 2), Berlin/Boston, S. 145–160.
Samida, Stefanie/Willner, Sarah/Koch, Georg (Hrsg.) (2016), *Doing History.* Performative Praktiken in der Geschichtskultur, Münster/New York.
Schneidmüller, Bernd (2000), Konsensuale Herrschaft. Ein Essay über Formen und Konzepte politischer Ordnung im Mittelalter, in: Heinig, Paul-Joachim u. a. (Hrsg.), Reich, Regionen und Europa in Mittelalter und Neuzeit. Festschrift für Peter Moraw, Berlin, S. 53–87.
Strick, Simon (2021), Rechte Gefühle. Affekte und Strategien des digitalen Faschismus, Frankfurt.

Sturtevant, Paul (2018), The Middle Ages in Popular Imagination. Memory, Film and Medievalism, London.

Tufekci, Zeynep (2022), YouTube, the Great Radicalizer, in: The New York Times, 10.03.2022, URL: https://www.nytimes.com/2018/03/10/opinion/sunday/youtube-politics-radical.html (letzter Zugriff 30.10.2022).

Uebing, Judith (2019), Geschichte in 10 Minuten – Wie geht das? Ein Vorschlag zur Analyse von historischen Erklärvideos auf der Plattform YouTube, in: Bunnenberg, Christian/Steffen, Nils (Hrsg.), Geschichte auf YouTube. Neue Herausforderungen für Geschichtsvermittlung und historische Bildung (Medien der Geschichte, Bd. 2), Berlin/Boston, S. 71–94.

Valencia-García, Louie Dean (Hrsg.) (2020), Far-Right Revisionism and the End of History, New York/London.

Wollenberg, Daniel (2014), The new knighthood: Terrorism and the medieval, in: postmedieval: a journal of medieval cultural studies 5, S. 21–33, URL: https://doi.org/10.1057/pmed.2014.1 (letzter Zugriff: 02.03.2023)

Wittig, Florian (2019), Digital Story Telling auf YouTube – Werkstattbericht von „The Great War", in: Bunnenberg, Christian/Steffen, Nils (Hrsg.), Geschichte auf YouTube. Neue Herausforderungen für Geschichtsvermittlung und historische Bildung (Medien der Geschichte, Bd. 2), Berlin/Boston, S. 177–189.

Podcasts und Videos

Anno ... (08.01.2020), SF 003 – The Great War – Geschichte auf YouTube, Gast: Florian Wittig, URL: https://anno-punktpunktpunkt.de/sf-003-the-great-war-geschichte-auf-youtube (letzter Zugriff 07.11.2022).

Der Krisenlotse (10.05.2021), Folge 7: Krise und Wissen mit Mirko Drotschmann, URL: https://anchor.fm/helmut-schmidt-stiftung/episodes/Krise-und-Wissen-mit-Mirko-Drotschmann-e10jfjf/a-a5h1ulj (letzter Zugriff 30.10.2022).

Duden Learnattack (08.07.2020), Grundherrschaft im Mittelalter: Das musst du wissen!, URL: https://www.youtube.com/watch?v=-cNX4Y2gK6s (letzter Zugriff 03.12.2022).

hAmilkarHistory (01.02.2022), Templerforscher REAGIERT: „Leben als Tempelritter" – History Check, URL: https://www.youtube.com/watch?v=8S1xWoMmmbc&t=584s (letzter Zugriff 03.12.2022).

Geschichtsfenster (01.03.2022), Terra X zerstört das Mittelalter! Eine Reaktion, URL: https://www.youtube.com/watch?v=5uRNhi1FR-g (letzter Zugriff 03.12.2022).

Maren Seyfahrt (08.01.2022), Das Lehnswesen im Mittelalter, URL: https://www.youtube.com/watch?v=V_dIL1rmk5k (letzter Zugriff 03.12.2022).

MrWissen2go Geschichte (23.03.2017), Das Leben im Mittelalter I musstewissen Geschichte, URL: https://www.youtube.com/watch?v=BRXQvm-tG6U (letzter Zugriff 03.12.2022).

Terra X (29.03.2020), 5 Fakten über das Mittelalter | MrWissen2go | Terra X, URL: https://www.youtube.com/watch?v=irTCmjR__A0 (letzter Zugriff 03.12.2022)

Sandro Andreatta und Roman Schönenberger

Youtube macht Geschichte(n) – Ein Werkstattbericht von „SandRhoman History"

Im Jahr 2015 feierte die Schweiz ein mehrfaches Jubiläum: 1315 besiegten die Eidgenossen in der Schlacht am Morgarten die Habsburger, 1415 eroberten sie den Aargau und 1515 wurden Schweizer Kontingente bei Marignano vernichtend geschlagen, was der Expansionspolitik der Eidgenossenschaft ein Ende setzte. 300 Jahre später, 1815 wurde die territoriale Integrität der 19 Kantone der Mediationszeit im Wiener Kongress von den europäischen Mächten garantiert.

Im Rahmen dieses „Jubiläums der Superlative", wie die *Neue Zürcher Zeitung* titelte,[1] kreuzten zwei ungleiche Kontrahenten unter den entrüsteten Zurufen des Publikums in einer Podiumsdiskussion die verbalen Klingen: Thomas Maissen, Leiter des Deutschen Historischen Instituts in Paris, und Christoph Blocher, Alt-Bundesrat und damaliger Vizepräsident der Schweizerischen Volkspartei. Gegenstand der Diskussion war die Deutung der Gründungsgeschichte der Schweiz. Maissen stand stellvertretend für die Mehrheit der Schweizer Historiker*innen, die die romantisierte, aber für viele Schweizer*innen identitätsstiftende Deutung der Gründungs- und Neutralitätsgeschichte als Konstrukt späterer Generationen und Teil einer ausgeprägten Erinnerungskultur entlarvt hatten.[2] Blocher hingegen sah diverse Kontinuitäten zwischen der heutigen Schweiz und der alten Eidgenossenschaft und vertrat die Meinung, dass die relativierende Denkweise Maissens gar nicht von Interesse sei. Für ihn war lediglich der sinn- und identitätsstiftende Charakter von Geschichte wichtig – was wirklich passiert ist, sei die falsche Frage. Geeinigt haben sich diese beiden – wie zu erwarten war – nicht. Ihre verbale Auseinandersetzung zeigt exemplarisch, dass immer eine Vielzahl verschiedener Geschichtsdeutungen parallel nebeneinander bestehen. *Die* Geschichte gibt es nicht.

---

1 Marcel Amrein/Marc Tribelhorn, Das Jubiläumsjahr der Superlative, in: Neue Zürcher Zeitung online, URL: https://www.nzz.ch/schweiz/das-jubilaeumsjahr-der-superlative-ld.717202?reduced=true (letzter Zugriff 27.06.2022).

2 Thomas Maissen, Die Geburt der Republic. Staatsverständnis und Repräsentation in der frühneuzeitlichen Eidgenossenschaft (Historische Semantik, Bd. 4), Göttingen 2006; Thomas Maissen, Schweizer Heldengeschichten – und was dahintersteckt, Baden 2015. Weitere Literatur: André Holenstein, Mitten in Europa. Verflechtung und Abgrenzung in der Schweizer Geschichte, Baden 2014.

https://doi.org/10.1515/9783110792898-005

Unabhängig von der Geschichtswissenschaft deutet die breite Öffentlichkeit die Vergangenheit ebenfalls und tut dies – wie die einleitende Anekdote illustriert – oft relativ unabhängig von den Erkenntnissen der Forschung. Im 21. Jahrhundert erhält diese Dynamik eine neue Tragweite, denn zur öffentlichen Deutungssphäre gehören nun Plattformen wie Youtube, wo nicht Geschichtswissenschaftler*innen, sondern Entertainer*innen und Lai*innen Millionen von Zuschauer*innen erreichen. *Sie* prägen, festigen und verändern Geschichtsbilder nachhaltig. Ob man will oder nicht: Youtube macht Geschichte.[3]

Youtube-Geschichte unterscheidet sich aber diametral von Geschichtswissenschaft. Was eine gute Geschichtsdarstellung ist, wird auf Youtube nicht daran gemessen, ob deren rekonstruierender Charakter transparent gemacht wird oder wie verlässlich die Informationen sind, auf denen die Rekonstruktion historischer Ereignisse basiert. Die komplexe Rekonstruktionsarbeit, das anspruchsvolle Fachvokabular, das sie bedingt, und das Klein-Klein der Quellenkritik sind für eine breite Öffentlichkeit tendenziell uninteressant. Gleiches gilt für die ausführlichen und komplexen Diskussionen, die das Fach charakterisieren. Stattdessen findet man auf der Plattform in Neville Morleys Worten „eine Spielart von Geschichten (story)“.[4] Vielleicht wäre es daher angebracht, die obige Aussage etwas zu korrigieren: Youtube macht Geschichte(n).

In diesem Spannungsfeld müssen wir uns als Youtuber bewegen. Auf den Kanälen SandRhoman History[5] und SandRhoman Geschichte[6] versuchen wir, eine Brücke zwischen wissenschaftlicher und populärer Geschichtsdeutung zu schlagen. Unser Ziel ist es, ein differenzierteres Geschichtsverständnis an unser Publikum zu bringen, dabei zu unterhalten und doch immer einen Fuß fest auf dem Ufer der Wissenschaft zu behalten. Das gelingt mal besser, mal schlechter.

Auf den folgenden Seiten erläutern wir in Form eines Werkstattberichts, wie wir versuchen, diesen Spagat zu bewältigen und wie unser eigenes Verständnis

3 Ähnlich: Nils Steffen, Doing History auf YouTube – Erklärvideos als Form performativer Historiografie, in: Christian Bunnenberg/Nils Steffen (Hrsg.), Geschichte auf YouTube: Neue Herausforderungen für Geschichtsvermittlung und historische Bildung (Medien der Geschichte, Bd. 2), Berlin/Boston 2019, S. 62.

4 Ebd.

5 URL: https://www.youtube.com/c/SandRhomanHistory. Vgl. auch Mathias Streit, Zwei Berner Studis und ihre globale Fangemeinde, in: Der Bund online, 28.12.2021. URL: https://www.derbund.ch/zwei-berner-studis-und-ihre-globale-fangemeinde-921647781211 (letzter Zugriff 27.06.2022); Gabriela Meile, Geschichten zur Geschichte, in: Schweizer Familie Nr. 21 (2021), S. 20–21.

6 URL: https://www.youtube.com/c/SandRhomanGeschichte.

von Geschichtsvermittlung von den plattformspezifischen Produktionszwängen[7] beeinflusst wurde. Im ersten Teil dieses Berichts arbeiten wir anhand der Entwicklung unserer Kanäle heraus, welche Ansätze wir im Laufe unserer Arbeit entwickelt haben, um unsere Ansprüche an Geschichtsvermittlung, die marktwirtschaftlichen Anforderungen der Plattform Youtube und die Bedürfnisse unseres Publikums zu vereinen. Im zweiten Teil erläutern wir die praktische Umsetzung unserer wichtigsten Ansätze anhand von Beispielen.

Teil 1: Geschichte verkaufen vs. Geschichte vermitteln

Die Idee zum Projekt „SandRhoman" entstand beim Bier. Nach einigen Flaschen des lokalen Herznacher Schoggibiers und intensiven Diskussionen tüftelten wir an einer Frage, die für viele Geschichtsstudierende unlösbar scheint: Was fange ich nach dem Abschluss mit meinem Studium an? Auf der Suche nach einem Weg, wie wir uns weiter mit Geschichte beschäftigen und vielleicht sogar davon leben könnten, endeten wir bei Youtube, einer Plattform, die das Potenzial birgt, Geschichte an ein großes Publikum zu tragen. Rasch entwickelte sich eine Idee. Wir wollten das, was wir im Studium gelernt hatten in einem Youtube-Format präsentieren – etwas, was es 2018 unserer Meinung nach für den Geschichtsbereich noch nicht gab. Mit anfänglich naiver Begeisterung stürzten wir uns in das Projekt. Die Ideen waren ambitioniert, die Umsetzung holprig, die Resultate dürftig. Wir hatten keine Ahnung vom Schreiben ansprechender Texte, geschweige denn von Animation und Tonbearbeitung und unser Budget war so limitiert wie es Studierendenkassen eben zu sein pflegen.

Rund vier Jahre später sind die Ansprüche pragmatischer, die Umsetzung fließender und die Resultate sehr viel anschaulicher geworden. Es gibt noch viel zu verbessern, aber wir erreichen heute ein Publikum, das ausreicht, um das Projekt zu finanzieren, und haben verlässliche Wege gefunden, ein differenzierteres Geschichtsbild zu vermitteln.

In der grundlegendsten Form bedeutet das, dass wir unsere Quellen offenlegen, indem wir eine Bibliografie führen, Fußnoten benutzen und Historiker*innen zitieren. Wir bauen außerdem alle unsere Videos auf etablierter Forschungs-

7 Für das grundsätzliche Verständnis des Spannungsverhältnisses, in dem wir uns als Youtuber zurechtfinden und positionieren müssen, empfehlen wir einen Blick in Andrea Geipel, Wissenschaft@YouTube, in: Eric Lettkemann/René Wilke/Hubert Knoblauch (Hrsg.), Knowledge in Action. Neue Formen der Kommunikation in der Wissensgesellschaft, Wiesbaden 2018, S. 137–164.

literatur auf – z. B. Handbücher, Lexika, Monografien und Aufsätze von Expert*innen auf dem betreffenden Gebiet – und interpretieren so wenig wie möglich selbst. Diese Minimalanforderungen haben wir in unseren Videos durchgehend umgesetzt und verfolgen sie bis heute.

Allerdings genügen diese basalen Maßnahmen, die für Zuschauer*innen leicht zu übersehen sind, unserer Meinung nach nicht, um geschichtswissenschaftliche Standards und damit verbundene Vorstellungen von Geschichte sichtbar zu machen. Um Aufmerksamkeit darauf zu lenken, dass unsere Videos auf der Arbeit etablierter Historiker*innen basieren, haben wir deshalb verschiedene Strategien entwickelt und ausprobiert. In einem großen Teil unserer Videos folgt zum Beispiel nach der Einleitung die Phrase: „This is how modern historiography explains XY." Das wird bildlich untermalt, indem die Kamera durch ein Buch ins Thema fährt, die Zuschauenden also gewissermaßen in die Literatur eintauchen,[8] was offenbar bewusst wahrgenommen wird und dazu führt, dass in der Kommentarspalte zunehmend zwischen „history"/„Geschichte" und „historiography"/„Geschichtsschreibung" unterschieden wird.[9]

Zu Beginn des Projektes war unsere Hauptschwierigkeit, ein Gleichgewicht zwischen Unterhaltung und Vermittlung zu finden. Unsere ersten Videos, die wir im Sommer und Herbst 2018 produziert haben, gingen von Vorlesungs- und Seminarthemen aus und wurden in der Kommentarspalte regelmäßig als überkompliziert, verakademisiert und trocken bezeichnet. Um dem zu begegnen, verfolgten wir im folgenden Jahr zwei Ansätze: Wir wählten mithilfe von Analysetools wie „Tube Buddy"[10] oder „Vid IQ"[11] anhand der Anzahl von Suchanfragen Themen aus, von denen wir dachten, dass sie ein größeres Publikum ansprechen könnten, und wagten uns an erzählende Formate heran. Daraus entstanden kürzere und einfachere Videos zu Themen wie historischen Strafen, zum Beispiel dem Kielho-

8 Ein Beispiel: SandRhoman History, Wallenstein's Masterpiece: The Battle of Lützen 1632 Hour by Hour, 2021, URL: https://youtu.be/Dd3lT5Jiev8?t=67 (letzter Zugriff 27.06.2022).

9 Zum Beipiel schreibt der Nutzer AJ: „I love that this channel not only goes into the history but the historiography of/around the period, this really makes you stand out like chives among history youtubers and It [sic!] is really appreciated. It helps bring home that history is a process being done right now." Der Nutzer Mintylime antwortet darauf: „Way too many people still think the study of history is just recounting past events and nothing more." Vgl. SandRhoman History, The Way into the Burgundian Wars (Pt. 1), 2020, URL: https://youtu.be/1d_V1UnvPBE (letzter Zugriff 27.06.2022). In späteren Videos haben wir zuweilen auf den Satz verzichtet. Das hat zwei Gründe. Erstens muss oftmals die Werbung an dieser Stelle in das Video integriert werden und zweitens wurde der Satz manchmal auch eher als Autoritätsargument aufgefasst anstatt als Bemerkung, dass das Video auf der gängigen Literatur beruht.

10 URL: https://www.tubebuddy.com/.

11 URL: https://vidiq.com/.

len[12] oder der Kreuzigung.[13] Diese Themen standen scheinbar hoch im Kurs und waren leicht umsetzbar – und sie brachten endlich einen Erfolg. Innerhalb kurzer Zeit erreichten beide Videos mehr als 100.000 Aufrufe, was einer Steigerung um mehr als das Zehnfache unseres bis dato erfolgreichsten Videos entsprach. Damit hatten wir ein Format gefunden, das auf Anklang stieß, und – viel wichtiger – konnten einigermaßen zuverlässig Themen mit Potenzial identifizieren. Aber wir waren immer noch weit davon entfernt, tiefer in die Sphäre des historisch-wissenschaftlichen Arbeitens einzutauchen, als es die oben erwähnten Grundtechniken erlaubten.

Auf der Suche nach einem Format, das diesbezüglich mehr Spielraum bot, wurde der Produktionsaufwand immer mehr zum Problem. Denn mit komplexeren Formaten konnten wir nur sehr bestimmte Themen umsetzen, und zugleich unseren nun zweiwöchigen Publikationsrhythmus einhalten. Der Steilpass zur Lösung kam von einem Beitrag zum Essen im alten Rom, den Roman Schönenberger einige Zeit zuvor in einer Schweizer Zeitschrift für Lehrpersonen publiziert hatte. Auf der Grundlage dieses Beitrags entwickelten wir ein Format, das Anhand einer Erzählung Inhalte vermittelt, also „story" und „history" verbindet. Um das Ganze zugänglicher zu machen, führte eine animierte Figur durchs Video, nämlich Marcus Gavius Apicius, ein römischer Feinschmecker, der angeblich das älteste erhaltene römische Kochbuch (*de re coquinaria*[14]) verfasst haben soll.[15] Anhand der Frage, was Marcus seinen Gästen vorsetzen müsste, um seinen sozialen Status angemessen zu repräsentieren, erklärt das Video die Welt des römischen Essens – von der mediterranen Trias (Getreide, Oliven, Trauben),[16] die die Grundlage der Ernährung im Mittelmeerraum bildete, bis hin zu Rezepten für Brot, *garum* und *puls*.

Auch dieses Format funktionierte gut und erlaubte, komplexere Aspekte wie eben die repräsentative Funktion von Essen und deren Verbindung zum sozialen Status einer Person aufzuzeigen. In der Folge entdeckten wir die „Einfachheit" der Antike für uns, deren Quellenarmut für Historiker*innen ein Fluch sein kann, aber für die Lehrtätigkeit ein Segen ist. Das überschaubare Quellenkorpus und

---

12 SandRhoman Geschichte, Kielholen – Eine der brutalsten Strafen in der Geschichte der Seefahrt, 2021, URL: https://youtu.be/rMB7kHmRTmw (letzter Zugriff 27.06.2022). Die ältere englische Version des Videos haben wir gelöscht.

13 SandRhoman Geschichte, Kreuzigung – Eine der brutalsten Strafen in der Geschichte, 2021, URL: https://youtu.be/k65_aisOY9Q (letzter Zugriff 27.06.2022). Die ältere englische Version des Videos haben wir gelöscht.

14 Apicius, de re coquinaria, lat./dt., hrsg. übers. und komm. v. Robert Maier, Stuttgart 1991.

15 SandRhoman History, Food in Ancient Rome (Cuisine of Ancient Rome) – Garum, Puls, Bread, Moretum, 2019, URL: https://youtu.be/mhEPv4jt7Ks (letzter Zugriff 27.06.2022).

16 Vgl. etwa Fernand Braudel, La Méditeranée. L'Espace et l'Histoire, Paris 1999, S. 41 f.

die gut aufgearbeitete Literatur boten sich an, um einzelne Themen in nützlicher Frist aufzuarbeiten und in der Tat hatten wir bald eine ganze Videoreihe in diesem Stil zusammen: von Gladiatoren, über Körperpflege bis hin zum Wohnen im alten Rom.[17]

Diese Verbindung von Erzählen und Vermitteln ist zu unserem ersten und wichtigsten Instrument geworden, weil sie erlaubt, die Komplexität und Vielschichtigkeit von Geschichte so zu verpacken, dass sie an ein großes Publikum, das primär unterhalten werden will, verkauft werden kann. Ende 2019 deutete die sporadische Evidenz unserer Videos darauf hin, dass die Trias, die wir benötigten, um erfolgreiche Videos zu publizieren, eine gut erzählte Story, eine ansprechende Darstellung und moderater Tiefgang waren. Während diese drei Grundsätze scheinbar auf fast alle Themen anwendbar waren, blieben für uns Nachfrage und Umsetzbarkeit stark einschränkende Faktoren, denn um unserem inhaltlichen Anspruch gerecht zu werden, müssen wir stets auf solider wissenschaftlicher Literatur in bewältigbarem Umfang aufbauen. In vielen Fällen war das Angebot an gut aufgearbeiteter Handbuchliteratur aber nicht deckungsgleich mit den Themen, die wir als potenziell nachgefragt einstuften. Zusätzlich fanden wir uns in einem kompetitiven Feld wieder, was bedeutete, dass wir als kleiner Fisch nicht jedes beliebige Thema umsetzen konnten, sondern uns jeweils Randthemen mit Potenzial aussuchen mussten, um nicht in direkte Konkurrenz mit den großen Kanälen[18] zu treten. Das schränkte unsere Möglichkeiten so weit ein, dass die „guten" Themen der „einfachen" Antike bald ausgeschöpft waren.

Diese schrumpfende Auswahl brachte uns zum damals zweiten – heute hauptsächlichen – Themenstrang unseres Kanals: zur Kriegsgeschichte des Mittelalters und der Frühen Neuzeit. Der Zufall wollte es, dass „swiss mercenary" ein vielgesuchter und wenig umkämpfter Begriff war. Das Video, das in der Folge entstand, war das erste einer langen Reihe, die sich mit Militärgeschichte befasst. Militär-, Kriegs- und Ereignisgeschichte stößt unserer Erfahrung nach nicht nur auf größeres Interesse, sondern kann auch auf eine Weise dargestellt werden, die auf Youtube längst etabliert ist.[19] Das wiederum hat den Vorteil, dass diese Videos an

17 Wiedergabeliste: SandRhoman Geschichte, Alltag im alten Rom, URL: https://youtube.com/playlist?list=PLLAjHlUAgS4gPI8JmTLlqBMODatDZFxWV.

18 Einige Beispiele: Invicta, URL: https://www.youtube.com/c/InvictaHistory; Kings and Generals, URL: https://www.youtube.com/c/KingsandGenerals; Historia Civilis, https://www.youtube.com/c/HistoriaCivilis (letzte Zugriffe 27.06.2022).

19 Zum Beispiel: Bazbattles, Alexander der Große: Die Schlacht von Gaugamela 331 v. Chr., 2017, URL: https://youtu.be/vY3z3yh7a24 (letzter Zugriff 27.06.2022). Historia Civilis, Battle of Azincourt (1415), 2015, URL: https://youtu.be/VDnKciXrmnc (letzter Zugriff 27.06.2022).

die Arbeiten anderer Youtuber*innen anknüpfen können und als Teil eines bekannten Youtube-Space wahrgenommen werden.

Im Rahmen dieses Schweizer-Videos hat sich auf natürliche Art und Weise eine Möglichkeit ergeben, eine Forschungsdiskussion einfließen zu lassen – etwas, das wir seit den ersten Videos nicht mehr versucht hatten. Die Eidgenössischen Schlachthaufen gelten nämlich als eine der erfolgreichsten tiefgestaffelten Spießformationen des Mittelalters und werden dementsprechend immer wieder angeführt, wenn Forscher*innen diskutieren, inwiefern Gevierthaufen, die zu einem großen Teil aus Spießträgern bestanden, entscheidend dafür waren, dass die Infanterie als Waffengattung im späten Mittelalter an Wichtigkeit gewann. Die Debatte über diese taktische Veränderung und ihre sozial-politischen Implikationen ist allgemein als „Infantry Revolution Debate“ bekannt.[20] Sie war quasi dazu prädestiniert, mit einem Video über die Geschichte und Kampfweise der Schweizer Schlachthaufen kombiniert zu werden.[21] Zum damaligen Zeitpunkt wussten wir aber nicht, wie wir die Debatte in das Video integrieren sollten, sodass wir sie lediglich am Rande erwähnten, was eher zu Missverständnissen und Unklarheiten führte.

Das Problem, das dieses Themenfeld mit sich brachte, war, dass die neuere Forschung tendenziell wenig Gewicht auf Kriegs- und Ereignisgeschichte legt. Das hatte zur Folge, dass wir vermehrt auf ältere Literatur zurückgreifen mussten und es daher oftmals schwierig war, die Forschungsdiskussionen in nützlicher Frist zu überblicken. Das erfuhren wir am eigenen Leib, als wir nachträglich feststellen mussten, dass die „Infantry Revolution Debate“ Teil einer größeren Debatte, der „Military Revolution Debate“ ist.[22] Diese baut auf den Werken von Michael Roberts[23] auf und beeinflusst bis heute große Teile der mittelalterlichen und frühneuzeitlichen Militärgeschichtsschreibung. Entsprechend unpräzise und verzerrt

20 Markus Meumann, s. v. „Militärische Revolution“, in: Enzyklopädie der Neuzeit online, URL: http://dx.doi.org/10.1163/2352-0248_edn_COM_311411 (letzter Zugriff 27.06.2022); Andrew Ayton/Leslie Price, The Medieval Military Revolution. State, Society and military change in Medieval and Early Modern Europe, London 1995.

21 SandRhoman History, The End of Cavalry Superiority in the Late Middle Ages, 2019, URL: https://www.youtube.com/watch?v=6KbroTkaey0&t=248s (letzter Zugriff 27.06.2022).

22 Zur Übersicht: Clifford Rogers (Hrsg.), The Military Revolution Debate. Readings On The Military Transformation Of Early Modern Europe, Oxford 1995.

23 Michael Roberts, The Military Revolution, 1560–1660, in: Clifford Rogers (Hrsg.), The Military Revolution Debate: Readings On The Military Transformation Of Early Modern Europe, Oxford 1995, S. 13–36.

war unsere Darstellung der Forschungsdiskussion in diesem Video, was uns auch einige Zuschauer*innen in der Kommentarspalte wissen ließen.[24]

Wir beschlossen zu versuchen, noch einen Schritt weiterzugehen und die ‚Militärrevolutionsdebatte', in der sich Historiker*innen unter anderem darüber streiten, ob man besser von punktuellen Revolutionen oder von einer graduellen Evolution der Taktik sprechen sollte,[25] von Grund auf in einer Reihe mit dem Titel „(R)Evolution of Warfare"[26] aufzurollen. Diese Reihe stieß auf großes Interesse, was wahrscheinlich daran lag, dass es noch relativ wenige Videos zu frühneuzeitlicher Kriegsgeschichte gab. Endlich hatten wir damit einen Themenkomplex gefunden, den wir einerseits nach und nach überblicken konnten und der andererseits auf Youtube auch auf eine Nachfrage stieß.[27] Es gelang uns nun, Forschungsdebatten abzubilden, ohne unser Publikum abzuschrecken. Ein Schlüsselelement dafür war und ist es, Videos nicht explizit zu Forschungsfragen zu produzieren, sondern diese dann einzubringen, wenn Dinge kontrovers sind oder die For-

---

24 Der Nutzer NotDumbassable stellt fest: „The knightly cavalry of the Middle Ages weren't superior when compared to other heavy cavalry formations of the time, their superior role on the battlefield had more to do with an inferiority or even complete lack of heavy infantry. Neither did the stirrup give knights such an advantage that heavily armed and braced infantry couldn't withstand their charge, nor were knights particularly heavily armoured. Societal structures and administrative inability caused this decline in heavy infantry, not the alleged superiority of knightly cavalry. There's a reason William the Conqueror's knights couldn't just charge through Harald Godwinson's shieldwall [sic!]." Der Nutzer Oilslick konstatiert: „The paradigm shift this video talks about is itself debatable though (and still is debated). The question remains wether [sic!] cavalry actually dominated before the 14th century, or that this image is simply the result of the horse riding and owning class (the nobles) dominating the discours [sic!] at the time and therefore producing most of the historical sources. No wonder that when cities rose to power and armies started to consist of professionals without ties to the local nobility, it appears that infantry ‚suddenly' overthrew the dominant mounted knight. There are quite a few medieval historians who claim that infantry was always a factor on the battlefield and that any dominance of the mounted knight was local and/or highly situational." Vgl. SandRhoman History, End of Cavalry, 2019.

25 Rogers, Military Revolution Debate.

26 Playlist: SandRhoman History, (R)Evolutions of Warfare, 2020. URL: https://youtube.com/playlist?list=PL4VoyER2bxcTY_74KpNHDdI3ME8atrylw (letzter Zugriff 27.06.2022). Vor allem die Videos zu der oranischen Heeresreform, zu Gustav II. Adolf, zu den polnischen Flügelhusaren und den Deutschen Reitern beinhalten Teile der Diskussion.

27 Ausgangspunkt für die Aufarbeitung war der Sammelband Rogers, The Military Revolution Debate.

schung in eine Richtung tendiert, die nicht mit der Ansicht übereinstimmt, die auf Youtube verbreitet ist.[28]

So können Forschungsdebatten und damit der diskursive Charakter, der das Fach Geschichte auszeichnet, zum Kerninhalt eines Videos werden. Dadurch wird ein Publikum, das sich eigentlich nur für „*die* Geschichte“ interessiert, dafür sensibilisiert, dass es „*die* Geschichte“ eben nicht gibt. Damit hatten wir unsere zweite Herangehensweise gefunden bzw. entwickelt, nämlich das punktuelle Thematisieren und Einbetten von Forschungskontroversen in Videos, die auf den ersten Blick nichts mit Forschung zu tun haben.

Diese Herangehensweise brachte aber auch Schwierigkeiten mit sich. Beim Verfassen des Skripts zu einem Video zu den Militärreformen des schwedischen Königs Gustav II. Adolf[29] wurde beispielsweise mehr als deutlich, dass dieses Format nur umsetzbar ist, wenn wir auf solide, aber zugängliche Literatur in Aufsatz- oder Handbuchformat zurückgreifen können. Das war bei Gustav II. Adolf nicht der Fall, was dazu führte, dass wir hunderte von Seiten widersprüchlicher Literatur aufarbeiten mussten. Dadurch wurde dieses Video zu einem unserer aufwändigsten, war aber gleichzeitig auch unrunder und weniger genau als diejenigen, die auf konziser Literatur aufbauen konnten.

Da die geeignete Literatur zu solchen Forschungsdiskussionen oftmals erst nach längerer Suche und ausführlichem Einlesen zu identifizieren ist, konnte dieses Format nicht den Hauptteil unserer Inhalte ausmachen, deshalb griffen wir im Sommer 2020 wieder vermehrt auf die Kombination „history“ und „story“ zurück und entwickelten ein ereignisgeschichtlich orientiertes Format. Diese Videos wollen vor allem mit Geschichte unterhalten, greifen aber Debatten und Kontroversen auf, wo es sich anbietet. So haben wir etwa im Rahmen einer Erzählung zur Belagerung von Belgrad[30] durch die Osmanen im Jahr 1456 auf die Voreingenommenheit christlicher Quellen und Historiografie hingewiesen, indem wir die Tatsache, dass die Ereignisse teils nicht rekonstruierbar sind, mit dem gängigen Narrativ des heroischen Abwehrkampfs der christlichen Verteidiger gegen die „Ungläubigen“ kontrastiert haben. Dadurch, dass wir die Ereignisse nach den Erkenntnissen etablierter und möglichst aktueller Literatur[31] wiedergeben, zeigen

---

28 Ein weiteres Beispiel für eine erfolgreiche Integration von Forschungskontroversen findet sich hier: SandRhoman history, Viking Warfare: Of Myth and Reality, 2021, URL: https://www.youtube.com/watch?v=c-MgqIatzxA&t=451s (letzter Zugriff 27.06.2022).

29 SandRhoman History, Gustavus Adolphus: „The Father of Modern Warfare“, 2020, URL: https://youtu.be/439NEPZqdxA (letzter Zugriff 27.06.2022).

30 SandRhoman History, The (Staggering) Siege of Belgrade 1456, 2022, URL: https://youtu.be/U3kaWhkcJqM (letzter Zugriff 27.06.2022).

31 Zentral war vor allem: Tamás Pálosfalvi, From Nicopolis to Mohács. A History of Ottoman-Hungarian Warfare, 1389–1526 (The Ottoman Empire and its Heritage, Bd. 63), Leiden 2018.

wir, dass sich Geschichte verändert – unsere Version entspricht nicht der, die auf der älteren Forschung basiert und die viele kennen.[32] Bei diesem Format ist es eine besondere Herausforderung, das richtige Gleichgewicht zwischen kritischer Geschichtsschreibung und dramatisierender Erzählung zu finden.[33]

In einem weiteren Schritt behielten wir das erzählende Element bei, ersetzten aber die Ereignisgeschichte mit der Geschichte der Forschung als Erzählgegenstand. In eine Ordnung gebracht und unterhaltsam erzählt, können daraus durchaus spannende und massentaugliche Videos entstehen. Dieses Format erlaubt es besonders gut, einzelne Aspekte historischen Arbeitens und die Zeitgebundenheit und Veränderbarkeit von Forschungsmeinungen aufzuzeigen, ohne sie lächerlich erscheinen zu lassen. Auch diese Videos kommen bei unserem Publikum gut an,[34] jedenfalls solange die Erzählung unterhaltsam bleibt. Wird der Ton dagegen zu analytisch, verlieren wir rasch die Aufmerksamkeit der Zuschauer*innen. Diese Erfahrung haben wir beispielsweise in unserem Video „How to start a Fight in the Middle Ages“[35] gemacht, in dem wir das Konzept der Ehre und die Quellengattung der Chronik anhand der unmittelbaren Auslöser für mittelalterliche Kampfhandlungen kritisch thematisieren, also etwa Provokationen, Beleidigungen oder Drohungen.[36] Die durchschnittliche Wiedergabezeit des Videos bricht ein, sobald wir von unterhaltsamen Anekdoten aus den Primärquellen zu einer erklärenden Betrachtung von Chroniken übergehen. Auch dieses Format ist also nur unter ganz bestimmten Voraussetzungen umsetzbar und für ein größeres Publikum nur so lange interessant, wie es mehr unterhält als lehrt.

Zusammenfassend könnten alle Formate, die wir im Lauf der Zeit für uns entdeckt haben, als Spielarten von Geschichten (stories) verstanden und mit Hans Jürgen Pandel als narratives Erklären charakterisiert werden. Christian Bunnenberg und Nils Steffen erklären den Begriff folgendermaßen:

---

32 Videos, die der älteren Forschung bzw. populären Annahmen folgen: Kings and Generals, Siege of Belgrade 1456, Battles of Targoviste 1462 & Otlukbeli 1473 DOCUMENTARY, 2018. URL: https://youtu.be/qzEe07d_J7o (letzter Zugriff 27.06.2022); Pike and Shot Channel, John Hunyadi 4/4 – Siege of Belgrade 1456, 2021, URL: https://youtu.be/coXYgzYUhvc (letzter Zugriff 27.06.2022).

33 Ein Beispiel, in dem das gut gelang: SandRhoman History, Wallenstein's Masterpiece.

34 Zwei Beispiele: SandRhoman History, Why Everybody Disagrees on the Efficacy of the English Longbow – A Video Essay, 2021, URL: https://youtu.be/HAvbqtPjhxs (letzter Zugriff 27.06.2022); SandRhoman History, The ‚Infantry Revolution‘ of the Late Middle Ages – A Video Essay, 2021, URL: https://youtu.be/DhXcwWYIMJk (letzter Zugriff 27.06.2022).

35 SandRhoman History, How to Start a Fight in the Middle Ages, 2021, URL: https://youtu.be/ZnjhU9cVpjg (letzter Zugriff 27.06.2022).

36 Zur Übersicht: Malte Prietzel, Kriegführung im Mittelalter. Handlungen, Erinnerungen, Bedeutungen (Krieg in der Geschichte, Bd. 32), Paderborn 2006.

> Er [Hans Jürgen Pandel] kennzeichnet das „narrative Erklären" als den „spezifischen Typ der Erklärung in der Geschichtswissenschaft" und grenzt es damit vom „kausalen Erklären" anhand von Ursache-Wirkungs-Ketten, dem „nomologischen Erklären" unter Anwendung von Gesetzmäßigkeiten sowie dem „probabilitischen [sic!] Erklären" beruhend auf statistischen Wahrscheinlichkeitsgesetzen ab.[37]

Während Geschichte auf Youtube in unseren Augen vor allem als „story", also als reine Erzählung vermittelt wird, versuchen wir immer wieder mehr Gewicht auf den erklärenden Aspekt zu legen und dabei die packende Erzählung beizubehalten.

Was wir 2019 als Trias für unsere Arbeit identifiziert haben, ist heute immer noch gültig. Es braucht eine gut erzählte Story, eine ansprechende Darstellung und wir wollen Tiefgang in unseren Videos. Wir haben also in einer vierjährigen Irrfahrt festgestellt, was Cicero schon vor rund 2.000 Jahren als *officia oratoris* definiert hat: Eine überzeugende Darstellung muss *docere, delectare* und *movere*[38] – belehren, erfreuen und bewegen. Anders ausgedrückt: Nur wer mit Geschichte zu unterhalten vermag, kann auch belehren und erfreuen. Es gilt also: Wer auf Youtube Geschichte vermitteln will, muss sie auch verkaufen. Nur wer nach aufmerksamkeitsökonomischen Grundsätzen handelt, erreicht ein größeres Publikum und nur mit einem ausreichend großen Publikum kann sich ein Kanal finanziell tragen. In unserem Fall bedeutet das, dass wir nur erfolgreiche Vermittler sein können, wenn wir auch erfolgreiche Unternehmer sind.

Teil 2: Unterhaltung und Wissenschaftlichkeit Hand in Hand

Für uns funktionieren also Videos, die ein großes Publikum interessieren und sowohl ansprechend gestaltet als auch gut erzählt sind. In dieser Allgemeinheit dürfte das für die meisten Youtuber*innen zutreffen. Knifflig wird es, wenn wir die Entstehungsprozesse von Geschichte, die vielen Debatten, die Historiker*innen führen, und die verschiedenen Meinungen in unsere Erzählungen einfließen lassen wollen. Auf den folgenden Seiten sollen nun unsere wichtigsten Ansätze,

---

37 Christian Bunnenberg/Nils Steffen, Broadcast yourself: history stories! Geschichte auf YouTube – eine Bestandsaufnahme in: Christian Bunnenberg/Nils Steffen (Hrsg.), Geschichte auf YouTube: Neue Herausforderungen für Geschichtsvermittlung und historische Bildung (Medien der Geschichte, Bd. 2), Berlin/Boston 2019, S. 15.

38 Cicero, Marcus Tullius, Cicero: the ideal orator, lat./eng., übers. u. hrsg. v. James May u. Jakob Wisse, Oxford 2016, S. 27, 115.

um Geschichte differenzierter darzustellen, anhand von Beispielen illustriert werden. Im Sinne der Übersichtlichkeit unterteilen wir unsere Ansätze dafür in drei Gruppen, die das Spektrum dessen abbilden, was sich für uns als umsetzbar herauskristallisiert hat. Die erste Gruppe umfasst Videos, die lediglich den absoluten Minimalansprüchen genügen, die zweite solche, die gelegentlich auf einer Metaebene über Geschichtswissenschaft sprechen, und die dritte solche, die Geschichtswissenschaft und historisch-wissenschaftliches Arbeiten ins Zentrum stellen.

Besonders interessant ist dabei, dass diejenigen Videos mit mehr Tiefgang nicht unbedingt schlechter funktionieren als die unterhaltend-erzählenden Formate – unter der Bedingung, dass sie ansprechend präsentiert werden und sich mit einem Thema, das nachgefragt wird, befassen. Dennoch haben sie für gewöhnlich ein geringeres Potenzial als weniger komplexe Formate. In Zahlen: Ein Video über die Dezimierung erreicht 2 Millionen Menschen, ein Video über das Vetorecht der Quellen und die Effektivität englischer Langbögen 250.000.[39] Deshalb achten wir in der Praxis darauf, Themen mit weniger Tiefgang und hoher Reichweite mit solchen mit viel Tiefgang abzuwechseln. Dadurch erreichen wir ein Gleichgewicht zwischen Vermittlung und Verkauf.

Gruppe 1: Erzählungen mit Nachweisen: Historisches Arbeiten auf Minimalniveau

Die erste Gruppe versucht in ein Format, das vor allem unterhalten soll, ein Minimum an historisch-wissenschatlicher Arbeit einzubringen. Diese Videos orientieren sich an anderen populären Medien wie etwa Geo Epoche, anderen Youtube-Videos und Dokumentationen, weisen aber konsequent ihre Quellen aus, enthalten also Fußnoten[40] und eine Bibliografie. In vielen Fällen zitieren wir Historiker*innen auch direkt und zeigen Ausschnitte oder Buchdeckel der Werke, die wir im Video benutzt haben.

---

39 Vgl. SandRhoman Geschichte, Die Dezimierung – Eine der brutalsten Strafen in der Römischen Armee, 2021, URL: https://youtu.be/YakRL1d1zgk (letzter Zugriff 27.06.2022) und SandRhoman Geschichte, Warum streiten sich alle über die Wirksamkeit des englischen Langbogens? Ein Video-Essay, 2022, URL: https://youtu.be/tiD9S26KUTg (letzter Zugriff 27.06.2022).

40 In Form von Bauchbinden, Einblendungen von Historiker*innen beziehungsweise schriftlichen Zitationen und dem Zeigen von Buchdeckeln.

Manche dieser Videos sehen völlig vom Gebrauch einer Metaebene ab. Unser Video zur Dezimierung,[41] einer Disziplinarstrafe in der römischen Armee, berichtet beispielsweise ganz einfach, wie die Strafe funktioniert hat, führt einige Beispiele für ihre Anwendung an und kommt ganz ohne Diskussionsteil und Nennung von Kontroversen aus.

Andere Videos dieser Gruppe vermitteln Handbuchwissen anhand einer Geschichte. So begleiten wir im Video „Faszination Tod – Ein Tag im Kolosseum"[42] den fiktiven Charakter Marcus Gavius zu den Spielen im alten Rom. Unsere Zuschauer*innen erleben also Marcus' Sicht auf die Ereignisse und lernen dabei Elemente der römischen Alltagskultur kennen. In diesem Format weisen wir auch auf Unklarheiten und Kontroversen hin, wenn es sie gibt. Ein Beispiel dafür ist etwa die Handgeste, die das Publikum benutzt hat, um anzuzeigen, ob einem besiegten Gladiator Gnade zuteilwerden sollte oder nicht.[43]

Am häufigsten setzen wir jedoch auf das Erzählen von Ereignissen anhand zitierfähiger Literatur. Auf diese Weise haben wir etwa die Belagerung von Wien im Jahr 1683 reflektiert, aber doch als stringente Geschichte wiedergegeben.[44] Wir versuchen in diesem Format in der öffentlichen Sphäre vorherrschende, jedoch veraltete oder ungenaue Narrative und Präkonzepte zu kontrastieren. Im Falle der Belagerung von Wien wird beispielsweise auf Youtube gerne der Sturmangriff der Polnisch-Litauischen Flügelhusaren als entscheidend für die Befreiung der Stadt inszeniert. Wir sprechen diesen Umstand nicht direkt an, sondern halten uns in unserer Erzählung schlicht an die neuere Forschung, gemäß der die Husaren zwar den vernichtenden Schlag führten, aber zusammen mit ihren Verbünde-

41 SandRhoman Geschichte, Die Dezimierung – Eine der brutalsten Strafen in der Römischen Armee, 2021, URL: https://youtu.be/YakRL1d1zgk (letzter Zugriff 27.06.2022).

42 SandRhoman Geschichte, Faszination Tod – Ein Tag im Kolosseum, 2021, URL: https://www.youtube.com/watch?v=HD-NKEOvIac (letzter Zugriff 27.06.2022).

43 SandRhoman Geschichte, Faszination Tod, 09:57, URL: https://youtu.be/HD-NKEOvIac?t=597 (letzter Zugriff 27.06.2022). Die Quellen spezifizieren das Zeichen lediglich als *pollice verso*, also in etwa „mit gedrehtem Daumen". Es scheint in der öffentlichen Geschichtsvermittlung schwierig, damit umzugehen, dass nicht eindeutig verifizierbar ist, welche Handgeste Juvenal meint, wenn er vom „gedrehten Daumen" spricht. Vielfach wird der Daumen nach unten oder der Daumen zum Hals als Geste für das Todesurteil identifiziert, wobei das weder aus den Quellen noch aus der einschlägigen Fachliteratur bestimmbar ist. Ein Beispiel auf Youtube, in dem klar für eine Seite argumentiert wird: MrWissen2Go Geschichte, Gladiatorenspiele: Wie tödlich waren sie wirklich?, 2021, URL: https://youtu.be/eUZ9VUyi5no (letzter Zugriff 27.06.2022). Literatur: Marcus Junkelmann, Gladiatoren. Das Spiel mit dem Tod, Mainz 2008; Anthony Corbeill, Thumb in Ancient Rome. Pollex as Index, in: Memoirs of the American Academy in Rome 42, 1997, S. 1–21; Anthony Corbeill, Nature Embodied. Gestures in Ancient Rome, Princeton 2004.

44 SandRhoman History, SECOND (Staggering) Siege of Vienna 1683, 2021, URL: https://youtu.be/ukyquQkQAYo (letzter Zugriff 27.06.2022).

ten aus dem Heiligen Römischen Reich und gegen ein geschwächtes und in Unordnung gebrachtes Osmanisches Heer.[45]

Die Videos, die mit den Ansätzen dieser ersten Gruppe arbeiten, sollen einerseits leicht verdaulich und dadurch für ein breiteres Publikum ansprechend sein und andererseits doch zum Nachdenken anregen. Offengelassene Unklarheiten, eine andere Deutung als erwartet oder schlicht ein einfacher Quellennachweis können die Zuschauer*innen unserer Erfahrung nach dazu bringen, über Geschichte nachzudenken.[46]

Gruppe 2: Historisches Arbeiten in Videos einbetten

Die zweite Gruppe umfasst Videos, in denen wir explizit über historisch-wissenschaftliches Arbeiten, anspruchsvolle Konzepte und theoretische Modelle sprechen, aber uns nicht vollumfänglich einer Forschungsfrage oder einer Forschungsdebatte widmen. Dieses punktuelle Einbetten von tiefergehenden Informationen kann grundsätzlich in jedem Format passieren. Es erfolgt vor allem in zwei Formen, nämlich als simpler Einschub mit einer Erklärung und als Diskussion von Präkonzepten.

Letzteres haben wir zum Beispiel im Video „Krieg bei den Wikingern – Zwischen Wahrheit und Mythos"[47] angewandt. Es befasst sich mit der Kriegsführung bei den Wikingern und arbeitet heraus, inwiefern sich diese von der ihrer Zeitgenoss*innen unterschieden hat. Allein die Erkenntnis, dass die Unterschiede gar nicht so groß waren, wie in populären Medien oft dargestellt, stellt ein Präkonzept vieler Zuschauer*innen in Frage. Hier sind wir aber noch einen Schritt weitergegangen und haben umstrittene Details, wie etwa die Existenz von Kriegerinnen, mögliche Erklärungen für den sog. Berserkergang oder die durch die Serie „Vikings"[48] bekannt gewordene Strafe des Blutadlers explizit in Frage gestellt, diskutiert und widerlegt.[49] Dadurch, dass zu diesen Themen bei großen Teilen des Pu-

45 Der Kommentar des Nutzers Thraim, der im Juni 2022, über 1.000 Upvotes aufweist, macht deutlich, dass diese Botschaft ankam: „Gotta love how the infantry did 80 % of the work but it's the winged hussars who achieved memetic levels of praise." Vgl. SandRhoman History, Vienna 1683, 2021.

46 Der Nutzer ArturM schreibt: „Awesome video! Gives a holistic view of the whole battle, not just that one epic arrival." Vgl. SandRhoman History, Vienna 1683.

47 SandRhoman Geschichte, Krieg bei den Wikingern – Zwischen Wahrheit und Mythos, 2022, URL: https://youtu.be/Fr7TClP8dpA (letzter Zugriff 27.06.2022).

48 Michael Hirst, Vikings, 2013.

49 SandRhoman Geschichte, Krieg bei den Wikingern; Blutadler: 05:26, Berserkergang: 10:54, Schildmaiden: 12:17.

blikums bereits gefestigte Meinungen vorhanden waren und sie in anderen Youtube-Videos oft diskutiert werden, konnten wir aktuelle Forschungsmeinungen dazu problemlos zum Inhalt des Videos machen.[50] Diese Art der Einbettung funktioniert grundsätzlich immer, wenn ein Thema gerade im Trend ist, oder die Zuschauer*innen bereits eine feste Meinung zu etwas haben.

Die zweite Form unserer Einbettung ist das Einbinden von komplexen Konzepten, Methoden und Ansätzen. Diese werden dann entweder in einfachen Worten erklärt – manchmal ohne sie beim Namen zu nennen – oder direkt angewandt. So können wir den Zuschauer*innen zum Beispiel Max Webers Idealtypus erklären und seine Anwendung vorführen, ohne lange Paragrafen zu dessen Funktion verfassen zu müssen. Wir haben nämlich selbst einen Idealtypus frühneuzeitlicher Belagerungen konstruiert und anhand dessen erklärt, was es brauchte, um im 16. und 17. Jahrhundert eine Festung einzunehmen.[51]

Nach dem gleichen Prinzip haben wir Reinhard Kosellecks Vetorecht der Quellen[52] auch in ein komplexeres Video eingebettet. In einem Video zu der auf Youtube angeregt geführten Debatte, wie effektiv der englische Langbogen wirklich war, haben wir anhand des Vetorechts aufgezeigt, weshalb und wie Historiker*innen zu ihren Schlüssen gelangen.[53]

---

50 Wir haben das beispielsweise auch im Video „Wer waren die drei Musketiere wirklich?" (URL: https://youtu.be/1D1pDwZ-tjY) (letzter Zugriff 27.06.2022) angewandt, in dem wir die romantisierten Musketiere, die Alexandre Dumas der Ältere und Auguste Maquet erschaffen haben, mit der historischen Gardetruppe des französischen Königs kontrastieren. Eine leichte Abwandlung dieser Herangehensweise findet sich im Video „5 Misconceptions about Medieval Sieges in Movies" (URL: https://www.youtube.com/watch?v=ZRBJKeRfox8) (letzter Zugriff 27.06.2022), in dem wir von Filmen und Computerspielen geschaffene Fehlannahmen zu mittelalterlichen Belagerungen kritisch betrachten und aufzeigen, weshalb sie falsch sind.

51 SandRhoman History, How To Lay Siege To A Star Fortress, 2020, URL: https://www.youtube.com/watch?v=HqIa-NpzAfg (letzter Zugriff 27.06.2022). In einem ähnlichen Rahmen haben wir – angelehnt an soziologische Theorien wie zum Beispiel Pierre Bourdieus Kapitalien – in den bereits erwähnten Videos zum Alltag im alten Rom – stark vereinfacht und ohne die theoretische Grundlage beim Namen zu nennen – erklärt, dass Essen (URL: https://youtu.be/fSIr1kN9Oks) (letzter Zugriff 27.06.2022), Wohnen (URL: https://youtu.be/1fuveN-vJFA) (letzter Zugriff 27.06.2022) oder öffentliche Anlässe wie eben die Spiele eine starke Repräsentationsfunktion hatten und damit wichtig für die soziale Stellung und somit möglicherweise für den politischen Aufstieg einer Person waren.

52 Zur Übersicht: Stefan Jordan, Vetorecht der Quellen, Version: 1.0, in: Docupedia-Zeitgeschichte, URL: http://docupedia.de/zg/jordan_vetorecht_quellen_v1_de_2010 (letzter Zugriff 27.06.2022); Reinhart Koselleck, Standortbindung und Zeitlichkeit. Ein Beitrag zur historiographischen Erschließung der geschichtlichen Welt, in: Reinhart Koselleck/Wolfgang J. Mommsen/Jörn Rüsen (Hrsg.), Objektivität und Parteilichkeit in der Geschichtswissenschaft, München 1977, S. 17–46.

53 SandRhoman History, Why Everybody Disagrees on the Efficacy of the English Longbow, 2021, URL: https://youtu.be/HAvbqtPjhxs (letzter Zugriff 27.06.2022); SandRhoman Geschichte, Warum

Diese zweite Gruppe erlaubt es uns, einem breiten Publikum punktuell ein Häppchen Theorie zu erklären oder an einem bestimmten Thema die Komplexität des geschichtswissenschaftlichen Arbeitens aufzuzeigen. Diese Ansätze passen in fast jedes Format, solange der „Theorieteil" nicht einen zu großen Anteil des Videos ausmacht bzw. die fließende Erzählung nicht unterbricht.

Gruppe 3: Historisches Arbeiten exemplarisch diskutieren oder vorführen

Die Ansätze dieser Gruppe sind nur unter ganz bestimmten Bedingungen umsetzbar. Es muss nämlich ausreichende und konzise wissenschaftliche Literatur zu einem Thema geben und es muss bereits eine laufende Auseinandersetzung mit der Thematik auf Youtube stattfinden bzw. ausreichend starke Präkonzepte und im Idealfall verhärtete und emotional geladene Meinungen vorhanden sein – plakativ gesagt: Unser Publikum muss glauben zu wissen, wie es war. In diesen raren Fällen können wir entweder ein ganzes Video einem kontrovers diskutierten Aspekt oder einer Forschungsdebatte widmen oder historisches Arbeiten exemplarisch an einer oder mehreren Quellen vorführen. Das Aufzeigen von Komplexität steht also schon fast im Zentrum.

Das erste Video, bei dem uns das gelang, war das im vorherigen Abschnitt erwähnte „Why Everybody Disagrees on the Efficacy of the English Longbow – A Video Essay".[54] Hier macht der Titel bereits klar, dass es sich um eine Debatte handelt. Und in englischsprachigen Kreisen auf Youtube scheint es tatsächlich so, als hätten fast alle eine feste Meinung zu dieser Frage, zumindest alle, die sich für mittelalterliche Geschichte interessieren. Diskutiert wird meist darüber, ob die Bögen der Zeit tatsächlich in der Lage waren, Rüstungen zu durchschlagen, wie sie etwa in den Schlachten von Crécy 1346 oder Azincourt 1415 getragen wurden, und wie die Engländer, die in beiden Schlachten zahlenmäßig unterlegen waren, die schwergerüsteten französischen Ritter besiegen konnten.

In diesem Rahmen hat eine Videoreihe des Waffenexperten und Youtubers Tod Cutler großes Aufsehen erregt.[55] Cutler, der als Experte für mittelalterliche Waffen und Rüstungen gilt, hat sich mit dem Historiker Tobias Capwell zusammengetan und verschiedene Tests durchgeführt. Er stellte in seiner Testreihe fest,

---

streiten sich alle über die Wirksamkeit des englischen Langbogens? Ein Video-Essay, 2022, URL: https://youtu.be/tiD9S26KUTg (letzter Zugriff 27.06.2022).

54 SandRhoman History, Longbow; SandRhoman Geschichte, Langbogen.

55 Tod's Workshop, ARROWS vs ARMOUR – Medieval Myth Busting, 2019, URL: https://youtu.be/DBxdTkddHaE (letzter Zugriff 27.06.2022).

dass Langbogen gegen Plattenpanzer weitestgehend unwirksam waren. Das Hauptvideo der Reihe zählt im Juni 2022 über acht Millionen Aufrufe. Cutlers Ergebnisse – wie die der meisten anderen Tester*innen – widersprechen dem, was der Großteil der Historiker*innen schlussfolgert.[56] Diese stützen sich vor allem auf die Aussagen von mittelalterlichen Chroniken, die sich einig sind, dass der Langbogen eine äußerst effektive Waffe war. Die zugrunde liegende Frage ist also eigentlich, wem man nun glauben soll: den Historiker*innen, die sich auf teils schwierig zu interpretierende Quellen stützen, oder den modernen Tester*innen, die es nie schaffen, die Situation ganz exakt zu rekonstruieren.

Historiker*innen haben schon lange vor Youtube über diese Fragen diskutiert. Bereits 1998 verfasste Clifford Rogers[57] eine Verteidigung der traditionellen Lesart der Quellen, die sich für die Effektivität des englischen Langbogens aussprach. Wir haben im Video – anders als das vielleicht die meisten Zuschauer*innen vermutet hatten – nicht versucht, eine Antwort auf die Frage zu finden, was nun stimmt, sondern lediglich die Geschichte der Debatte vorgestellt. Zur Verdeutlichung werden dabei die verschiedenen Etappen der Forschung visuell mit bekannten Ereignissen gekoppelt. So hebt zum Beispiel das Spaceshuttle gleichzeitig mit der Debatte um den englischen Langbogen ab.[58]

Das erlaubte uns aufzuzeigen, dass sich Forschungsmeinungen im Lauf der Zeit ändern und dass historisches Wissen konstruiert und von Historiker*innen in argumentativen Texten ausgehandelt wird. Die rekonstruierte Forschungsdebatte haben wir dann in einen Dialog mit der Debatte auf Youtube gebracht und mittels Primärquellen und Sekundärliteratur vorgeführt, weshalb Historiker*innen zu anderen Schlüssen kommen. Und hier kommt wieder Kosellecks Vetorecht der Quellen ins Spiel, das erlaubt zu begründen, weshalb Forscher*innen trotz der Tests, die das Gegenteil belegen, an ihrer Interpretation der Quellen festhalten. Da es sich bei diesen Quellen mehrheitlich um Chroniken handelt, haben wir auch auf die Quellenkritik als zentrales Instrument zur Einordnung solcher Primärtexte hingewiesen und einige wichtige Probleme bei der Bearbeitung dieser Quellengattung herausgearbeitet. Trotz des hohen Anspruchs des Videos und der komplexen Inhalte, war es ein Erfolg. Die Rückmeldungen zeigen, dass es zwar Zuschauer*innen gibt, die lediglich die verschiedenen Argumente mitnehmen und in ihre feste Meinung integrieren oder sie verwerfen, aber sie zeigen auch,

56 Zum Beispiel: Kelly Devries/Douglas Smith, Medieval Military Technology, Toronto 1992.

57 Clifford Rogers, The Efficacy of the English Longbow: A Reply to Kelly Devries, in: War in History Vol. 5, No. 2 (1998), S. 233–242.

58 SandRhoman History, Longbow, 00:53, URL: https://youtu.be/HAvbqtPjhxs?t=53 (letzter Zugriff 27.06.2022).

dass zumindest einige tatsächlich wahrgenommen haben, dass Geschichte von verschiedenen Perspektiven und Meinungen geprägt ist.[59]

Für ein sehr ähnliches Vorgehen haben wir uns in unserem Video zur bereits erwähnten „Infanterierevolution"[60] entschieden. Auch hier wählen wir den Verlauf der Debatte als roten Faden und machen die zeitliche Ausdehnung der Diskussion grafisch und akustisch deutlich. Nach der Einleitung wird der Bildschirm schwarz, die Zuschauer*innen sehen die Jahreszahl 1848 auf dem Bildschirm. „Warum?", fragen sie sich hoffentlich. Die Antwort ist einfach: Wir springen zurück zur Geburtsstunde eines Mannes, der die Debatte maßgeblich geprägt hat, Hans Delbrück. Damit sollte sofort klar werden, dass Historiker*innen eben auch historische Figuren sein können, was es dem Publikum wiederum leichter macht, Forschungsmeinungen – hier konkret die von Delbrück – zu verorten. Für die meisten Zuschauer*innen sollte klar sein, dass ein Mann, der vor rund 174 Jahren geboren worden ist, völlig anders geprägt war und anders gedacht hat, als wir das heute tun. Von da ist der Weg zur Erklärung, dass Delbrücks negatives Bild von Infanterie wohl durch eine positivistische Lesart der Quellen geprägt war, die in der Regel die adlige Kavallerie idealisierten, nicht mehr weit.

Ein zweiter, ähnlicher Ansatz ist es, quellenkritisches Arbeiten vorzuführen. Selbstverständlich muss auch hier massiv vereinfacht werden – Ziel ist ja ein kurzes, unterhaltsames Video, keine präzise wissenschaftliche Abhandlung. Das haben wir in einem Video umgesetzt, das sich damit befasst, wie sich die alten Römer nach dem Defäkieren das Gesäß gereinigt haben.[61] Neben der Debatte, ob in römischen Latrinen grundsätzlich „gewaschen" oder „gewischt" wurde, gibt es ein Instrument, das heiß diskutiert wird und mit dem sich Römer*innen angeblich das Gesäß gereinigt haben sollen, das sog. Xylospongium, also der ‚Schwamm

59 Der Nutzer Broken Bridge schreibt: „An interesting way of looking at this debate. I might have to reconsider some of my views on the Longbow. The things one learns everyday." Der Nutzer Rainy Day Fencing schreibt: „wasn't entirely certain what to expect when this video bumped across my screen, but I was pleasantly surprised. I think there's a few things that are key to note, some that you touched on and some that you haven't. First and foremost, I think it's useful to at least acknowledge the degree to which historiography surrounding the longbow has been irrevocably tainted by English nationalism; this is not intended as an indictment of the English or nationalism in general, of course, but rather more simply the longbow has become a key component of the English national myth. The feats performed by the longbowmen are therefore inflated out of proportion when we consider that at the end of the day, the self bow was hardly unknown outside England and Wales and didn't take on the same worldbeating [sic!] significance beyond that setting". Vgl. SandRhoman History, Longbow.

60 SandRhoman History, The ‚Infantry Revolution' of the Late Middle Ages – A Video Essay, 2021, URL: https://youtu.be/DhXcwWYIMJk (letzter Zugriff 27.06.2022).

61 SandRhoman Geschichte, Nein! Die Römer haben sich den Hintern nicht mit einem Schwamm am Stock geputzt…, 2021, URL: https://youtu.be/qTddZfS3TBE (letzter Zugriff 27.06.2022).

am Stock'. Auch hier konnten wir uns auf Präkonzepte beziehen – das Xylospongium wird in Youtube-Videos nämlich gerne als abstoßendes Detail erwähnt, wenn von römischer Bade- und Toilettenkultur die Rede ist. Der Historiker Gilbert Wiplinger,[62] von uns mit einem Augenzwinkern als Experte für die Geheimnisse der römischen Toilette bezeichnet, argumentiert dagegen, dass es sich beim Xylospongium nicht um ein Hilfsmittel zur Reinigung des Allerwertesten gehandelt habe. Ganz nach dem Leitsatz „show, don't tell" haben wir die Handvoll Quellen, die dieses Instrument erwähnen, direkt in unserem Video untersucht. Tatsächlich lässt sich aus keiner von ihnen eindeutig schließen, wozu das Xylospongium verwendet wurde. Lediglich dass es in Latrinen benutzt wurde, steht fest. Dieses Format erlaubt uns also stark vereinfacht aufzuzeigen, wie historisches Arbeiten mit Quellen funktioniert, wo die Schwierigkeiten von Übersetzungen liegen, wie populäre Annahmen zu historischen Themen entstehen und, nicht zuletzt, wie Historiker*innen zu ihren Erkenntnissen kommen.

Die beiden Ansätze der letzten Gruppe sind für uns nur gelegentlich umsetzbar und müssen mit größter Sorgfalt angegangen werden. Sie bergen aus unternehmerischer Sicht ein besonders großes Risiko, weil der Produktionsaufwand sehr groß ist und nie im Voraus klar ist, ob die Präkonzepte und Meinungen stark genug und die Debatten im öffentlichen Raum bekannt genug sind. Sie bieten aber auch die Chance, wirklich in die Tiefe zu gehen und dem Publikum Aspekte und Nuancen aufzuzeigen, die in anderen Formaten schlicht nicht untergebracht werden können.

Abschließende Gedanken

Hayden White meinte einst in einer Antwort an den Historiker Robert Rosenstone, dass es eigentlich keinen Grund gebe, warum Geschichte nicht auch in einem Kinofilmformat präsentiert werden könnte.[63] Ob Text oder Bild, die fundamentalen Methoden und Werkzeuge der Geschichtswissenschaft seien in beiden Medien anwendbar. Geschichte, die als Film präsentiert wird, nennt er in seinem

62 Gilbert Wiplinger, Der Gebrauch des Xylospongiums – eine neue Theorie zu den hygienischen Verhältnissen in römischen Latrinen, in: SPA. SANITAS PER AQUAM. Tagungsband des Internationalen Frontinus-Symposiums zur Technik- und Kulturgeschichte der antiken Thermen Aachen, 18.-22. März 2009, Leiden 2012, S. 295–304.

63 Hayden White, Historiography and Historiophoty, in: The American Historical Review, Bd. 93, Nr. 5. (1988), S. 1193–1199; Robert Rosenstone, History in images/History in words: Reflections on the possibility of really putting history onto film, in: The American Historical Review, Bd. 93, Nr. 5 (1988), S. 1173–1185.

Gedankenexperiment „historiophoty“ anstatt „historiography“. Damit hat er zwar grundsätzlich nicht Unrecht, aber es gilt zu bedenken, dass sowohl Filme als auch Youtube-Videos unter völlig anderen Bedingungen produziert werden als die Texte von Historiker*innen. Grundsätzlich wäre es möglich, beispielsweise eine Dissertation in Filmformat vorzulegen, aber um den wissenschaftlichen Ansprüchen zu genügen, müsste dieser Film einen absurden Umfang haben. Das wäre allein schon aufgrund der Produktionskosten nicht umsetzbar. Geschichte sinnvoll als Film oder Video präsentieren kann man also nur, wenn der Inhalt fundamental angepasst wird.[64]

Das liegt zum Teil daran, dass Erfolg auf Youtube nicht an der Fachkompetenz der Produzent*innen oder der inhaltlichen Qualität der Produktion gemessen wird, sondern am Unterhaltungswert eines Videos, der wiederum laut unserer Erfahrung zusammen mit anderen Faktoren ausschlaggebend für die Reichweite ist. Das heißt, dass auf Youtube der- oder diejenige mit der größten Reichweite das Geschichtsbild der meisten Zuschauer*innen beeinflusst. Dazu kommt, dass die Größe eines Kanals ihm Autorität verleiht. Weil sie zusätzlich auch noch Grundvoraussetzung für das wirtschaftliche Funktionieren ist, muss sie priorisiert werden, wenn man sich nicht auf einen sehr begrenzten Kreis an Personen beschränken will, die an Videos interessiert sind, die Wissenschaft im Filmformat anbieten. Oder anders gesagt: Geschichte als Youtube-Video zu präsentieren, ist für einen Kanal, der sich selbst tragen soll, nur möglich, wenn man sie in eine Form bringt, die ein großes Publikum anspricht. Das heißt nicht, dass Inhalte *zwingend* trivial sein *müssen*. In unserem Fall bedeutet es aber, dass das Publikum unabhängig vom Tiefgang des Inhalts unterhalten werden muss. Geschichte muss angepriesen, interessant gemacht, als lohnend dargestellt, kurz: verkauft werden, damit man etwas vermitteln kann.

Viele unserer anfänglichen Ambitionen sind heute einem pragmatischen Realismus gewichen. Wir wollen unserem Publikum nicht mehr die Welt, „die Wahrheit“ oder die Geschichtswissenschaft erklären, sondern sind zufrieden, wenn wir vermitteln können, dass Geschichte etwas Komplexes ist, wenn wir im Ansatz erklären können, wie sie als Fach funktioniert, und dem einen oder der anderen klarmachen, dass Geschichte eben *nicht* Vergangenheit ist. Wir tun also, was wir können, um im Spannungsfeld von Unternehmertum, Fachansprüchen – wie Geschichte vermittelt werden *soll* – und selbstauferlegten Rollenbildern – wie wir Geschichte vermitteln *wollen* – Brücken zu bauen. Das Ergebnis ist „SandRhoman“.

---

64 Nichtsdestotrotz könnte ein Neologismus wie „historiophoty“ durchaus helfen, um Geschichte auf Youtube oder das Phänomen „doing history“ schärfer zu umreißen.

Wir partizipieren somit an der öffentlichen Geschichtsdeutung, die auf Youtube stattfindet und die mittlerweile das Geschichtsbild der Öffentlichkeit wohl stärker formt und beeinflusst als herkömmliche Bildungsinstitutionen. Während wir als einfache Masterstudenten und Entertainer gelernt haben, das Bewusstsein für unser Fach zu fördern, so gut wir können, wäre es mehr als wünschenswert, dass das Fach Geschichte und seine namhaften Vertreter*innen diese Möglichkeiten vermehrt nutzen würden. Wenn langfristig das Geschichtsverständnis von Historiker*innen nicht aus der Wahrnehmung der Öffentlichkeit verschwinden soll, ist die Teilnahme in diesem neuen Feld ein Muss. Gerade in Anbetracht dessen, dass die Autorität von höheren akademischen Titeln auch auf Youtube Gewicht hat, ist Nichtstun geradezu unterlassene Hilfeleistung gegenüber dem Fach. Aus eigener Erfahrung wissen wir, dass es unmöglich ist, Historiker*in zu sein und gleichzeitig einen Youtube-Kanal wie unseren zu betreiben. Aber es gibt Alternativen: Universitäre Programme, Zusammenarbeiten mit Youtuber*innen oder ein einfacheres Format wie Reaktionsvideos öffnen Wege, um die Expertise und die Autorität von Historiker*innen auf die Plattform zu bringen. Denn eines ist klar: Youtube *macht* Geschichte(n) – mit oder ohne die Geschichtswissenschaft.

Literatur

Amrein, Marcel/Tribelhorn, Marc (2014), Das Jubiläumsjahr der Superlative, in: Neue Zürcher Zeitung online, URL: https://www.nzz.ch/schweiz/das-jubilaeumsjahr-der-superlative-ld.717202?reduced=true (letzter Zugriff 27.06. 2022).

Apicius (1991), de re coquinaria, lat./dt., hrsg., übers. und komm. v. Maier, Robert, Stuttgart.

Ayton, Andrew/Price, Leslie (Hrsg.) (1995), The Medieval Military Revolution. State, Society and military change in Medieval and Early Modern Europe, London.

Baur, Kilian (2021), Klio hat jetzt Internet. Historische Narrative in hypermedialen Kanälen. Drittes Maximilian-Bickhoff-Kolloquium, in: H-Soz-Kult, 15.02.2021, URL: www.hsozkult.de/event/id/event-95856 (letzter Zugriff 27.06.2022).

Braudel, Fernand (1999), La Méditeranée. L'Espace et l'Histoire, Paris.

Bunnenberg, Christian/Steffen, Nils (2019), Broadcast yourself: history stories! Geschichte auf YouTube – eine Bestandsaufnahme, in: Bunnenberg, Christian/Steffen, Nils (Hrsg.), Geschichte auf YouTube: Neue Herausforderungen für Geschichtsvermittlung und historische Bildung (Medien der Geschichte, Bd. 2), Berlin/Boston, S. 3–27.

Cicero, Marcus Tullius (2016), Cicero: the ideal orator, lat./eng., übers. u. hrsg. v. May, James/Wisse, Jakob, Oxford.

Corbeill, Anthony (1997), Thumb in Ancient Rome. Pollex as Index, in: Memoirs of the American Academy in Rome Nr. 42, S. 1–21.

Corbeill, Anthony (2004), Nature Embodied. Gestures in Ancient Rome, Princeton.

Devries, Kelly/Smith, Douglas (1992), Medieval Military Technology, Toronto.

Geipel, Andrea (2018), Wissenschaft@YouTube, in: Lettkemann, Eric/Wilke, René/Knoblauch, Hubert (Hrsg.), Knowledge in Action. Neue Formen der Kommunikation in der Wissensgesellschaft, Wiesbaden, S. 137–164.

Holenstein, André (2014), Mitten in Europa. Verflechtung und Abgrenzung in der Schweizer Geschichte, Baden.

Jordan, Stefan (2010), Vetorecht der Quellen, Version: 1.0, in: Docupedia-Zeitgeschichte, URL: http://docupedia.de/zg/jordan_vetorecht_quellen_v1_de_2010 (letzter Zugriff: 02.03.2023).

Junkelmann, Marcus (2008), Gladiatoren. Das Spiel mit dem Tod, Mainz.

Koselleck, Reinhart/Mommsen, Wolfgang J./Rüsen, Jörn (Hrsg.) (1977), Objektivität und Parteilichkeit in der Geschichtswissenschaft, München, S. 17–46.

Maissen, Thomas (2006), Die Geburt der Republic. Staatsverständnis und Repräsentation in der frühneuzeitlichen Eidgenossenschaft (Historische Semantik, Bd. 4), Göttingen.

Maissen, Thomas (2015), Schweizer Heldengeschichten – und was dahintersteckt, Baden.

Meile, Gabriela (2021), Geschichten zur Geschichte, in: Schweizer Familie Nr. 21, S. 20–21.

Meumann, Markus (2005), s. v. „Militärische Revolution", in: Enzyklopädie der Neuzeit online, URL: http://dx.doi.org/10.1163/2352-0248_edn_COM_311411 (letzter Zugriff 28.06.2022).

Morley, Neville/Walter, Uwe (2013), Alte Geschichte schreiben, Heidelberg.

Pálosfalvi, Tamás (2018), From Nicopolis to Mohács. A History of Ottoman-Hungarian Warfare, 1389–1526 (The Ottoman Empire and its Heritage, Bd. 63), Leiden.

Prietzel, Malte (2006), Kriegführung im Mittelalter. Handlungen, Erinnerungen, Bedeutungen (Krieg in der Geschichte, Bd. 32), Paderborn.

Rogers, Clifford (Hrsg.) (1995), The Military Revolution Debate. Readings On The Military Transformation Of Early Modern Europe, Oxford.

Rogers, Clifford (1998), The Efficacy of the English Longbow: A Reply to Kelly Devries, in: War in History, Bd. 5, Nr. 2, S. 233–242.

Rosenstone, Robert (1988), History in images/History in words: Reflections on the possibility of really putting history onto film, in: The American Historical Review, Bd. 93, Nr. 5, S. 1173–1185.

Steffen, Nils (2019), Doing History auf YouTube – Erklärvideos als Form performativer Historiografie, in: Bunnenberg, Christian/Steffen, Nils (Hrsg.), Geschichte auf YouTube: Neue Herausforderungen für Geschichtsvermittlung und historische Bildung (Medien der Geschichte, Bd. 2), Berlin/Boston, S. 61–70.

Streit, Mathias (2021), Zwei Berner Studis und ihre globale Fangemeinde, in: Der Bund online, 28.12.2021. URL: https://www.derbund.ch/zwei-berner-studis-und-ihre-globale-fangemeinde-921647781211 (letzter Zugriff 27.06.2022).

White, Hayden (1988), Historiography and Historiophoty, in: The American Historical Review, Bd. 93, Nr. 5, S. 1193–1199.

Wiplinger, Gilbert (2012), Der Gebrauch des Xylospongiums – eine neue Theorie zu den hygienischen Verhältnissen in römischen Latrinen, in: SPA. SANITAS PER AQUAM. Tagungsband des Internationalen Frontinus-Symposiums zur Technik- und Kulturgeschichte der antiken Thermen Aachen, 18.-22. März 2009, Leiden, S. 295–304.

Videos

BazBattles (18.04.2017), Alexander der Große: Die Schlacht von Gaugamela 331 v. Chr., URL: https://youtu.be/vY3z3yh7a24 (letzter Zugriff 17.06.2022).

Historia Civilis (01.06.2015), Schlacht von Azincourt(1415), URL: https://youtu.be/VDnKciXrmnc (letzter Zugriff 27.06. 2022).
Kings and Generals (15.04.2018), Siege of Belgrade 1456, Battles of Targoviste 1462 & Otlukbeli 1473 DOCUMENTARY, URL: https://youtu.be/qzEe07d_J7o (letzter Zugriff 27.06.2022).
MrWissen2go Geschichte (25.11.2021), Gladiatorenspiele: Wie tödlich waren sie wirklich?, URL: https://youtu.be/eUZ9VUyi5no (letzter Zugriff 27.06.2022).
Pike & Shot Channel (31.01.2021), John Hunyadi 4/4 – Siege of Belgrade 1456, URL: https://youtu.be/coXYgzYUhvc (letzter Zugriff 27.06.2022).
SandRhoman Geschichte (02.01.2021), Wohnten die Römer wie heute? Stadthaus, Villa, Wohnblock, URL: https://youtu.be/1fuveN-vJFA (letzter Zugriff 06.12.2022).
SandRhoman Geschichte (16.01.2021), Kielholen – Eine der brutalsten Strafen in der Geschichte der Seefahrt, URL: https://youtu.be/rMB7kHmRTmw (letzter Zugriff 06.12.2022).
SandRhoman Geschichte (30.01.2021), Faszination Tod – Ein Tag im Kolosseum, URL: https://www.youtube.com/watch?v=HD-NKEOvIac (letzter Zugriff 06.12.2022).
SandRhoman Geschichte (13.03.2021), Was die alten Römer gegessen haben, URL: https://youtu.be/fSIr1kN9Oks (letzter Zugriff 06.12.2022).
SandRhoman Geschichte (08.05.2021), Die Dezimierung – Eine der brutalsten Strafen in der Römischen Armee, URL: https://youtu.be/YakRL1d1zgk (letzter Zugriff 06.12.2022).
SandRhoman Geschichte (19.06.2021), Nein! Die Römer haben sich den Hintern nicht mit einem Schwamm am Stock geputzt..., URL: https://youtu.be/qTddZfS3TBE (letzter Zugriff 06.12.2022).
SandRhoman Geschichte (11.09.2021), Die Kreuzigung – Eine der brutalsten Strafen der Geschichte, URL: https://youtu.be/k65_ais0Y9Q (letzter Zugriff 06.12.2022).
SandRhoman Geschichte (23.10.2021), Osmanen vor Wien! Die zweite Wiener Türkenbelagerung 1683, URL: https://youtu.be/MIJMZ2EIE0w (letzter Zugriff 06.12.2022).
SandRhoman Geschichte (18.12.2021), Warum streiten sich alle über die Wirksamkeit des englischen Langbogens? Ein Video-Essay, URL: https://youtu.be/tiD9S26KUTg (letzter Zugriff 06.12.2022).
SandRhoman Geschichte (21.05.2022), Berserker, Schildmaid, Blutadler – Krieg bei den Wikingern, URL: https://youtu.be/Fr7TClP8dpA (letzter Zugriff 06.12.2022).
SandRhoman History (23.02.2019), Historiography, Theory & Objectivity | Can History Be Objective? – The Veto Power of the Sources, URL: https://www.youtube.com/watch?v=FVm3eNMmCMY (letzter Zugriff 06.12.2022).
SandRhoman History (07.07.2019), Food in Ancient Rome (Cuisine of Ancient Rome) – Garum, Puls, Bread, Moretum, URL: https://youtu.be/mhEPv4jt7Ks (letzter Zugriff 06.12.2022).
SandRhoman History (28.07.2019), The End of Cavalry Superiority in the Late Middle Ages, URL: https://www.youtube.com/watch?v=6KbroTkaey0&t=248s (letzter Zugriff 06.12.2022).
SandRhoman History (29.03.2020), How To Lay Siege To A Star Fortress In The 16th and Early 17th Century, URL: https://www.youtube.com/watch?v=HqIa-NpzAfg (letzter Zugriff 06.12.2022).
SandRhoman History (29.11.2020), Viking Warfare: Of Myths and Reality, URL: https://www.youtube.com/watch?v=c-MgqIatzxA&t=451s (letzter Zugriff 06.12.2022).
SandRhoman History (07.02.2021), Why Everybody Disagrees on the Efficacy of the English Longbow – A Video Essay, URL: https://youtu.be/HAvbqtPjhxs (letzter Zugriff 06.12.2022).
SandRhoman History (21.02.2021), The ‚Infantry Revolution' of the Late Middle Ages – A Video Essay, URL: https://youtu.be/DhXcwWYIMJk (letzter Zugriff 06.12.2022).
SandRhoman History (04.04.2021), Wallenstein's Masterpiece: The Battle of Lützen 1632 Hour By Hour | Thirty Years War, URL: https://youtu.be/Dd3lT5Jiev8?t=67 (letzter Zugriff 06.12.2022).
SandRhoman History (27.06.2021), How to Start a Fight in the Middle Ages, URL: https://youtu.be/ZnjhU9cVpjg (letzter Zugriff 06.12.2022).

SandRhoman History (17.04.2022), Hungary Resists: The (Staggering) Siege of Belgrade 1456, URL: https://youtu.be/U3kaWhkcJqM (letzter Zugriff 06.12.2022).
SandRhoman History (29.05.2022), 5 Misconceptions about Medieval Sieges in Movies, URL: https://www.youtube.com/watch?v=ZRBJKeRfox8 (letzter Zugriff 06.12.2022).
Tod's Workshop (29.08.2019), ARROWS vs ARMOUR – Medieval Myth Busting, URL: https://youtu.be/DBxdTkddHaE (letzter Zugriff 27.06.2022).

Tobias Winnerling

Let's Play History. Plädoyer für Beobachtungen dritter Ordnung

Auf Plattformen wie Youtube, Twitch, Steam und anderen finden sich seit einigen Jahren in großer Zahl Spielmitschnitte,[1] in denen Spieler*innen Digitaler Spiele ihr Spielhandeln, teilweise auch sich selbst, während des Spielens filmisch mitschneiden und ihre Erfahrungen dabei kommentieren. Die Ursprünge des Phänomens gehen wohl bis in die 1990er Jahre zurück, als Spieler*innen begannen, die eingebauten Mitschnittfunktionen der Spiele *DOOM* und *Quake* zur Dokumentation ihrer Fähigkeiten zu verwenden, indem sie möglichst schnelles Durchspielen aufzeichneten und über Internetplattformen zur Verfügung stellten.[2] Um diese sog. Speedruns soll es im Folgenden allerdings nicht gehen, sondern um eine verwandte Kategorie von Videos zu Digitalen Spielen, die sich um das Jahr 2006 herum entwickelte: das LetsPlay.[3]

Bei solchen LetsPlays (auch Let's Plays, im Folgenden kurz: LP) handelt es sich um von Spieler*innen selbst produzierte Videos eigenen Spielhandelns, die zusätzlich mit eingesprochenen Kommentaren versehen werden. Sie werden zwar üblicherweise nachbearbeitet, sind aber keine narrativen Filme, sondern tragen eher semidokumentarischen Charakter.[4] Das adressierte Publikum steht im Zentrum der Produktion von LPs: Sie sind auf die Partizipationsmöglichkeiten ausgerichtet, die digitale Plattformen bereitstellen.[5] Mit Jochen Venus gesprochen, handelt es sich um „eine Ausdrucksform des Computerspielwissens", und damit um „ein[en] Teil des gesellschaftlichen Computerspieldiskurses".[6] LPs sind inoffi-

---

1 Youtube.com, twitch.tv, store.steampowered.com und steamcommunity.com.

2 Gabriel Menotti, Videorec as gameplay: Recording playthroughs and video game engagement, in: G|A|M|E: The Italian Journal of Game Studies 1:3 (2014), S. 81–94, hier S. 84–85; Doom, id Software, MS DOS, 1993; Quake, id Software, MS DOS, Windows, 1996.

3 René Glas, Vicarious play: Engaging the viewer in Let's Play videos, in: Empedocles: European Journal for the Philosophy of Communication 5:1/2 (2015), S. 81–86, doi: 10.1386/ejpc.5.1-2.81_1, hier S. 82.

4 Vgl. Glas, Vicarious play, S. 82–83.

5 Vera Marie Rodewald, Let's Play & Streaming, in: Olaf Zimmermann/Felix Falck (Hrsg.), Handbuch Gameskultur, Berlin 2020, S. 151–156, hier S. 151.

6 Jochen Venus, Stilisierte Rezeption. Überlegungen zum epistemischen Status von Let's Play-Videos, in: Judith Ackermann (Hrsg.), Phänomen Let's Play-Video. Entstehung, Ästhetik, Aneignung und Faszination aufgezeichneten Computerspielhandelns, Wiesbaden 2017, S. 19–30, hier S. 19.

https://doi.org/10.1515/9783110792898-006

zielle Paratexte zu Digitalen Spielen und damit Teil des größeren digitalen Ökosystems, das sich um diese Spiele herum gebildet hat.[7]

Interessieren sich nun Historiker*innen als Forschende, nicht als Kommunikator*innen, für die populärkulturellen Weiterungen historischer Phänomene im Gefolge Digitaler Spiele, wären vor allem LPs zu historisch inszenierten Digitalen Spielen in den Blick zu nehmen, die von Personen produziert wurden, die selbst nicht in der Forschung tätig sind. Ähnlich wie verwandte Phänomene wie After Action Reports (AARs),[8] schriftliche Narrativierungen aufgezeichneten Spielhandelns zur Konstruktion einer fiktionalen Alternativgeschichte,[9] zeichnet LPs aus, dass sie von Beginn an als Kommunikation mit einem Publikum entworfen und produziert werden, kommunikative Rückkopplungen also bereits eingeplant sind.[10] Die Videos selbst machen daher nur einen Teil des Phänomens LP aus. Dass sie Diskussionen auslösen, die in den Kommentaren oder in Bezugnahmen durch andere LPs sichtbar werden, erhöht das Engagement der Zuschauer*innen[11] und macht es zugleich anhand dieser Diskussionen fassbar. Dabei ist die Informationsfunktion über das aufgezeichnete Spielhandeln nur ein Aspekt dieser Kommunikationsereignisse; zugleich und möglicherweise vor allem dienen die LPs hierin als „zentrale Artefakte für das Entstehen von Vergemeinschaftungstendenzen" für die Zuschauerschaft.[12]

Zum Gegenstand gehören damit die LPs selbst, also die Reaktionen der LetsPlayer*innen auf die als historisch präsentierten Phänomene, mit denen sie durch die jeweiligen Digitalen Spiele konfrontiert werden, und die Reaktionen der Zuschauer*innen auf die LPs, also Klickzahlen sowie Kommentare zum Inhalt

7 Gundolf S. Freyermuth, Paratext | Paraplay. Contextualizing the Concept of Paratextuality, in: Benjamin Beil/Gundolf S. Freyermuth/Hanns Christian Schmidt (Hrsg.), Paratextualizing Games. Investigations on the Paraphernalia and Peripheries of Play, Bielefeld 2021, S. 13–52, hier S. 44.

8 Judith Ackermann, Einleitung. Phänomen Let's Play – Entstehung und wissenschaftliche Relevanz eines Remediatisierungsphänomens, in: Judith Ackermann (Hrsg.), Phänomen Let's Play-Video, S. 1–15, hier S. 2, u. Sian Beavers, The Informal Learning of History with Digital Games, Diss: Open University, Milton Keynes 2022, S. 282.

9 Zu AARs siehe Stefan Droste, After Action Reports – zur Narrativierung des Strategiespielens, in: Militär und Gesellschaft in der Frühen Neuzeit 20 (2016), S. 53–82.

10 Beavers, Informal Learning, S. 179–180.

11 Catherine Burwell/Thomas Miller, Let's Play: Exploring literacy practices in an emerging videogame paratext, in: E-Learning and Digital Media 13:3/4 (2016), S. 109–125, DOI: 10.1177/2042753016677858, hier S. 116.

12 Dan Verständig/Jens Holze, It's not just a game – Subversive Praktiken in digitalen Spielkulturen, in: Ackermann (Hrsg.), Phänomen Let's Play-Video, S. 225–240, hier S. 129.

und gegebenenfalls intermediale Verweise.[13] Dabei sind aus geschichtswissenschaftlicher Perspektive zunächst die Kommentare und die von ihnen ausgelösten Diskussionen interessant, die auf die als historisch gesehenen Phänomene Bezug nehmen, die den Kommentator*innen beim Sehen des LPs begegnet sind.

Ich möchte allerdings nicht den Eindruck erwecken, dass es sich bei LPs zu historisch inszenierten Spielen sozusagen um Selbstläufer im Hinblick auf interessante Beobachtungen zu populärkulturellen Verarbeitungsprozessen handele. Insgesamt zeigt sich wie in vergleichbaren anderen internetbasierten Formaten, dass nur ein Bruchteil der Nutzer*innen überhaupt in einen Austausch einsteigt, also sichtbare Reaktionen hinterlässt; und von diesen Reaktionen befasst sich bei historisch inszenierten Spielen wiederum nur ein Bruchteil mit der präsentierten Geschichte. Und auch eine hohe Popularität des verarbeiteten Gegenstands garantiert weder hohe Nutzerzahlen noch stärkere Interaktionsraten.

Ab 2009 stieg die mediale Verbreitung von LPs stark an, vor allem wegen der aufgrund neuer Software niedrigeren Zugangsschwellen und des damit gesunkenen Produktionsaufwands.[14] Eine deutschsprachige LetsPlay-Gemeinschaft und -videoproduktion etablierte sich im selben Jahr mit der Gründung der Plattform letsplayforum.de.[15] In den 2010er Jahren verlagerte sich ein großer Teil der Angebote auf die Plattform Youtube, die es den Produzent*innen der Videos ermöglichte, sie erfolgreich zu monetarisieren, während zugleich ab 2011 die internetbasierte Live-Übertragung per Streaming zum aufgezeichneten Format hinzutrat.[16] Schon wenige Jahre später wurde ein erheblicher Teil der LPs live gestreamt,[17] und wegen der mittlerweile deutlich vereinfachten Möglichkeiten zur Bereitstellung solcher Streams scheint der generelle Trend in Richtung der Live-Formate zu gehen.[18] Während das vorab aufgezeichnete und das live gestreamte LP durchaus viele Merkmale teilen, werde ich mich im Folgenden aber auf vorab aufgezeichnete Videos des Spielhandelns konzentrieren, weil sie ihren Produzent*innen mehr Gestaltungsraum lassen. Der Aspekt der Wissensvermittlung bzw. auf Seiten der Zuschauer*innen des Wissenserwerbs tritt bei den Live-Streams im Normal-

---

13 Kerstin Radde-Antweiler/Xenia Zeiler, Methods for Analyzing Let's Plays: Context Analysis for Gaming Videos on YouTube, in: Gamevironments 2 (2016), URL: http://nbn-resolving.de/urn:nbn:de:gbv:46-00104729-10, S. 100–139, hier S. 101–102.

14 Nico Nolden, Geschichte und Erinnerung in Computerspielen. Erinnerungskulturelle Wissenssysteme, Berlin/Boston 2019, S. 274.

15 Rodewald, Let's Play, S. 152.

16 Ebd., S. 152–153.

17 Max Sjöblom/Juho Hamari, Why do people watch others play video games? An empirical study on the motivations of Twitch users, in: Computers in Human Behavior 75 (2017), S. 985–996, hier S. 985.

18 Nolden, Geschichte und Erinnerung, S. 274–275.

fall deutlich in den Hintergrund im Vergleich zum aufgezeichneten Format, dessen Kommentar gezielt darauf hin eingesprochen werden kann und das beliebig pausiert und wiederholt werden kann.[19]

Die kommerzielle Verwertbarkeit der medialen Form des LPs ist so groß geworden, dass ihre populärsten Produzent*innen bereits davon leben können. Während es in den 2010er Jahren noch Unsicherheiten und Diskussionen über mögliche Urheberrechtsverletzungen durch die Produktion von LPs gab,[20] spielen diese Befürchtungen mittlerweile keine Rolle mehr. Für die Produktionsfirmen der jeweiligen Spiele überwiegt der durch diese Videos generierte Werbe- und Bindungseffekt bei weitem. Mit dieser Kommerzialisierung entsteht für die LetsPlayer*innen ein Spannungsfeld aus populärkulturellen und wirtschaftlichen Interessen, innerhalb dessen sie sich und ihre Produkte verorten müssen.[21]

Daher hat das LP medienwissenschaftlich bereits eine gewisse Aufmerksamkeit erfahren. Eine methodische Grundlage bietet die von Kerstin Radde-Antweiler und Xenia Zeiler 2015 skizzierte Vorgehensweise, die für Historiker*innen auch insofern eingängig ist, als sie stark von der geschichtswissenschaftlichen Quellenkritik beeinflusst ist.[22] Der von Judith Ackermann 2017 herausgegebene Sammelband fasst den Stand der deutschsprachigen Forschung noch immer gut zusammen.[23] Darin wird deutlich herausgearbeitet, dass es sich bei LPs keineswegs um eine lediglich derivative oder parasitäre Medienform handelt, sondern mittlerweile um ein selbstständig funktionierendes Genre, dessen hervorstechende Eigenschaften die kreative Aneignung bestehender Inhalte durch kommentierende Produzent*innen, die LetsPlayer*innen, und die von Beginn an eingeplante Interaktion mit dem Publikum sind. Aus dem Blickwinkel der Geschichtswissenschaft ist es um die Beschäftigung mit LPs allerdings deutlich schlechter bestellt. In Christian Bunnenbergs und Nils Steffens thematisch einschlägigem *Geschichte auf YouTube* werden LPs in einem Beitrag en passant erwähnt,[24] im von Marko Demantowsky und Christoph Pallaske herausgegebenen Sammelband *Geschichte lernen im digitalen Wandel* gar nicht behandelt.[25]

19 Sjöblom/Hamari, Why do people watch, S. 991, 993.

20 Burwell/Miller, Let's Play, S. 118–120.

21 Ackermann, Einleitung, S. 9–10.

22 Radde-Antweiler/Zeiler, Methods, S. 103.

23 Ackermann, Phänomen Let's Play-Video.

24 Henrike Rehders, Partizipation für alle? Partizipative Geschichtskultur auf YouTube, in: Christian Bunnenberg/Nils Steffen (Hrsg.), Geschichte auf YouTube. Neue Herausforderungen für Geschichtsvermittlung und historische Bildung (Medien der Geschichte, Bd. 2), Berlin/Boston 2019, S. 193–210, hier S. 194.

25 Marko Demantowsky/Christoph Pallaske (Hrsg.), Geschichte lernen im digitalen Wandel, Berlin/München/Boston 2015.

Warum also sollten sich Historiker*innen mit LPs zu historisch inszenierten Digitalen Spielen befassen? Adam Bierstedt hat kürzlich auf das von ihm vermutete Potenzial dieser medialen Form für die Wissenschaftskommunikation hingewiesen: Seiner Ansicht nach seien „Historical Let's Plays" anderen Formen der Wissensvermittlung über historisch inszenierte Digitale Spiele an die anvisierte Zielgruppe der jeweiligen Titel vorzuziehen.[26] Wegen der Popularität des Genres ließe sich ein großes Publikum für die Historiker*innen erwarten, die sich als „Streamer-Historian[s]" betätigen wollten.[27] Während dieses Argument sicherlich nicht einfach von der Hand zu weisen ist und es durchaus Historiker*innen und Projekte gibt, die sich sowohl in live gestreamter wie auch in aufgezeichneter Form auf diesem Feld versuchen,[28] möchte ich die Aufmerksamkeit vor allem auf LPs zu historisch inszenierten Digitalen Spielen richten, die von Spieler*innen stammen, die keine professionellen Historiker*innen sind. Der Fokus auf diese Teilmenge aufgezeichneten Spielhandelns ergibt sich aus der bewussten Nachbearbeitung des Materials, die einerseits eine asynchrone, nicht an das jeweilige Spiel, dessen Voraussetzungen oder einen bestimmten Zeitpunkt gebundene Rezeption ermöglicht,[29] und andererseits eine bewusst redigierte und selektierte Fassung des Spielhandelns präsentiert,[30] die zwar nicht narrativ, aber zur Präsentation bestimmter Aussagen konstruiert wurde.[31] All diese Aspekte treten im Live-Stream wesentlich weniger ausgeprägt auf, weil die Aufzeichnungssituation sie nicht zulässt. Solche Phänomene stellen aber zentrale geschichtskulturelle Praktiken dar, die über LPs gut beobachtbar sind.

Diese Videos bilden damit im Allgemeinen Ausschnitte aus einem Teil des gesellschaftlichen Diskurses über Digitale Spiele ab, und als LPs mit historischer Intention im Besonderen eine Schnittmenge zwischen diesem und dem gesellschaftlichen Diskurs über Geschichte.[32]

---

26 Adam F. Bierstedt, Livestreaming History: The Streamer-Historian and Historical Games Outreach, in: Games and Culture 14:1 (2022), S. 1–14, DOI: 10.1177/15554120221115394, hier S. 2–3.

27 Ebd., S. 8.

28 Nico Nolden, Special | Digitale Spiele und Geschichte | Halbzeitbilanz für das Jahresprojekt auf Youtube, 10.08.2022, URL: https://www.youtube.com/watch?v=2AgTBLD4Vl8&list=PLczT7w2lN8si3SL_Hj4PGI0EIxMnyuhfa (letzter Zugriff 23.08.2022), 13:50-18:10.

29 Jeffrey Wimmer, „Erfahrenen Gamern sozusagen über die Schulter schauen". Eine Interviewstudie deutscher YouTube-NutzerInnen zu Let's Play-Videos, in: Ackermann (Hrsg.), Phänomen Let's Play-Video, S. 147–160, hier S. 157.

30 Venus, Stilisierte Rezeption, S. 24.

31 Vgl. Vera Marie Rodewald, Die Lust am Vorspielen. Zur theatralen Inszenierung des Computerspielens, in: Ackermann (Hrsg.), Phänomen Let's Play-Video, S. 105–118, hier S. 110.

32 Vgl. Venus, Stilisierte Rezeption, S. 23.

> Überdies werden in Let's Play-Videos spezifische Implikationen hinsichtlich einer wie auch immer gearteten Inszenierung sichtbar, da Spielende bereits im Vorfeld der Videoproduktion eine spezifische, ebenfalls an typischen Wissensbeständen orientierte Erwartungshaltung gegenüber den Reaktionen ihrer ZuschauerInnen ausbilden.[33]

LPs mit im weitesten Sinn historischem Hintergrund sind also Ausdruck davon, wie historisches Wissen in digitalen Räumen erzeugt und verhandelt wird.[34] Die spezifischen Aneignungsprozesse solchen Wissens in digitalen Räumen, bei LPs innerhalb der paratextuellen digitalen Ökosysteme Digitaler Spiele, werden so ein Stück weit sichtbar.[35] Dabei handelt es sich bei diesen paratextuellen Ökosystemen um für die traditionelle geschichtswissenschaftliche Darlegung schwierige Umgebungen, weil die Mechanismen, durch die in anderen medialen Formationen historische Autorität generiert wird, darin nicht ebenso greifen, da epistemische Autorität anders ausgehandelt und verhandelt wird.[36]

Dass es sich bei den in den LPs verhandelten Spielen selbst um geschichtskulturelle Produkte mit variierenden Authentizitäts- und Faktizitätsansprüchen handelt, stellt dabei kein Kriterium dar, um die LPs aus dem historischen Diskurs auszuschließen. Die an solchen und ähnlichen Medien ansetzenden Diskussionen unter Spieler*innen stellen für diese ein primäres Medium der Auseinandersetzung mit dem Historischen in Digitalen Spielen dar.[37] Bei der Zuschreibung von Historizität an mediale Formate wird schließlich immer die Frage verhandelt, worauf die dargestellte Welt referiert: Verweist sie ostensiv auf eine außer ihr liegende reale und vergangene Welt, oder auf eine implizit oder explizit in ihr selbst angelegte fiktionale?[38]

Für Historiker*innen, die an den gesellschaftlichen Weiterwirkungen der von ihnen verhandelten Wissensbestände interessiert sind, bietet sich damit interessantes Material, denn LPs von Spielen, die historische Inhalte verhandeln, sind

---

33 Heiko Kirschner/Paul Eisewicht, Spielende und ihr Publikum – unterhaltungsorientierte Darstellungen des Spielens auf Online-Videoplattformen, in: Ackermann (Hrsg.), Phänomen Let's Play-Video, S. 133–144; hier S. 136.

34 Daniela Linkevicius de Andrade/Demival Vasques Filho, Moderation and authority-building process: the dynamics of knowledge creation on history subreddits, in: Internet Histories 6 (2022), S. 1–23, DOI: 10.1080/24701475.2022.2110564, hier S. 2.

35 Vgl. Kirschner/Eisewicht, Spielende und ihr Publikum, S. 135.

36 Linkevicius de Andrade/Vasques Filho, Moderation, S. 5–6.

37 Tara Jane Copplestone, But that's not accurate: the differing perceptions of accuracy in cultural-heritage videogames between creators, consumers and critics, in: Rethinking History 21:3 (2017), S. 415–438, DOI: 10.1080/13642529.2017.1256615, hier S. 416.

38 Linda Hutcheon, „The Pastime of Past Time": Fiction, History, Historiographical Metafiction, in: Michael J. Hoffman/Patrick D. Murphy (Hrsg.), Essentials of the Theory of Fiction, 3. Aufl., Durham/London 2005, S. 275–296, hier S. 288.

nicht gerade selten. Trotz (oder vielleicht gerade wegen) dieser Menge an Material gibt es bislang nur wenig einschlägige Untersuchungen aus den Federn von Historiker*innen,[39] was sich einfügt in den generellen Mangel an empirischer Forschung zu Spieler*innen von historisch inszenierten Spielen.[40]

Während die den LPs zugrunde liegenden Digitalen Spiele in ihrer Präsentation eine Beobachtung erster Ordnung suggerieren – historische Phänomene werden scheinbar direkt verhandelt – und LPs dann eine über diese Darstellung angestellte vermeintliche Betrachtung zweiter Ordnung verkörpern, wäre die geschichtswissenschaftliche Befragung des LPs folglich eine Beobachtung dritter Ordnung, die auf die konkreten historischen Phänomene nur noch sehr entfernt, dafür aber sehr direkt auf ihre massenwirksamen gesellschaftlichen Reproduktionen bezogen ist.

Bereits bei der vermeintlichen Beobachtung erster Ordnung, also dem, was historisch inszenierte Digitale Spiele liefern, handelt es sich nicht um eine direkte Auseinandersetzung mit historischem Material, sondern um eine Reflexion von Geschichtsvorstellungen aus dem gesellschaftlichen Diskursvorrat, die nicht unbedingt mit geschichtswissenschaftlichen Vorstellungen der entsprechenden Phänomene übereinstimmen müssen.[41] Das bedeutet aber keineswegs, dass den Spielenden die historische Inszenierung gleichgültig wäre. Im Gegenteil stellt sie nicht nur ein wesentliches Werbe- und Verkaufsargument für die jeweiligen Titel dar,[42] sondern „overall respondents expected the developers of a historically accurate video game to have consulted sources, engaged in research, and ensure a truthful and accurate portrayal".[43] Dinge, die als Ungenauigkeiten oder Fehler wahrgenommen werden, dienen Spieler*innen vielfach als Anstöße für eine vertiefte Beschäftigung mit den dargestellten historischen Phänomenen,[44] auch wenn es sich dabei nicht um Recherchen im geschichtswissenschaftlichen Sinn handelt.[45]

---

39 Beavers, Informal Learning, S. 52.

40 Alexander Vandewalle/Rowan Daneels/Emma Simons/Steven Malliet, Enjoying My Time in the Animus: A Quantitative Survey on Perceived Realism and Enjoyment of Historical Video Games, in: Games and Culture 17 (2022), DOI: 10.1177/15554120221115404, S. 1–21, hier S. 2.

41 Vgl. Eugen Pfister/Tobias Winnerling, Digitale Spiele und Geschichte. Ein kurzer Leitfaden für Student*innen, Forscher*innen und Geschichtsinteressierte, Glückstadt 2020, S. 12–13.

42 Daniel Giere, Computerspiele – Medienbildung – historisches Lernen. Zu Repräsentation und Rezeption von Geschichte in digitalen Spielen, Frankfurt am Main 2019, S. 42–43.

43 Jacqueline Burgess/Christian Jones, Exploring Player Understandings of Historical Accuracy and Historical Authenticity in Video Games, in: Games and Culture 17:5 (2022), S. 816–835, hier S. 826.

44 Copplestone, But that's not accurate, S. 433.

45 Beavers, Informal Learning, S. 169.

Dabei scheinen Spieler*innen offenbar Zusatzinformationen zu bevorzugen, die innerhalb des paratextuellen Ökosystems der jeweiligen Spiele auffindbar sind.[46] Herangezogen werden damit Beobachtungen zweiter Ordnung, also über die Darstellungen historischer Phänomene in Digitalen Spielen angestellte Betrachtungen. LPs sind dabei nicht nur eine, sondern die bevorzugte mediale Form, in der solche Betrachtungen zweiter Ordnung konsumiert werden.

> The most pertinent source to fall into this category was LetsPlay videos, that in many ways (for a viewer) constitutes an assimilative activity. However, there is also the scope for players to interact with the LetsPlay producer by leaving them comments and critiques.[47]

Untersuchungen an derartigen LPs als Material stellen dann also Betrachtungen dritter Ordnung dar, wenn das ursprünglich einmal verhandelte historische Phänomen als Ausgangspunkt der Betrachtungshierarchie dient. Die LPs stellen also nicht lediglich eine Möglichkeit dar, das darin behandelte Spiel analytisch besser zu fassen zu bekommen,[48] sondern lassen sich auch auf ihren Eigenwert hin als geschichtskulturelle Äußerungen befragen. Was Historiker*innen durch derartige Beobachtungen besser analysieren können, ist die Verarbeitung des Historischen als Unabsichtliches (nur selten auch als Absichtliches).[49] Es handelt sich eben primär um ein Unterhaltungs-, nicht um ein Informationsmedium – und in den Fällen, in denen die Priorität der LPs auf der Informationsseite liegt, handelt es sich zumeist nicht um ein historisch fokussiertes Informationsinteresse.

LPs von Historiker*innen mit reflektiertem Anspruch, die das Medium als genuin geschichtswissenschaftliche Veröffentlichungsmöglichkeit begreifen,[50] bilden hierbei natürlich eine Ausnahme, repräsentieren aber eine andere diskursive Grundlage. Sie stellen Versuche dar, sich innerhalb der paratextuellen digitalen Ökosysteme Digitaler Spiele argumentativ Sprecher*innenpositionen zu erarbeiten, deren Botschaften epistemische Autorität zugesprochen wird,[51] um so geschichtswissenschaftliche Positionen in die darin verhandelten Zusammenhänge einbringen zu können.

---

46 Burgess/Jones, Exploring Player Understandings, S. 830.

47 Beavers, Informal Learning, S. 230.

48 Wie für die medienwissenschaftliche Spieleforschung vorgeschlagen: Katarzyna Marak, Benefits of Including Let's Play Recordings in Close Readings of Digital Game Texts, in: Beil/Freyermuth/Schmidt, Paratextualizing Games, S. 213–236, hier S. 215–217.

49 Vgl. Burgess/Jones, Exploring Player Understandings, S. 827.

50 Nico Nolden, Special | Digitale Spiele und Geschichte | Ein Blog, 10 Jahre Forschung und ein Jahresplan für Youtube, 31.03.2022, URL: https://www.youtube.com/watch?v=YoyESxsgF3k (letzter Zugriff 23.08.2022), 1:13:20-1:15:30, 1:25:00-1:30:00.

51 Linkevicius de Andrade/Vasques Filho, Moderation, S. 6–7.

Im Folgenden möchte ich diese abstrakten Betrachtungen kurz und ohne Anspruch auf eine mehr als illustrative Funktion der Beispiele aus dem Blickwinkel eines Historikers, dessen Schwerpunkt in der Frühen Neuzeit liegt, exemplarisch verdeutlichen.

Ich habe dafür deutschsprachige LPs zu Titeln der *Anno*-Serie ausgewählt. Dabei handelt es sich um eine Serie Digitaler Spiele, die mit dem Anspruch auftreten, historische Wirtschaftssimulationen zu sein,[52] und dabei das koloniale Ausgreifen Europas im Zuge der europäischen Expansion in modellhafter und verharmlosend beschönigender Weise darstellen.[53] Im deutschsprachigen Raum ist diese Serie besonders erfolgreich, sodass die Rezeptionsbedingungen relativ gut sein dürften. Die ersten beiden Haupttitel, *Anno 1602* und *Anno 1503*,[54] erschienen 1998 und 2003 und entstammen damit der Zeit vor dem Aufkommen von LPs als medialer Form. Dementsprechend finden sich *Anno 1602* und *1503* in LPs nahezu ausschließlich als *Retrogaming*-Formate, also im Rahmen von Spielhandeln, das sich selbst als nostalgische oder zeitgeschichtlich retrospektive Befassung mit nicht mehr aktuellen Spieletiteln versteht, was eine zusätzliche Kontextualisierung der präsentierten Perspektive erfordert. Die Folgetitel *Anno 1701* und *Anno 1404* erschienen 2006 und 2009,[55] sodass für sie sowohl zeitgenössische wie *Retrogaming*-LPs gefunden werden können.[56]

Ein gutes Beispiel hierfür ist eine umfangreiche Serie von LPs zu *Anno 1503*, die zwischen Oktober 2012 und Februar 2013, also knapp zehn Jahre nach Erscheinen des Titels, von einem Youtube-Nutzer produziert wurde, der dort als „Onkel

---

52 Die zwei futuristisch inszenierten Serientitel *Anno 2070* (Ubisoft, Windows, 2011) und *Anno 2250* (Ubisoft, Windows, 2015) habe ich ausgeklammert.

53 Siehe Tobias Winnerling, How to Get Away with Colonialism. Two decades of discussing the ANNO Series, in: Martin Lorber/Felix Zimmermann (Hrsg.), History in Games. Contingencies of an Authentic Past, Bielefeld 2020, S. 221–236.

54 Anno 1602: Erschaffung einer neuen Welt, Sunflowers Interactive Entertainment Software/Max Design, Windows, 1998; Anno 1503, Electronic Arts/Sunflowers Interactive Entertainment Software/Max Design, Windows, 2003.

55 Anno 1701, Aspyr Media/Related Designs, Windows 2006; Anno 1404, Ubisoft/Related Designs/Blue Byte Software, Windows, 2009.

56 Siehe bspw. für zeitgenössische LPs: MrPhilip201: Let's Play Anno 1404 GameGuide (German) #[001] – Datteln und Milch, 06.03.2010, URL: https://www.youtube.com/watch?v=dAbjSW_Lq5o (letzter Zugriff 04.12.2022); AoEIIIFan: Let's play Anno 1701 #1 (German), 02.10.2010, URL: https://www.youtube.com/watch?v=RMs45E4sGFQ (letzter Zugriff 04.12.2022). Für Retrogaming-LPs siehe bspw.: Mirko Scheffler: Anno 1701 [#01] – Guten Tag, eine Insel zum mitnehmen, bitte – Let's Play, 09.03.2016, URL: https://www.youtube.com/watch?v=bWykNWMvEws (letzter Zugriff 24.08.2022); Felix Günther: Let's Play [Deutsch]: Anno 1404 – Venedig #01 Kleinstadt bauen und Anno 1800 Diskussion, 18.09.2017, URL: https://www.youtube.com/watch?v=0mBfxTItyG8 (letzter Zugriff 04.12.2022).

Morph“ firmiert.[57] Die Serie umfasst insgesamt 84 Videos, die im Schnitt 15 bis 30 Minuten lang sind (zusammen über 27 Stunden) und mit großer Regelmäßigkeit erstellt und hochgeladen wurden.[58]

Die Videos erreichten insgesamt keine besonders hohen Abrufzahlen und stießen nur wenig Interaktion an. Einige tragen gar keine Kommentare,[59] und auch die kommentierten weisen im Regelfall weniger als zehn Beiträge auf, zu denen auch die Reaktionen Onkel Morphs selbst zählen. Die vorhandenen Kommentare beziehen sich zum Großteil direkt auf das Spielhandeln, oft in Form von Vorwürfen, dass der LetsPlayer nicht effektiv genug spiele oder wichtige Zusammenhänge übersehe:

> Jetzt muss ich dîr echt mal ein wenig unter die Arme greifen, so als Anno Veteran kann man nicht zuschauen. ^^, Also, auf deiner „Eisen-Insel“ hat es keine Fruchtbarkeit, da dort Schnee gibt, bzw [sic!] kann man dort nur noch Lampenöl herstellen mit den Walen.[60]

Darin zeigt sich, dass die historische Inszenierung und die Spielprozesse von den Spielenden getrennt voneinander betrachtet werden können, was gerade im Kontext serialisierter Digitaler Spiele nicht ungewöhnlich ist.[61] Die motivationale Komponente des Wissenserwerbs durch LPs bezieht sich dementsprechend vor allem auf die Ebene der Spielkompetenz, weniger auf die der präsentierten Inhal-

57 Nach Auskunft der Plattform eröffnete Onkel Morph seinen Youtube-Kanal am 28.08.2012; derzeit zählt er 6450 Abonnent*innen und insgesamt 4,3 Millionen Videoaufrufe. URL: https://www.youtube.com/c/morphszockerbude/about (letzter Zugriff 24.08.2022).

58 Onkel Morph, Let’s Play Anno 1503 #001 [Deutsch][HD] – Diese Insel wird unser sein, 01.10.2012, URL: https://www.youtube.com/watch?v=D4M1_2J9UqE (letzter Zugriff 23.08.2022); Onkel Morph, Let’s Play Anno 1503 #085 [Deutsch][HD] – The End ..., 04.02.2013, URL: https://www.youtube.com/watch?v=m9CyUnhn1DM (letzter Zugriff 23.08.2022). Obwohl das letzte Video die Nummer 85 trägt, umfasst die Reihe nur 84 LetsPlays, denn auf #068 folgt #070.

59 Siehe z. B. Onkel Morph, Let’s Play Anno 1503 #030 [Deutsch][HD] – Die nächsten Todgeweihten ..., 11.11.2012, URL: https://www.youtube.com/watch?v=XSeTrj9SThc (letzter Zugriff 23.08.2022): 2.383 Aufrufe, 13 „Gefällt mir“-Bewertungen, keine Kommentare, und: Onkel Morph, Let’s Play Anno 1503 #052 [Deutsch][HD] – Einer geht noch!, 19.12.2012, URL: https://www.youtube.com/watch?v=YzyRpSbqsTU (letzter Zugriff 23.08.2022): 1.090 Aufrufe, 17 „Gefällt mir“-Bewertungen, keine Kommentare.

60 Dakou, Kommentar zu: Onkel Morph, Let’s Play Anno 1503 #014 [Deutsch][HD] – Freibeuter gesichtet, Geldbeutel geleert!, 18.10.2012, URL: https://www.youtube.com/watch?v=hqKW9LvEEf0, 2012.

61 Siehe Tobias Winnerling, The eternal recurrence of all bits. How historicizing video games’ series transform factual history into affective historicity, in: eludamos. Journal for Computer Game Culture 8:1 (2014), S. 129–149, URL: http://www.eludamos.org/index.php/eludamos/article/view/vol8no1-10 (letzter Zugriff 23.08.2022).

te.[62] Kommentare mit Vergangenheitsbezug sind hier nahezu ausschließlich nostalgisch auf die eigene Biografie gerichtet: „Also angefangen bin ich 2007 oder 8 mit 1503 und dann habe ich erfahren das [sic!] 1404 rauskommt und habs mir damals zu Weihnachten gewünscht und spiele es bis heute!“[63]

Aus einigen wenigen Anmerkungen lässt sich immerhin erschließen, dass die historische Inszenierung für die Kommentator*innen ein wesentlicher Bezugspunkt der *Anno*-Titel zu sein scheint: „... aber 2070 finde [ich,] IST [sic!] das letzte [,] anno bedeutet doch Vergangenheit“.[64] Oder, wie es ein*e andere*r Kommentator*in ausdrückt: „Die Zukunftsteile spiele ich nicht. Habs auch nicht ausprobiert. Anno ist für mich ‚Damals, Anno XXXX‘ wo man mit Holzschiffen die neue Welt erobert und sich Siedlungen aufbaut.“[65] Diese Bezugnahme betrifft aber weniger konkrete historische Phänomene als vielmehr eine nicht näher bestimmte atmosphärische Anmutung von Geschichtlichkeit:[66] „Deine 2. Insel ist zwar besser aufgebaut aber ich finde deine Hauptinsel kommt meinem Ideal der Mittelalterstadt eher nahe)“.[67] Für eine weitergehende Aktivierung der Zuschauer*innen zugunsten einer eigenständigen Beschäftigung mit der dargestellten Geschichte gibt es dagegen keine Hinweise.

Dem ist natürlich nicht immer so – sonst wäre das Plädoyer für eine Nutzung von LPs als Belegen für die unabsichtliche Verarbeitung von Geschichtlichem auch wenig überzeugend. Eine LP-Serie zu *Anno 1701* soll daher als Gegenbeispiel dienen. Diese Reihe von LPs wurde im März 2016, also ebenfalls knapp zehn Jahre nach Veröffentlichung des Spiels im Oktober 2006, von Mirko Scheffler als Youtube-Nutzer „Rahmschnitzel“ erstellt.[68] Sie umfasst 17 Videos, die im Schnitt 20 Mi-

---

62 Sjöblom/Hamari, Why do people watch, S. 987.

63 Ich will ein Spiel mit dir spielen!, Kommentar zu: Onkel Morph, Let’s Play Anno 1503 #54 [Deutsch][HD] – Die Annotrojanische Flotte, 21.12.2012, URL: https://www.youtube.com/watch?v=zSlWLapnMUk (letzter Zugriff 24.08.2022).

64 Bronto, Kommentar zu: Onkel Morph, Let’s Play Anno 1503 #001, 2012.

65 Chain19901, Kommentar zu: Onkel Morph, Let’s Play Anno 1503 #057 [Deutsch][HD] – Keine Gnade!, 28.12.2012, URL: https://www.youtube.com/watch?v=0flqX5BytgQ (letzter Zugriff 24.08.2022).

66 Vgl. Felix Zimmermann, Approaching the Authenticities of Late Modernity, in: Lorber/Zimmermann, History in Games S. 9–23, hier S. 16–17.

67 Ich will ein Spiel mit dir spielen!, Kommentar zu: Onkel Morph, Let’s Play Anno 1503 #062 [Deutsch][HD] – Korrekturen on Mass [sic!], 06.01.2013, URL: https://www.youtube.com/watch?v=DpYVtHKJe5o (letzter Zugriff 24.08.2022).

68 Nach Auskunft der Plattform eröffnete Scheffler den Rahmschnitzel-LetsPlay-Kanal am 26.08.2011; derzeit zählt er 139.000 Abonnent*innen und ingesamt 59 Millionen Videoaufrufe. URL: https://www.youtube.com/c/Rahmschnitzel/about (letzter Zugriff 24.08.2022).

nuten lang sind (insgesamt fast sieben Stunden) und in einem Zeitraum von zwei Wochen veröffentlicht wurden.[69]

Auch in diesem Fall ist es so, dass die Kommentarintensität über die Reihe hinweg nicht sonderlich hoch ist. Keine Folge ist unkommentiert, aber drei (die Folgen 10, 13 und 15) tragen nur jeweils einen Kommentar und nur vier Folgen kommen auf mehr als zehn Kommentare. Die erste sticht mit 76 Kommentaren allerdings deutlich heraus, denn auf die restlichen 16 Folgen entfallen insgesamt nur 84 Kommentare. Dass die erste Folge einer LP-Serie die meisten Kommentare erhält, ist nicht ungewöhnlich – auch für die gerade betrachtete *Anno 1503*-Serie von Onkel Morph trifft das zu.[70]

Innerhalb dieser Kommentare zur ersten Folge zeigt sich grundsätzlich ebenfalls ein ganz ähnliches Muster wie bereits beobachtet. Auch hier überwiegen zunächst Kommentare zur Spielweise, die vor allem auf mehr Effizienz dringen, und Anmerkungen zum persönlichen Nostalgieempfinden der Zuschauer*innen. Es entspinnen sich allerdings auch zwei Diskussionen, die konkret die gezeigten historischen Phänomene verhandeln.

Die erste davon findet noch auf einem relativ niedrigen Reflexionsniveau statt. Es geht um die reine Faktizität des vom Spiel Dargestellten, unabhängig vom gezeigten Spielhandeln, unter Bezug auf den eingangs des LPs abgefilmten Vorspann des Spiels, in dem eine Erzählfigur, die stellvertretend für die Spieler*innen steht, von ihrer Königin mit dem Auftrag bedacht wird, neues Land zu besiedeln.[71] Die Diskussion entspann sich nun darum, ob die namenlose Königin auf eine realhistorische Vorlage zurückgehe. Ein*e Kommentator*in eröffnete mit folgender Überlegung: „Eine Königin im Jahr 1701... wer könnte das in der realen Welt eigentlich gewesen sein? Spontan würde mir nur Queen Anne von England einfallen.“[72] Ein zweiter Kommentar, der allerdings nicht direkt mit dem ersten verknüpft ist, griff diesen Gedanken in elaborierterer Form wieder auf:

> Ich denke mal die Königin am Anfang sollte wohl die Königin von England sein. Allderings wäre das Spiel dann ... naja sagen wir mal, historisch nicht ganz korrekt. 1701 hat noch William III regiert und erst 1702 ist ihm Queen Ann auf den Thron gefolgt. Aber wir wollen ja mal nicht so sein ^^[73]

---

69 Scheffler: Anno 1701 [#01]; Mirko Scheffler, Anno 1701 [#17] – Eine [sic!] Ende mit Krieg und Frieden [FINALE] – Let’s Play, 25.03.2016, URL: https://www.youtube.com/watch?v=sVNeQdAQZR0 (letzter Zugriff 24.08.2022).

70 Onkel Morph, Let’s Play Anno 1503 #001: 50 Kommentare.

71 Scheffler: Anno 1701 [#01], 00:12-00:50.

72 Cherry Dot, Kommentar zu Scheffler: Anno 1701 [#01], 2016.

73 Mr. Beekey, Kommentar zu Scheffler: Anno 1701 [#01], 2016 (orthographisch unverändert).

Damit war die Debatte auf dieser Ebene allerdings erst einmal beendet. Eine zeitlich deutlich spätere Antwort auf diesen zweiten Beitrag stellte unter Bezug auf die Konventionen der *Anno*-Serie in Frage, dass überhaupt eine realhistorische Person dargestellt sei: „die jahreszahl ist nicht historisch gewählt sondern nach quersumme. jeder anno-titel hat die quersumme 9. die ‚königin' ist wohl rein generisch."[74]

Die zweite Diskussion stellte sich, ebenfalls ohne konkrete Bezugnahme auf das gezeigte Spielhandeln, eine deutlich komplexere Reflexionsfrage, die alle bis dahin erschienenen historisch inszenierten *Anno*-Titel einbezog und ohne dieses spezifische Spielwissen auch nicht beantwortbar wäre. Ausgelöst wurde sie wahrscheinlich vom Audiokommentar, in dem Scheffler mehrfach darüber spricht, dass es ihm um den Vergleich der Spielprozesse zwischen *Anno 1701* und den anderen historisch inszenierten *Anno*-Teilen gehe und dass die grafische Gestaltung deutlich besser ausfalle als im Vorgängerteil *Anno 1503*. Der/die erste Kommentator*in wurde dadurch zu grundsätzlichen Überlegungen zum Zusammenhang von grafischer Gestaltung und dargestellter Geschichte angeregt:

> Hm, kann es irgendwie sein, dass in Anno von 1404 bis 1701 sich kaum was optisch getan hat? (nicht grafiksch!) Ich meine, historisch. 300 Jahre und eigentlich ist alle gleich, oder? Wobei hier hat der Hafen ein Stohdach... in 1404 ‚schon' Holz und Stein. O. o.[75]

Das angesprochene Problem ist dabei keineswegs trivial. Die 2016 verfügbaren historisch inszenierten *Anno*-Teile überspannen – zumindest dem in ihren Titeln erhobenen Anspruch nach – 297 Jahre Geschichte, vom Jahr 1404 bis ins Jahr 1701. Dennoch sind die grundlegenden Strukturen in allen Titeln in dem Maße gleich, dass sie bei synoptischer Betrachtung den Eindruck erwecken, es habe sich in diesen 297 Jahren eigentlich nichts Wesentliches verändert. Das gilt nicht nur für die hier angesprochene optische Gestaltung, sondern ebenso für die in den jeweiligen Titeln modellierten Prozesse. Der zeitnah erhobene Widerspruch in der Antwort auf diesen Kommentar vermutete hier ein Missverständnis, oder fiel selbst einem zum Opfer: „Historisch hat sich sehr viel getan! Das Mittelalter ist vorbei gegangen, am Ende der von dir beschriebenen Zeit gab es schon die Aufklärung!"[76]

Falls die Antwort nicht einem Missverständnis bezüglich der Intention der Frage geschuldet sein sollte, ist sie nicht so naiv, wie sie sich in diesem Zusammenhang vielleicht liest. Diskussionen unter LPs finden in einem pseudonymen Kontext statt, in dem keine Vorverständigung über den gegenseitigen Wissens-

74 Alexander, Kommentar zu Mr. Beekey, Kommentar zu Scheffler: Anno 1701 [#01], 2017.
75 Luikart, Kommentar zu Scheffler: Anno 1701 [#01], 2016 (orthographisch unverändert).
76 Syn thax [sic!], Kommentar zu Luikart, Kommentar zu Scheffler: Anno 1701 [#01], 2016.

stand möglich ist. Demzufolge war die Vermutung, dass der*die Erstkommentator*in eventuell nicht über erweitertes Wissen über die Frühe Neuzeit verfügte, nicht ohne Weiteres von der Hand zu weisen. Gerade in Digitalen Spielen kommt die Epoche zwar inhaltlich gesehen recht häufig vor, wird aber nie als solche benannt,[77] sodass damit wohl auch kaum weitergehende Rezeptionsprozesse angestoßen werden.

Wiewohl faktisch korrekt, ging diese Aussage jedoch am eigentlichen Problem vorbei, sodass eine Neuformulierung folgte: „Ich meinte, dass man so am Gebäude-Stil kaum einen Unterschied sehen kann. Im Gegenteil, 1404 wirkt ‚moderner'... 1701 mit Strohdächern?"[78] Damit endete die Diskussion an dieser Stelle jedoch, zumindest soweit sich das feststellen lässt. Natürlich wäre es möglich, dass sie in anderen medialen Formaten weitergeführt wurde. Sowohl in der Onkel-Morph- wie auch in der Scheffler-Reihe gibt es an einigen Stellen Verweise auf parallele Chat-Kommunikation, auf Foren und soziale Medien, jedoch stets so, dass diesen Spuren nicht gefolgt werden kann, vor allem nicht im Abstand von mehreren Jahren in flüchtigen digitalen Medienensembles.

Unabhängig davon zeigt diese Diskussion dennoch auf, dass hier ein Bewusstsein für problematische Darstellungskonventionen innerhalb der *Anno*-Serie artikuliert wurde. Die dahinterstehende Frage, ob die Epochen bis zum Beginn der Moderne im 19. Jahrhundert als stärker durch Kontinuitäten oder durch Wandel geprägt verstanden werden sollte, ist ein ernst zu nehmendes historiografisches Forschungsproblem.[79] Bis zu dieser Reflexionsebene gelangte die Diskussion allerdings nicht.

Das mag auch daran liegen, dass es sich bei den 76 Kommentaren zum ersten Video der Scheffler-Serie nicht um eine Diskussion, sondern um disparate Äußerungen handelt, die von den Zuschauer*innen nicht zusammengefasst wurden – wobei auch nicht klar gesagt werden kann, welche Kommentare jeweils bereits vorhanden waren, als die übrigen getätigt wurden, weil die genaue Erstellzeit nicht festgestellt werden kann. Da die Möglichkeit, Kommentare hinzuzufügen, aber dauerhaft bestehen bleibt, ist es immerhin seltsam, dass niemand die eigent-

---

77 Vgl. Josef Köstlbauer/Eugen Pfister/Tobias Winnerling, Piraten, Ninja und Strategen! Digitale Spiele als hyperkompetitive Inszenierung frühneuzeitlicher Konfliktfelder, in: Hillard von Thiessen/Franziska Neumann/Jorun Poettering (Hrsg.), Konkurrenzen in der Frühen Neuzeit, Köln u. a. 2023, S. 261–283, hier S. 280–283.

78 Luikart, Kommentar zu syn thax [sic!], Kommentar zu Luikart, Kommentar zu Scheffler: Anno 1701 [#01], 2016.

79 Siehe z. B. Hiram Kümper, Rezension zu: Jaser, Christian/Lotz-Heumann, Ute/Pohlig, Matthias (Hrsg.), Alteuropa – Vormoderne – Neue Zeit. Epochen und Dynamiken der europäischen Geschichte (1200–1800), Berlin 2012, in: H-Soz-Kult, 24.04.2014, URL: www.hsozkult.de/publicationreview/id/reb-18937 (letzter Zugriff 04.12.2022).

lich offensichtliche Verknüpfung zwischen der Frage nach der Identität der Königin und der Problematisierung der Darstellungskonventionen bemerkt hat. Das mit abgefilmte Vorspannvideo zeigt nämlich deutlich, dass die „generische“ Königin nach den bekannten Darstellungen Elisabeths I. modelliert wurde.[80] Obwohl per Titel im frühen 18. Jahrhundert verortet, greift *Anno 1701* auf einen Bildfundus zurück, der sich ungehemmt an der gesamten Frühen Neuzeit bedient und häufiger auf das 16. als auf das 18. Jahrhundert verweist.[81]

In der Zusammenführung solcher Stränge von Beobachtungen dritter Ordnung liegt also noch reichlich Potenzial für Historiker*innen, wenn es darum geht, akzidentellen geschichtskulturellen Rezeptionsphänomenen nachzuspüren. Hier lässt sich anhand eines Ausschnitts der digitalen User*innenkultur seit den 2010er Jahren beobachten, was schließlich vom Historischen übrigbleibt, wenn es in lebensweltlich nur noch entfernt daran angebundenen Zusammenhängen abseits aller Fachdiskussionen verhandelt wird – in medialen Formen, die von ihren Rezipient*innen selbst hinsichtlich ihrer Fähigkeit zur adäquaten Darstellung historischer Phänomene kritisch betrachtet werden.[82] Durch das Interesse am Historischen, das aber zumindest für manche der Teilnehmer*innen an diesen Diskussionen eine gemeinsame Grundlage bildet, und durch dessen Überkreuzungen mit dem für das LP grundlegenden Interesse an Digitalen Spielen gelangen nichtsdestotrotz dennoch immer wieder Bruchstücke der Inhalte und Validierungsverfahren geschichtswissenschaftlicher Diskurse und Diskussionen in die LPs hinein, formale und informelle Wissensräume vermischen sich in verschiedenen Abstufungen.[83] Damit stellt sich für die geschichtswissenschaftliche Beobachtung eine Frage, die für die LetsPlayer*innen und ihre Kommunikationspartner*innen, wenn überhaupt, nur eine untergeordnete Rolle spielt: Woraus beziehen die Inszenierungen des Historischen, die hier in der Distanzierung der Beobachtung zweiter und dritter Ordnung verhandelt werden, für die Akteur*innen im digitalen Ökosystem des LPs ihre Glaubwürdigkeit? Das lässt sich nur herausfinden, wenn Historiker*innen das Phänomen genauer unter die Lupe nehmen.

Let’s play it.

---

80 Scheffler: Anno 1701 [#01], 00:20-00:50.

81 Vgl. auch das klar dem Globe Theatre nachgebildete Theater, das in Folge 7 der Reihe zu sehen ist: Mirko Scheffler, Anno 1701 [#07] – Herr Rahm vergeigt die Aufgaben – Let’s Play, 15.03.2016, URL: https://www.youtube.com/watch?v=1FzYVNUoTxM (letzter Zugriff 24.08.2022), 02:40-03:10.

82 Copplestone, But that’s not accurate, S. 424.

83 Beavers, Informal Learning, S. 282.

Literatur

Ackermann, Judith (2017), Einleitung. Phänomen Let's Play – Entstehung und wissenschaftliche Relevanz eines Remediatisierungsphänomens, in: Ackermann, Judith (Hrsg.), Phänomen Let's Play-Video. Entstehung, Ästhetik, Aneignung und Faszination aufgezeichneten Computerspielhandelns, Wiesbaden, S. 1–15.

Beavers, Sian (2022), The Informal Learning of History with Digital Games, Diss: Open University, Milton Keynes.

Bierstedt, Adam F. (2022), Livestreaming History: The Streamer-Historian and Historical Games Outreach, in: Games and Culture 14:1, S. 1–14, DOI: 10.1177/15554120221115394.

Burgess, Jacqueline/Jones, Christian (2022), Exploring Player Understandings of Historical Accuracy and Historical Authenticity in Video Games, in: Games and Culture 17:5, S. 816–835.

Burwell, Catherine/Miller, Thomas (2016), Let's Play: Exploring literacy practices in an emerging videogame paratext, in: E-Learning and Digital Media 13:3/4, S. 109–125, DOI: 10.1177/2042753016677858.

Copplestone, Tara Jane (2017), But that's not accurate: the differing perceptions of accuracy in cultural-heritage videogames between creators, consumers and critics, in: Rethinking History 21:3, S. 415–438, DOI: 10.1080/13642529.2017.1256615.

de Andrade, Daniela Linkevicius/Vasques Filho, Demival (2022), Moderation and authority-building process: the dynamics of knowledge creation on history subreddits, in: Internet Histories 6, S. 1–23, DOI: 10.1080/24701475.2022.2110564.

Demantowsky, Marko/Pallaske, Christoph (Hrsg.) (2015), Geschichte lernen im digitalen Wandel, Berlin/München/Boston.

Droste, Stefan (2016), After Action Reports – zur Narrativierung des Strategiespielens, in: Militär und Gesellschaft in der Frühen Neuzeit 20, S. 53–82.

Freyermuth, Gundolf S. (2021), Paratext | Paraplay. Contextualizing the Concept of Paratextuality, in: Beil, Benjamin/Freyermuth, Gundolf S./Schmidt, Hanns Christian (Hrsg.), Paratextualizing Games. Investigations on the Paraphernalia and Peripheries of Play, Bielefeld, S. 13–52.

Giere, Daniel (2019), Computerspiele – Medienbildung – historisches Lernen. Zu Repräsentation und Rezeption von Geschichte in digitalen Spielen, Frankfurt am Main.

Glas, René (2015), Vicarious play: Engaging the viewer in Let's Play videos, in: Empedocles: European Journal for the Philosophy of Communication 5:1/2, S. 81–86, DOI: 10.1386/ejpc.5.1-2.81_1.

Hutcheon, Linda (2005), „The Pastime of Past Time": Fiction, History, Historiographical Metafiction, in: Hoffman, Michael J./Murphy, Patrick D. (Hrsg.), Essentials of the Theory of Fiction, 3. Aufl., Durham/London, S. 275–296.

Kirschner, Heiko/Eisewicht, Paul (2017), Spielende und ihr Publikum – unterhaltungsorientierte Darstellungen des Spielens auf Online-Videoplattformen, in: Ackermann, Judith (Hrsg.), Phänomen Let's Play-Video. Entstehung, Ästhetik, Aneignung und Faszination aufgezeichneten Computerspielhandelns, Wiesbaden, S. 133–144.

Köstlbauer, Josef/Pfister, Eugen/Winnerling, Tobias (2023), Piraten, Ninja und Strategen! Digitale Spiele als hyperkompetitive Inszenierung frühneuzeitlicher Konfliktfelder, in: von Thiessen, Hillard/Neumann, Franziska/Poettering, Jorun (Hrsg.), Konkurrenzen in der Frühen Neuzeit, Köln u. a., S. 261–283.

Kümper, Hiram (2014), Rezension zu: Jaser, Christian/Lotz-Heumann, Ute/Pohlig, Matthias (Hrsg.) (2014), Alteuropa – Vormoderne – Neue Zeit. Epochen und Dynamiken der europäischen Geschichte (1200–1800), Berlin 2012, in: H-Soz-Kult, 24.04.2014, URL: www.hsozkult.de/publication review/id/reb-18937 (letzter Zugriff 04.12.2022).

Marak, Katarzyna (2021), Benefits of Including Let's Play Recordings in Close Readings of Digital Game Texts, in: Beil, Benjamin/Freyermuth, Gundolf S./Schmidt, Hanns Christian (Hrsg.), Paratextualizing Games. Investigations on the Paraphernalia and Peripheries of Play, Bielefeld, S. 213–236.

Menotti, Gabriel (2014), Videorec as gameplay: Recording playthroughs and video game engagement, in: G|A|M|E: The Italian Journal of Game Studies 1:3, S. 81–94.

Nolden, Nico (2019), Geschichte und Erinnerung in Computerspielen. Erinnerungskulturelle Wissenssysteme, Berlin/Boston.

Pfister, Eugen/Winnerling, Tobias (2020), Digitale Spiele und Geschichte. Ein kurzer Leitfaden für Student*innen, Forscher*innen und Geschichtsinteressierte, Glückstadt.

Radde-Antweiler, Kerstin/Zeiler, Xenia (2016), Methods for Analyzing Let's Plays: Context Analysis for Gaming Videos on YouTube, in: Gamevironments 2, S. 100–139, URL: http://nbn-resolving.de/urn:nbn:de:gbv:46-00104729-10 (letzter Zugriff: 02.03.2023).

Rehders, Henrike (2019), Partizipation für alle? Partizipative Geschichtskultur auf YouTube, in: Bunnenberg, Christian/Steffen, Nils (Hrsg.), Geschichte auf Youtube. Neue Herausforderungen für Geschichtsvermittlung und historische Bildung (Medien der Geschichte, Bd. 2), Berlin/Boston, S. 193–210.

Rodewald, Vera Marie (2017), Die Lust am Vorspielen. Zur theatralen Inszenierung des Computerspielens, in: Ackermann, Judith (Hrsg.), Phänomen Let's Play-Video. Entstehung, Ästhetik, Aneignung und Faszination aufgezeichneten Computerspielhandelns, Wiesbaden, S. 105–118.

Rodewald, Vera Marie (2020), Let's Play & Streaming, in: Zimmermann, Olaf/Falck, Felix (Hrsg.), Handbuch Gameskultur, Berlin, S. 151–156.

Sjöblom, Max/Hamari, Juho (2017), Why do people watch others play video games? An empirical study on the motivations of Twitch users, in: Computers in Human Behavior 75, S. 985–996.

Vandewalle, Alexander/Daneels, Rowan/Simons, Emma/Malliet, Steven (2022), Enjoying My Time in the Animus: A Quantitative Survey on Perceived Realism and Enjoyment of Historical Video Games, in: Games and Culture 17, S. 1–21, DOI: 10.1177/15554120221115404.

Venus, Jochen (2017), Stilisierte Rezeption. Überlegungen zum epistemischen Status von Let's Play-Videos, in: Ackermann, Judith (Hrsg.), Phänomen Let's Play-Video. Entstehung, Ästhetik, Aneignung und Faszination aufgezeichneten Computerspielhandelns, Wiesbaden, S. 19–30.

Verständig, Dan/Holze, Jens (2017), It's not just a game – Subversive Praktiken in digitalen Spielkulturen, in: Ackermann, Judith (Hrsg.), Phänomen Let's Play-Video. Entstehung, Ästhetik, Aneignung und Faszination aufgezeichneten Computerspielhandelns, Wiesbaden, S. 225–240.

Wimmer, Jeffrey (2017), „Erfahrenen Gamern sozusagen über die Schulter schauen". Eine Interviewstudie deutscher YouTube-NutzerInnen zu Let's Play-Videos, in: Ackermann, Judith (Hrsg.), Phänomen Let's Play-Video. Entstehung, Ästhetik, Aneignung und Faszination aufgezeichneten Computerspielhandelns, Wiesbaden, S. 147–160.

Winnerling, Tobias (2014), The eternal recurrence of all bits. How historicizing video games' series transform factual history into affective historicity, in: eludamos. Journal for Computer Game Culture 8:1, S. 129–149, URL: http://www.eludamos.org/index.php/eludamos/article/view/vol8no1-10 (letzter Zugriff 23.08.2022).

Winnerling, Tobias (2020), How to Get Away with Colonialism. Two decades of discussing the ANNO Series, in: Lorber, Martin/Zimmermann, Felix (Hrsg.), History in Games. Contingencies of an Authentic Past, Bielefeld, S. 221–236.

Zimmermann, Felix (2020), Approaching the Authenticities of Late Modernity, in: Lorber, Martin/Zimmermann, Felix (Hrsg.), History in Games. Contingencies of an Authentic Past, Bielefeld, S. 9–23.

Videos

AoEIIIFan (02.10.2010), Let's play Anno 1701 #1 (German), URL: https://www.youtube.com/watch?v=RMs45E4sGFQ (letzter Zugriff 04.12.2022).

Felix Günther (18.09.2017), Let's Play [Deutsch]: Anno 1404 – Venedig #01 Kleinstadt bauen und Anno 1800 Diskussion, URL: https://www.youtube.com/watch?v=0mBfxTItyG8 (letzter Zugriff 04.12.2022).

Mirko Scheffler (09.03.2016), Anno 1701 [#01] – Guten Tag, eine Insel zum mitnehmen, bitte – Let's Play, URL: https://www.youtube.com/watch?v=bWykNWMvEws (24.08.2022).

Mirko Scheffler (15.03.2016), Anno 1701 [#07] – Herr Rahm vergeigt die Aufgaben – Let's Play, URL: https://www.youtube.com/watch?v=1FzYVNUoTxM (letzter Zugriff 24.08.2022).

Mirko Scheffler (25.03.2016), Anno 1701 [#17] – Eine [sic!] Ende mit Krieg und Frieden [FINALE] – Let's Play, URL: https://www.youtube.com/watch?v=sVNeQdAQZR0 (letzter Zugriff 24.08.2022).

MrPhilip201 (06.03.2010), Let's Play Anno 1404 GameGuide (German) #[001] – Datteln und Milch, URL: https://www.youtube.com/watch?v=dAbjSW_Lq5o (letzter Zugriff 04.12.2022).

Nico Nolden (31.03.2022), Special | Digitale Spiele und Geschichte | Ein Blog, 10 Jahre Forschung und ein Jahresplan Youtube, URL: https://www.youtube.com/watch?v=YoyESxsgF3k (letzter Zugriff 23.08.2022).

Nico Nolden (10.08.2022), Special | Digitale Spiele und Geschichte | Halbzeitbilanz für das Jahresprojekt auf Youtube, URL: https://www.youtube.com/watch?v=2AgTBLD4Vl8&list=PLczT7w2lN8-si3SL_Hj4PGI0EIxMnyuhfa (letzter Zugriff 23.08.2022).

Onkel Morph (01.10.2012), Let's Play Anno 1503 #001 [Deutsch][HD] – Diese Insel wird unser sein, URL: https://www.youtube.com/watch?v=D4M1_2J9UqE (letzter Zugriff 23.08.2022).

Onkel Morph (11.11.2012), Let's Play Anno 1503 #030 [Deutsch][HD] – Die nächsten Todgeweihten ..., URL: https://www.youtube.com/watch?v=XSeTrj9SThc (letzter Zugriff 23.08.2022).

Onkel Morph (19.12.2012), Let's Play Anno 1503 #052 [Deutsch][HD] – Einer geht noch!, URL: https://www.youtube.com/watch?v=YzyRpSbqsTU (letzter Zugriff 23.08.2022).

Onkel Morph (04.02.2013), Let's Play Anno 1503 #085 [Deutsch][HD] – The End ..., URL: https://www.youtube.com/watch?v=m9CyUnhn1DM (letzter Zugriff 23.08.2022).

Marie Föllen

Vom Dorf zum Weltreich in 20 Minuten – Römische Expansion im Spannungsfeld zwischen Fachwissenschaft und didaktischer Reduktion auf Youtube

I Einführung

Seit geraumer Zeit lässt sich sowohl in geschichtskulturellen als auch in schulischen und universitären Lehr- und Lernkontexten eine Verschiebung von literarischem hin zu audio-visuellem Lernen beobachten.[1] Mit dieser Tendenz einher geht ein großes und stetig weiterwachsendes Angebot an verschiedenen Medienformen, möglicherweise als ein Auslöser, sicher aber auch als eine Reaktion auf diese Entwicklung des historischen Lernens: Formate wie Videos, filmische Dokumentationen oder auch Podcasts erfahren eine immer größere Relevanz bei der Auseinandersetzung mit historischen Themen, was nicht zuletzt die Nutzerzahlen der jeweiligen Beiträge eindrucksvoll belegen.[2] Wohl auch durch die verstärkte Nutzung erfahren diese Formate im Kontext von historischem Lernen im Bereich der geschichtsdidaktischen Forschung seit den 1990er Jahren stetig mehr Aufmerksamkeit.[3]

Eine besondere Rolle innerhalb dieses ständig wachsenden Angebots nehmen Erklärvideos und die Plattformen ein, auf denen diese präsentiert werden; darun-

1 Christian Bunnenberg/Nils Steffen, Broadcast Yourself: History Stories! Geschichte auf YouTube – eine Bestandsaufnahme, in: Christian Bunnenberg/Nils Steffen (Hrsg.), Geschichte auf YouTube. Neue Herausforderungen für Geschichtsvermittlung und historische Bildung (Medien in der Geschichte 2), Berlin/Boston 2019, S. 3–24 (künftig: Bunnenberg/Steffen, Broadcast Yourself), hier S. 3 und 9; Marie Föllen/Bernhard Linke, „Rom in 3 Minuten" – Ein Werkstattbericht über den Einsatz von Erklärvideos für Studierende der Geschichtswissenschaft, in: Bunnenberg/Steffen (Hrsg.), Geschichte auf YouTube, S. 283–294, hier S. 283; Rat für Kulturelle Bildung e. V., Jugend/YouTube/Kulturelle Bildung. Horizont 2019. Studie: Eine repräsentative Umfrage unter 12- bis 19-Jährigen zur Nutzung kultureller Bildungsangebote an digitalen Kulturorten, Essen, S. 8 f.

2 Nils Steffen, Doing History auf YouTube – Erklärvideos als Form performativer Historiografie, in: Christian Bunnenberg/Nils Steffen (Hrsg.), Geschichte auf YouTube. Neue Herausforderungen für Geschichtsvermittlung und historische Bildung (Medien in der Geschichte 2), Berlin/Boston 2019, S. 61–70 (künftig: Steffen, History), hier S. 61.

3 Bunnenberg/Steffen, Broadcast Yourself, S. 6–9 und 14–16; Marko Demantowsky/Christoph Pallaske, Geschichte lernen im digitalen Wandel. Einleitung, in: Marko Demantowsky/Christoph Pallaske (Hrsg.), Geschichte lernen im digitalen Wandel, Berlin u. a. 2015, S. VII-XVI, S. VIII f.

https://doi.org/10.1515/9783110792898-007

ter auch Youtube.[4] Die Beiträge sind kostenfrei im Internet konsumier- und auch in der Lehre einsetzbar, was sie als Lern- und Lehrmedium sehr attraktiv macht: Einerseits sind die Hürden der Nutzung besonders niedrig und andererseits – oder vielleicht auch gerade deshalb – sind die Videos häufig so gestaltet, dass sie von einem möglichst breiten Publikum rezipiert werden können, da sie kompakt gehalten, sprachlich leicht verständlich und fachwissenschaftlich nicht „überfrachtet" sind.[5]

Eine zentrale Rolle bei der Aufbereitung historischer Themen für die entsprechenden Videos spielt demnach eine gewisse didaktische Reduktion: Es gilt, die Inhalte so weit auf ihre „Quintessenz", also in der Praxis in den meisten Fällen auf die in den Lehrplänen angelegten Lernziele, zu reduzieren, dass sie in ihrem Umfang und ihrer Komplexität nicht überfordern. Die anschließende Herausforderung liegt darin, sie anschaulich und hinsichtlich der beabsichtigten Klickzahlen auch entsprechend attraktiv zu präsentieren.[6] Der Anspruch auf fachlich korrektes Arbeiten bleibt bei diesem Prozess aber gleichzeitig bestehen: Konkret heißt dies, dass die präsentierten Interpretationen lediglich den Anspruch auf Plausibilität, nicht aber auf eine de facto nicht existente historische Wahrheit erheben. Innerhalb dieser scheinbar gegensätzlichen Pole – fachlicher Anspruch und eine dem Format angemessene Adressatenorientierung – bewegen sich Produzent*innen von Erklärvideos zwangsläufig immer in einem Spannungsfeld, was aber auch im Rahmen fachlich und didaktisch motivierter Video-Historiografie nicht zwangsläufig ein Dilemma bedeuten muss.

In den folgenden Ausführungen sollen die beschriebenen Herausforderungen und Chancen anhand eines fachlichen Beispiels aus der römischen Geschichte genauer exemplifiziert werden: anhand der römischen Expansion zur Zeit der mittleren Republik im 3. und 2. Jahrhundert v.Chr. Um die Präsenz dieses Themas im Kontext von Erklärvideos und damit seine Relevanz in diesem Bereich einordnen und untersuchen zu können, wird zunächst eine Art Bestandsaufnahme der römischen Geschichte im deutschsprachigen Bereich von Youtube vorgenommen, vor allem im Hinblick auf das gewählte inhaltliche Beispiel der römischen Expansion. Der darauffolgende Abgleich der präsentierten Inhalte mit der fachwissenschaftlichen Perspektive auf dieses Thema lässt die Widersprüche und Schwierigkeiten klar hervortreten, komplexe Inhalte ohne einen Verlust an wissenschaftlicher Qualität für kurze Videoformate zu komprimieren. In einem letzten Schritt wird daran anschließend der Versuch unternommen, aufzuzeigen, wie gerade durch

4 Bunnenberg/Steffen, Broadcast Yourself, S. 11–13; Ralf Tenberg, Didaktische Erklärvideos: Ein Praxis-Handbuch, Stuttgart 2021, S. 14 und 18.

5 Bunnenberg/Steffen, Broadcast Yourself, S. 5 und 13; Steffen, History, S. 62.

6 Bunnenberg/Steffen, Broadcast Yourself, S. 14.

das Festhalten an komplexen inhaltlichen Punkten und deren didaktische Reduktion für das Medium Erklärvideo wertvolle Lernaspekte generiert werden können, die andernfalls nicht bestanden hätten.

II Die Präsenz der römischen Geschichte auf Youtube (im deutschsprachigen Bereich)

Neben zahlreichen Beiträgen zur neuzeitlichen und mittelalterlichen Geschichte besteht auf der wohl bekanntesten Videoplattform im Internet auch für die Alte Geschichte ein Video-Angebot, wenn auch ein vergleichsweise spärliches: Präsent sind antike Inhalte vor allem in den Formaten von Dokumentationen wie etwa der Terra-X-Reihe des ZDF[7] oder auch in kurzen bis mittellangen Erklär- oder Lernvideos. Eher laienhaft produzierten Beiträgen einzelner Geschichtsinteressierter stehen weitaus breiter rezipierte, professionell produzierte Kanäle gegenüber: Besonders bekannte Beispiele sind der Kanal „MrWissen2Go Geschichte“,[8] mittlerweile eine Produktion der Funk-Gruppe unter der Moderation von Mirko Drotschmann, oder auch die Videos des Kanals „Geschichte – simpleclub“.[9]

Im Vergleich zur griechischen Geschichte ist auf Youtube die römische quantitativ deutlich stärker repräsentiert. Hier finden sich neben Längsschnittthemen, wie dem römischen Alltagsleben (genauer: Videos zum römischen Nachtleben und zu anderen Unterhaltungssektoren, zur Kochkultur und weiteren Spezialthemen), auch Beiträge zu breiteren gesellschaftlichen Themen, wie etwa dem römischen Frauenbild und dem römischen Umgang mit Sexualität. In anderen Videos richtet sich der Blick auf Kuriositäten oder Biografien einzelner bekannter Persönlichkeiten, wie etwa die beiden Reformpolitiker Tiberius und Gaius Sempronius Gracchus, Gaius Julius Caesar oder auch den faktisch ersten römischen Kaiser Augustus. Ein weiterer großer Bereich deckt Inhalte der Infrastruktur ab, worunter unter anderem auch Thermenanlagen sowie Fragen der Bautechnik und Grenzsicherung wie beispielsweise der Limes in Germanien fallen.

Betrachtet man die zeitliche Komponente der Inhalte, so fällt auf, dass Beiträge zu einigen bestimmten Zeitabschnitten der römischen Geschichte quantitativ stärker vertreten sind als zu anderen: Während zur Spätantike nur vereinzelte

7 Terra-X, URL: https://www.youtube.com/c/terra-x (letzter Zugriff 25.06.2022).

8 MrWissen2go Geschichte, URL: https://www.youtube.com/c/MrWissen2goGeschichte (letzter Zugriff 25.06.2022).

9 Geschichte – simpleclub, URL: https://www.youtube.com/c/Geschichtesimpleclub (letzter Zugriff 25.06.2022).

Videos zu finden sind – etwa zum Ende des römischen Reiches, hier besonders zu dessen Teilung und Zerfall –, liegt der Schwerpunkt des Angebots klar auf den Zeiträumen des Prinzipats und der Republik, auf die im folgenden Kapitel genauer eingegangen wird.

III Die römische Expansion in Youtube-Videos – eine Bestandsaufnahme

Als Fokus der angebotenen Videos zur römischen Republik lässt sich neben der Konstitution und Veränderung des politischen Systems vor allem Roms politisch-territoriale Entwicklung ausmachen, die in engem Zusammenhang mit Beiträgen zum römischen Militär sowie zur militärischen Expansion und territorialen Konsolidierung steht. Hier gibt es eine klare Verknüpfung mit dem Schulunterricht, in dem die Ausbreitung der römischen Herrschaft bis in den linksrheinischen Raum durch archäologische und kulturelle Hinterlassenschaften in unmittelbarer Nähe einen konkreten Lebensweltbezug für die Schüler*innen darstellt. Dabei spielen unter anderem das Verständnis für bestimmte historische Plätze, aber auch für abstraktere Verbindungspunkte wie die sprachliche Verwandtschaft zum Lateinischen eine Rolle.[10] Die folgende Tabelle fasst die Ergebnisse der Recherche nach der römischen Expansion zu Republikzeiten im deutschsprachigen Youtube mitsamt ihren Rezeptionsdaten zusammen:

Tab. III.1: Datenübersicht über Youtube-Videos zur römischen Expansion

	Titel	Kanal	Länge	Veröffentlichung	Aufrufe
1	Römische Expansion	Jule Sommersberg	10:57	02.04.2014	21.744 (Stand Ende September 2021) 22.289 (Stand Ende Juli 2022)

10 „Das Inhaltsfeld behandelt das Leben in griechischen Poleis wie auch im antiken Rom. […] Die Wechselbeziehung zwischen Expansion und Systemwandel in Gesellschaft und Politik wird am antiken Rom nachgezeichnet. Des Weiteren werden Lebenswirklichkeit und -gestaltung in der römischen Familie und Gesellschaft behandelt. Das Inhaltsfeld gibt Einblicke in die für die europäische Kultur grundlegende Bedeutung der Romanisierung und eröffnet einen Blick auf andere und fremde Kulturkreise." Kernlehrplan für die Sekundarstufe I. Gymnasium in Nordrhein-Westfalen. Geschichte, Düsseldorf 2019, S. 16.

	Titel	Kanal	Länge	Veröffentlichung	Aufrufe
2	Die Entstehung von Rom – Der Weg zur Römischen Weltmacht	Geschichte – simpleclub	05:03	15.09.2016	423.172 (Stand Ende Juni 2022) 424.993 (Stand Ende Juli 2022)
3	Die Erste Expansion von Rom	Geschichte – simpleclub	06:14	25.09.2016	119.286 (Stand Ende September 2021) 130.076 (Stand Ende Juli 2022)
4	Entstehung der Römischen Weltmacht – Expansion von Rom 4	Geschichte – simpleclub	05:57	16.10.2016	154.293 (Stand Ende September 2021) 170.226 (Stand Ende Juli 2022)
5	Antikes Rom I Geschichte, Römisches Reich „Vom Stadtstaat zum Weltreich“	MrWissen2go Geschichte (Mirko Drotschmann)	15:20	19.07.2018	816.985 (Stand Ende März 2021) 998.299 (Stand Ende September 2021) 1.238.510 (Stand Ende Juli 2022)
6	Römische Geschichte I – Die Republik 3: Unterwerfung Italiens / Expansion	eManual Alte Geschichte Universität Hamburg (Univ.-Prof. Dr. Werner Rieß)	21:17	22.06.2018	1.742 (Stand Ende September 2021) 2.122 (Stand Ende Juli 2022)
7	Römische Geschichte I – Die Republik 4: Expansion / Krise / Gracchen	eManual Alte Geschichte Universität Hamburg (Univ.-Prof. Dr. Werner Rieß)	19:34	22.06.2018	2.648 (Stand Ende September 2021) 3.187 (Stand Ende Juli 2022)
8	Rom: Imperium wider Willen? – Gedanken zur Expansionsgeschichte der Römischen Republik	Steinwallen – Games & History	27:55	24.03.2019	15.222 (Stand Ende September 2021) 17.481 (Stand Ende Juli 2022)
9	Wie erobern die Römer die Welt? Das Römer-Experiment	Planet Schule (SWR)	14:40	19.10.2019	960.800 (Stand Ende September 2021) 1.023.344 (Stand Ende Juli 2022)

	Titel	Kanal	Länge	Veröffentlichung	Aufrufe
10	Römisches Reich: Darum war es so erfolgreich	MrWissen2go Geschichte	14:41	25.02.2021	159.675 (Stand Ende März 2021) 309.584 (Stand Ende September 2021) 403.377 (Stand Ende Juli 2022)

Zentral bei all diesen Beiträgen zur Territorialität Roms sind die folgenden Fragen: Welches konkrete Ausmaß erreichte die territoriale Ausdehnung des römischen Reiches und welche Gründe und Faktoren können hierfür ausfindig gemacht werden? Diese doch eher weit gefassten Themenkomplexe in einem Beitrag von 5 bis 30 Minuten Videozeit beantworten zu wollen, mag im Hinblick auf die vielfältigen und umfassenden Forschungsrichtungen und -debatten zu diesem weiten Oberthema durchaus ambitioniert erscheinen. Auffällig ist zudem die latente, fast durchgehend positiv besetzte Konnotation der römischen Territorialentwicklung: Expansion erscheint unwillkürlich als Leistung und territoriale Ausdehnung erhält dementsprechend den Charakter einer Erfolgsgeschichte. In Hinblick auf die Kürze der Laufzeit eines Videos, die ein entscheidender Faktor für dessen Attraktivität ist, die sich wiederum am Nutzerverhalten und der Berücksichtigung durch Algorithmen, kurz: den Klickzahlen, ablesen lässt, provoziert diese angekündigte Erfolgsgeschichte gleichzeitig die Erwartungshaltung, innerhalb des Beitrags ein entsprechend kompaktes „Erfolgsrezept“ der römischen Expansion zu erhalten. Dies spiegelt sich auch in einigen Titeln wider, die Roms territoriale Entwicklung als eine Wachstumsgeschichte von einem Dorf oder einem kleinen Stadtstaat zu einem Imperium oder Weltreich bezeichnen.

Welche konkreten Einzelnarrative lassen sich bei den vorgestellten Videos zur Entwicklung Roms nun genau ausmachen? Werden dabei eher vermeintliche Fakten oder auch Diskussionspunkte der Forschung bzw. der Fachwissenschaft präsentiert? Die Ergebnisse der Analyse der Videos hinsichtlich der darin enthaltenen Narrative können in Vorbereitung auf den folgenden Abgleich mit der Fachwissenschaft unter den folgenden Stichworten zusammengefasst und kategorisiert werden:

Tab. III.2: Einordnung der in den Videos präsentierten Erfolgsfaktoren der römisch-republikanischen Expansion

In den Videos als unstrittig präsentierte „Erfolgsfaktoren" der Expansion	In den Videos als (eher) kontrovers präsentierte „Erfolgsfaktoren" der Expansion
Die Rekrutierungsmöglichkeiten des römischen Bundesgenossensystems seien Voraussetzung für die Siege Roms in häufigen, langwierigen und verlustreichen militärischen Konflikten gewesen. Rom habe ein klares bürokratisches Organisations-, Verwaltungs- und Provinzialisierungskonzept verfolgt, was die Grundlage für die Expansion und essenziell für die Stabilisierung der schrittweise erreichten territorialen Ausdehnungsstufen gewesen sei. Die Adaptionsfähigkeit Roms, das heißt die Übernahme und Weiterentwicklung und damit in gewisser Hinsicht auch die Integration von Kultur, Konstruktions- und Bautechniken sowie weiterer Aspekte anderer Völker habe auf Dauer zu Roms Überlegenheit gegenüber diesen geführt. Die römische Verfassung habe durch ihre zahlreichen Partizipationsmöglichkeiten zu einer großen Akzeptanz der Lasten der Expansion geführt und diese damit erst ermöglicht.	Die römische Expansion unterscheide sich von anderen antiken und modernen Staaten. Die römische territoriale Ausdehnung, die als Erfolgsgeschichte gilt, sei aufgrund einer eher unspektakulären Ausgangslage in ihrem letztlichen Ausmaß nicht erwartbar gewesen, da Rom in seiner Frühzeit nur ein Stadtstaat unter vielen gewesen sei. Die römische Expansion sei nicht geradlinig verlaufen, vielmehr habe es auch Rückschläge in Form von Niederlagen in militärischen Konflikten gegeben. Die Gründe für Roms Erfolg seien durchaus umstritten und könnten teilweise gleichzeitig auch als Gründe für den Niedergang gewertet werden. Zudem gebe es weitere Erklärungen für die generelle Expansionstendenz Roms.

Bei aller Reflexion möglicher diskursiver Aspekte ist in allen Videos implizit oder explizit eine „Meistererzählung" zu finden – die Präsentation von geografischem Wachstum als scheinbar unaufhaltsamer und teleologischer Erfolg, der durch ständigen Drang zur Expansion vorangetrieben wird. Dieses Grundnarrativ wird im folgenden Kapitel in einen fachwissenschaftlichen Kontext gestellt, um in einem nächsten Schritt beispielhaft einen Eindruck von weiteren möglichen, aber bisher noch ungenutzten didaktischen Potenzialen dieses Themas vermitteln zu können.

IV Das politisch-territoriale Erfolgsnarrativ der Videos in fachwissenschaftlicher Perspektive

Die Frage nach einem römischen Erfolg – vor allem nach einem militärischen und territorialen, aber damit auch nach einem gesellschaftlichen und kulturellen Erfolg – war und ist ein zentraler Gegenstand fachwissenschaftlicher Forschung.[11] Die Zusammenhänge verschiedener hier aufeinandertreffender Themenfelder sind derart komplex, dass sie nicht mit vermeintlich einfachen Lösungsansätzen beantwortbar sind. Das Narrativ, auf das eingegangen werden soll, findet sich in sämtlichen für die Videos verwendeten Karten und Infografiken, die eine geradlinig verlaufende römische Eroberung von klar umrissenen Gebieten sowie die Existenz eines klaren Verwaltungs- und Provinzialisierungskonzepts für die eroberten Gebiete suggerieren. Beide Aspekte sind in der Forschung höchst umstritten: Die Vorstellung eines zwangsläufigen Zusammenhangs von Herrschaft mit direktem flächendeckendem, territorialem Einfluss, also auch von einer eindeutigen Organisation und Konsolidierung besiegter Gebiete durch Rom, ist aufgrund zahlreicher überregionaler und regional konzentrierter Studien, die dies widerlegen, mittlerweile weitestgehend überholt. Ein standardisiertes System administrativer Strukturen in den Provinzgebieten ist ein Phänomen der späten Republik um das 1. Jahrhundert v.Chr. oder sogar erst des frühen Prinzipats unter Augustus.[12] Ebenso hinterfragt wird ein generelles römisches Interesse daran, überhaupt neues Territorium dazuzugewinnen, geschweige denn es auch auf Dauer zu halten; schließlich ist Herrschaft auch als indirekte Herrschaft mithilfe verschiedener Mechanismen denkbar.[13] Die über viele Jahrzehnte geführte Debatte um einen

11 Andrew Erskine, Roman Imperialism, Edinburgh 2010 (künftig: Erskine, Imperialism), S. 3; Dexter Hoyos, Introduction, in: Dexter Hoyos (Hrsg.), A Companion to Roman Imperialism, Leiden/Boston 2013, S. 1–16 (künftig: Hoyos, Introduction), hier S. 1.

12 Alejandro Díaz Fernández, La creación del sistema provincial romano y su aplicación durante la República, in: José María Blázquez/Pablo Ozcáriz Gil (Hrsg.), La administración de las provincias en el Imperio romano, Madrid 2013, S. 13–48, hier S. 14 und 44 f.; Alejandro Díaz Fernández, Provincia et imperivm. El mando provincial en la República romana (227–44 a. C.) (Historia y geografía), Sevilla 2015, S. 572–579; John Richardson, The Administration of the Empire, in: Andrew William Lintott/Elizabeth Rawson/John Anthony Crook (Hrsg.), The Last Age of the Roman Republic, 146–43 B. C. (CAH 9), Cambridge [2]1994, S. 564–598, hier S. 564.

13 Zur Ausweitung des römischen Imperialismus von Territorialität auf indirekte Herrschaftsmechanismen: Erskine, Imperialism, S. 4 f.; Ella Hermon, Administrer les provinces romaines républicaines. Approches historiographiques et acquis récents, in: Nathalie Barrandon/François Kirbihler (Hrsg.), Administrer les provinces de la République romaine. Actes du colloque de l'Université de Nancy II, 4–5 juin 2009 (Collection Histoire), Rennes 2010, S. 21–32 (künftig: Hermon, Administrer), hier S. 25 f.; Hoyos, Introduction, S. 7. Zum Zweifel an einem römischen Interesse,

möglichen aggressiven oder defensiven römischen Imperialismus wurde schließlich weitestgehend zugunsten der Beobachtung aufgegeben, dass diese Diskussionen von ideologiebehafteten Standpunkten aus geführt wurden und die lange Zeit quasi automatisch vorausgesetzten Annahmen von einem Zusammenhang zwischen Expansion, territorialer Konsolidierung und einer entsprechenden Administration und Organisation einem modernen, imperialistischen und nationalstaatlichen Territorialdenken des 19. und 20. Jahrhunderts entstammen.[14] Um neue Rekonstruktionen der römischen Expansion vornehmen zu können, müssen diese Standortgebundenheit reflektiert und entsprechende Narrative dekonstruiert werden. Dies führt dazu, dass das Einhergehen von militärischen Konflikten und territorialer Annexion für den Fall der römischen Republik mindestens hinterfragt werden muss; im Gegenteil bestehen sogar Argumente dafür, dass ebendieses Einhergehen als wenig plausibel gelten kann.

In den Videos werden nur selten Probleme, Schwierigkeiten oder Risiken angesprochen oder beschrieben, die mit der Expansion während der frühen und mittleren Republik (ca. 4. bis 2. Jahrhundert v.Chr.) einhergingen. Zwar wird die späte Republik als eine Krisenzeit angesprochen, aus der sich nach der Zeit der Bürgerkriege mit dem Prinzipat des Augustus schließlich eine monarchische politische Ordnung in Rom etablierte. Allerdings wird eine rein territoriale Erfolgsgeschichte präsentiert, obwohl doch das politische System der Republik nach Krise

---

territorial zu expandieren, siehe beispielsweise Arthur Eckstein für den griechischen (Arthur M. Eckstein, Rome Enters the Greek East. From Anarchy to Hierarchy in the Hellenistic Mediterranean, 230–170 BC, Malden u. a. 2008, S. 305) und den makedonischen Raum (Arthur M. Eckstein, Macedonia and Rome, 221–146 BC, in: Joseph Roisman/Ian Worthington [Hrsg.], A Companion to Ancient Macedonia [Blackwell Companions to the Ancient World], Chichester/Malden 2010, S. 225–250, hier S. 247 f.) sowie Robert Errington für den gesamten Balkanraum (Robert Malcolm Errington, Rome and Greece to 205 B. C., in: Alan E. Astin [Hrsg.], Rome and the Mediterranean to 133 B. C. [CAH 8], Cambridge ²1989, S. 81–106, hier S. 100).

14 Zu den verschiedenen Imperialismus-Ansätzen: Paul J. Burton, Roman Imperialism, Leiden/Boston 2019, S. 2–7; Ella Hermon, Gouvernants et gouvernés. Regard rétrospectif et prospectif dans l'étude de l'empire romain durant la république, in: Ella Hermon (Hrsg.), Gouvernants et gouvernés dans l'Imperium Romanum (IIIe av. J.-C. – 1er ap. J.-C.); actes du colloque tenu dans le cadre du Congrès des Sociétés Savantes, 28–31 mai 1989, à l'Université Laval (Cahiers des études anciennes), Québec 1990, S. 39–45, hier S. 42–45; Hermon, Administrer, S. 21; Hoyos, Introduction, S. 2 und 6. Zur Beobachtung moderner Rückschauverzerrung bzw. Rückprojizierung: Erskine, Imperialism, S. 3; Jean-Louis Ferrary, Provinces, magistratures et lois. La création des provinces sous la République, in: Ioan Piso (Hrsg.), Die römischen Provinzen. Begriff und Gründung (Colloquium Cluj-Napoca, 28. September – 1. Oktober 2006), Cluj-Napoca 2008, S. 7–18 (künftig: Ferrary, Provinces), hier S. 7: „La consequence a bien souvent été la projection anachronique sur l'époque républicaine d'une conception de l'empire romain qui n'avait achevé de prendre forme qu'au 1er siècle de notre ère."; Hoyos, Introduction, S. 2.

und letztlich dem Übergang in eine Monarchie offenbar nicht weiterbestand. Wieso dem so war und welche generellen Wechselwirkungen zwischen Innenpolitik und Expansion der Republik bestanden, wird in den Beiträgen jedoch selten oder gar nicht thematisiert.[15] Das Territoriale wird offenbar meist getrennt von der Innenpolitik gedacht, obwohl beides untrennbar verbunden ist: Die externen Gebiete boten Möglichkeiten in der Innenpolitik, die den republikanischen Wettbewerb verzerren und damit das politische Gleichgewicht entscheidend stören konnten. Worin genau bestanden nun diese Risikofaktoren?

Dem politischen System der römischen Republik inhärent war der Wettbewerb um politisch-gesellschaftlichen Einfluss.[16] Der Zugang zu den verschiedenen politischen Ämtern unterlag aus diesem Grund bestimmten Reglementierungsprinzipien, die einem Missbrauch vorbeugen und damit das fragile Prinzip des Ausbalancierens politischer Kräfte in Rom schützen und erhalten sollten.[17] Die römisch-republikanische Politik war damit geprägt von einem ständigen Austarieren zwischen dem individuellen politischen Erfolg einzelner Magistrate, d. h. für ein Jahr gewählter politischer Funktionsträger, auf der einen und einer gleichzeitigen Wahrung der politischen Egalität und damit des Wettbewerbs aller Akteure untereinander auf der anderen Seite.

Politischer Einfluss konnte aufgrund der engen Verknüpfung der höchsten Magistraturen mit dem Militär vor allem durch erfolgreiches außenpolitisches Agieren gewonnen werden:[18] Anders als in der römischen Kaiserzeit, in der Siege und Niederlagen zwar auch für einzelne Befehlshaber, vor allem aber für den Kaiser politisch von Bedeutung waren, wurden militärische Erfolge wie Misserfolge zumindest für die Zeit der frühen und mittleren Republik bis zur Mitte des 2. Jahrhunderts v.Chr. fast ausschließlich den jeweiligen befehlsführenden Magistraten zugeschrieben. Der außenpolitische Erfolg einzelner Magistrate bedeutete demnach auch immer einen Risikofaktor für das fragile innenpolitische Gleichge-

---

15 Außer in Bezug auf den Konflikt zwischen langjährigem Kriegsdienst sowie dadurch entstehender Probleme in der Landwirtschaft und den von ihr abhängigen sozialen Strukturen vertreten; dieser Ansatz wird beispielsweise in Video 5 (URL: https://www.youtube.com/watch?v=O7LH4JmmRV8&t=222s, letzter Zugriff: 02.03.2023) von MrWissen2go Geschichte vertreten.

16 Bruno Bleckmann, Roman Politics in the First Punic War, in: Dexter Hoyos (Hrsg.): A Companion to the Punic Wars, Malden/Oxford 2011, S. 167–183, hier S. 168 f.; Michael Sommer, Römische Geschichte I. Rom und die antike Welt bis zum Ende der Republik (Kröners Taschenbuchausgabe 449), Stuttgart 2013 (künftig: Sommer, Römische Geschichte), S. 239–241.

17 Sommer, Römische Geschichte, S. 217; Jochen Bleicken, Die Verfassung der römischen Republik. Grundlagen und Entwicklung (Uni-Taschenbücher 460), Paderborn u. a. ^{4}1975, S. 80 f.

18 Sommer, Römische Geschichte, S. 216–221.

wicht. Als ein Beispiel für eine misslungene Reintegration außenpolitisch erfolgreicher Magistrate und die damit einhergehenden innenpolitischen Problematiken können die Scipionenprozesse von 187 v.Chr. gegen Publius Cornelius Scipio Africanus, den siegreichen Feldherren gegen Karthago im Zweiten Punischen Krieg, und seinen Bruder Lucius Cornelius Scipio Asiaticus dienen.[19] In der Konsequenz stellt militärischer Erfolg also immer einen ambivalenten Faktor für die römisch-republikanische Gesellschaft dar: Auch hier bestand das Spannungsfeld zwischen individuellen und kollektiven Interessen, das ständiger Aushandlungsprozesse bedurfte.[20] Einerseits für individuellen Erfolg und durchaus auch im Hinblick auf kollektive wirtschaftliche Interessen relevant, birgt er gleichzeitig immer eine gewisse Bedrohung in sich, woran deutlich wird, dass außenpolitischer Erfolg nicht immer von allen politischen Akteuren in Rom gleichermaßen erwünscht war. Dass es hätte erstrebenswert erscheinen können, militärischen Erfolg zusätzlich durch feste politisch-territoriale Organisationsstrukturen zu untermauern, die wiederum Potenzial zum Amtsmissbrauch geboten hätten, erscheint als ein Kollektivinteresse römischer Politiker daher wenig plausibel.[21]

Es ist allerdings anzumerken, dass die daraus folgende Grundannahme, es habe einen konstanten, breiten Konsens eines als Gremium zusammenstehenden Senats gegenüber einzelnen Magistraten gegeben, ebenfalls wenig plausibel ist, da pauschal von einer Ambivalenz zwischen Magistraten und Senat ausgegangen würde. Dieser Gegensatz ist jedoch realpolitisch gedacht zu kurz gegriffen: Wer als Prätor im Senat saß, konnte dort ein Jahr später als Konsul sitzen, oder auch nur als Senator. Es gab nicht nur zwei politische Interessensgruppen, in die man mit der jeweilig aktuellen Position hineinwechselte. Die römische Politik wird – wie auch die moderne – weitaus facettenreicher und situativer gewesen sein. Entsprechend liegt es nahe, dass auch die eigene Karriereplanung weniger höheren Zielen im Sinne eines Kollektivinteresses unterworfen, sondern eher auf den eigenen Vorteil oder den einer losen und situativ zusammenarbeitenden Gruppe ausgelegt war. Damit müsste die Annahme, dass aus einem zumindest teilkollektiven Interesse heraus keine festen Strukturen geschaffen wurden, um eine individuellere und situativere Sichtweise auf die Peripherie ergänzt und erweitert werden.

---

19 Renate Stolle, Ambitus et Invidia. Römische Politiker im Spannungsfeld zwischen persönlichem Ehrgeiz und Forderungen der Standesloyalität 200–133 v.Chr. (Europäische Hochschulschriften. Reihe III: Geschichte und ihre Hilfswissenschaften 828), Frankfurt am Main 1999, S. 51–53.

20 Bleckmann, Roman Politics, S. 181.

21 Werner Dahlheim, Gewalt und Herrschaft. Das provinziale Herrschaftssystem der römischen Republik, Berlin 1977, S. 2 und 66 f.; Ferrary, Provinces, S. 10–13.

Auch aus der Sicht individueller Bereicherungsinteressen war die Schaffung von Organisationsstrukturen nicht notwendig: Diejenigen, die sich in den neu dominierten Gebieten bereichern wollten, taten dies auch ohne feste Strukturen, die dabei vielleicht sogar hinderlich gewesen wären.

Eine letztlich so umfangreiche Expansion war also generell und auch in seiner konkreten Ausgestaltung nicht nur aufgrund der Ausgangslage des römischen Stadtstaates in Mittelitalien, sondern vor allem aufgrund seiner inhärenten innenpolitischen Strukturen nicht erwartbar und steht damit einer teleologischen Erfolgsgeschichte, wie sie in den Videos präsentiert wird, entgegen. Doch wie könnten diese Erkenntnisse Berücksichtigung bei der Produktion von kurzen Erklärvideos erfahren? Welche noch ungenutzten Lernpotenziale ergeben sich aus ihnen, deren Einbindung die Videos attraktiver machen würde?

V Lernpotenziale der römisch-republikanischen Expansion im Spannungsfeld zwischen Fachwissenschaft, Fachdidaktik und Public History

Die Zusammenhänge verschiedener Aspekte der römischen Expansion sind, wie verdeutlicht, komplexer als die scheinbar einfachen oder zumindest eindeutigen Erklärungsmuster und Lösungsansätze, derer sich die Videos auf Youtube häufig bedienen. Dieser Umstand resultiert wohl vor allem daraus, dass sich diese Muster und Ansätze auch in einem Kurzformat wie den kompakt gehaltenen Erklärvideos darstellen lassen. Aus diesem Gegensatz lässt sich jedoch die Frage ableiten, inwieweit solche Komplexitätsreduktionen legitim sind, um eine bessere Vermittelbarkeit und dadurch größere Attraktivität, also eine breitere Rezeption zu erreichen. Dass eine solche Reduktion für das Maß an Rezeption mitentscheidend ist, legt ein Vergleich der Nutzerzahlen der einzelnen Videos im Zeitraum zwischen September 2021 und Juli 2022 nahe, der im folgenden Diagramm grafisch dargestellt ist. Die breiteste Rezeption erfuhren die Produktionen des Kanals „MrWissen2go Geschichte" (Video 5), des SWR (Video 9) und des Kanals „Geschichte – simpleclub" (Video 2). Die niedrigsten Nutzer*innenzahlen haben bezeichnenderweise die Videos des Kanals „eManual Alte Geschichte" der Universität Hamburg (Videos 6 und 7), obwohl diesem womöglich der höhere fachwissenschaftliche Anspruch zugeschrieben werden könnte.

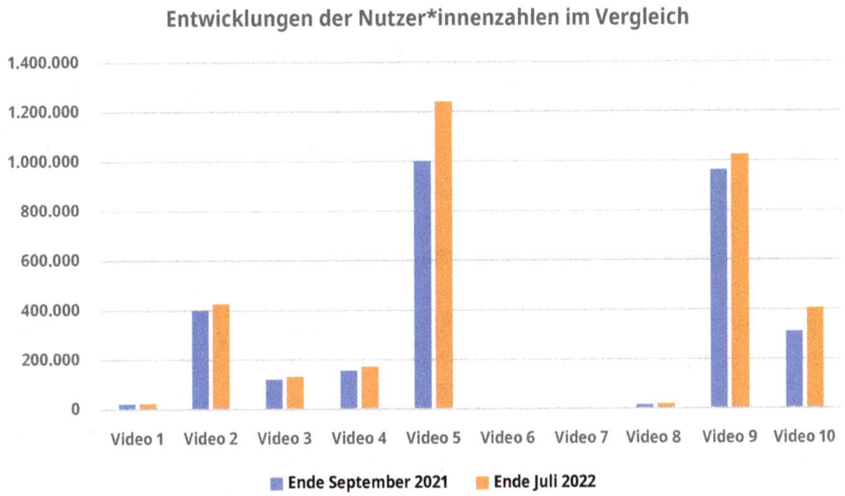

Diagramm V.1: Entwicklungen der Nutzer*innenzahlen im Vergleich

Bedienen die Beiträge bereits bestehende Erwartungshaltungen der Rezipient*innen, oder entstehen diese erst durch vorhandene Angebote? Welche anderen Lernchancen, die mit dem Thema umgesetzt werden könnten, gehen aber gerade durch die vorgenommenen Verknappungen möglicherweise verloren? Bei der Erstellung und Bewertung von Erklärvideos geht es immer um ebensolche Aushandlungsprozesse zwischen Fachwissenschaft, Fachdidaktik und Public History, genauer um Fragen nach fachwissenschaftlichen Standards, geschichtsdidaktischer Reduktion und der Darstellung von Geschichte in digitalen Medien. Abschließend sollen nun einige Überlegungen dazu stehen, wie das nach der vorgenommenen Kritik vermeintlich bestehende Dilemma dieses Spannungsfeldes aufgelöst werden könnte.

Bei den Informationen, die im Großteil der Videos präsentiert werden, wird eine Eindeutigkeit gesucht oder zumindest suggeriert, die es in der Geschichtsschreibung grundsätzlich nicht geben kann. Der Unterschied, der zwischen Vergangenheit und Geschichte besteht, liegt eben genau in der Charakteristik von Geschichte als De- und Rekonstruktion, die Plausibilität, aber eben nicht Wahrheit zum Ziel hat.[22] Eine Diskussion der römisch-republikanischen Expansion, die

22 Zur Definition von „Geschichte“ in Abgrenzung zu „Vergangenheit“: Veit Baer, Vergangenheit und Geschichte. Ein Erfahrungsbericht über die Vermittlung des Theoriekonzepts an Schüler/innen der Mittelschule, in: Sylvia Mebus/Waltraud Schreiber (Hrsg.), Geschichte denken, statt pauken, Meißen 2005, S. 35–41, hier S. 37.

mehr auf den aktuellen, oben beschriebenen Forschungsstand eingehen würde, böte in dieser Hinsicht viel weitreichendere und auch kompetenzorientiertere Lernchancen für Schüler*innen, Student*innen und alle anderen historisch Lernenden: Gelernt werden könnte statt der konkreten territorialen Ausdehnung Roms – die ja so konkret gar nicht war – die Kontroversität, Multiperspektivität und Standortabhängigkeit von Geschichte anhand dieses konkreten inhaltlichen Themas.

Über einen langen Zeitraum erfolgte eine Erklärung der römischen Expansion und ihrer Organisation überwiegend durch moderne nationalstaatliche Denkmuster: In dieser Vorstellung führen Staaten mit fest definierten Grenzen Kriege gegeneinander, annektieren fremde Gebiete, organisieren diese bürokratisch und haben ein Konsolidierungsinteresse, das sie mithilfe dieser klar strukturierten Organisation für den ganzen Bereich ehemaliger anderer Staaten durchsetzen. Die Erkenntnis, dass diese Muster vor allem entsprechenden modernen Denkansätzen entstammen und – bewusst oder auch unbewusst – auf die römische Republik übertragen wurden, wird jedoch im überwiegenden Teil der Videos zugunsten einer vermeintlichen Simplifizierung des Themas unterschlagen. Allerdings könnten und sollten die historisch Lernenden im Sinne einer modernen Geschichtsdidaktik verstehen, dass Geschichte stets standortbezogen ist und daher immer auch die Perspektive derjenigen widerspiegelt, die diese Geschichte (re-)produzieren oder erzählen. Gerade das Thema der römischen Expansion würde sich besonders für eine Vermittlung dieser Erkenntnis anbieten: Das Narrativ der römischen Erfolgsgeschichte ist in doppelter Hinsicht ein interessanter Fall, da sie in erster Linie ein Produkt der antiken römischen Historiker selbst ist – die Geschichte ist nun mal vor allem dann eine Geschichte der Sieger, wenn die Zeugnisse der Besiegten nicht überliefert sind. In zweiter Linie ist sie ein durch Historiker*innen vor allem des 19. und 20. Jahrhunderts fortgeführtes historisches Konstrukt. Wir haben es hier also mit einer doppelten Geschichtsschreibung ein und desselben Narrativs – ausgehend von verschiedenen Standorten – zu tun, die heute jedoch wesentlich differenzierter behandelt und auch selbst zum Thema historischer Forschung gemacht wird.[23] Nachdem anhand dieses Aspektes die Dekonstruktion bestehender Narrative anschaulich gemacht worden wäre, müssten den Lernenden im nächsten Schritt Möglichkeiten für die Bildung eigener plausibler Rekonstruktionen aufgezeigt werden. Auch in dieser Hinsicht ist das Thema besonders geeignet, da die beschriebenen komplexen innenpolitischen Zusammen-

23 Martin Stone, The Genesis of Roman Imperialism, in: Dexter Hoyos (Hrsg.), A Companion to Roman Imperialism, Leiden/Boston 2013, S. 23–38, hier S. 24: „The modern interpreter of Roman imperialism must work against the ideological grain of writers who saw the non-existence of the empire as unthinkable."

hänge der römischen Republik neben einigen Unterschieden auch deutliche Parallelen zu heutiger aktueller Politik aufweisen. Hier ließe sich eine Reflexion über generelle politische Konstellationen – also Prozesse, deren Hintergründe und Auswirkungen – anregen und damit die politische Bildung der Lernenden fördern, die auch für andere Kontexte große Relevanz besitzt.

Insgesamt bestünde in einer stärkeren Problemorientierung ein weitaus größeres Lernpotenzial als in der recht eindimensionalen Darstellung einer politisch-territorialen Erfolgsgeschichte, mit der letztlich nur feste Narrative beschrieben werden, ohne jedoch zum eigenen kritischen historischen Denken anzuregen. Zur Förderung eines kritischen historischen Denkens und der politischen Bildung der Lernenden wäre das Einbringen von Kontroversen in Erklärvideos daher essenziell, zumal diese eine große Reichweite besitzen. Gleichzeitig wäre ein wichtiger Schritt in Richtung einer Auflösung des vermeintlichen Gegensatzes zwischen Fachwissenschaft, Fachdidaktik und Public History zumindest im Kontext von Erklärvideos getan.

Literatur

Baer, Veit (2005), Vergangenheit und Geschichte. Ein Erfahrungsbericht über die Vermittlung des Theoriekonzepts an Schüler/innen der Mittelschule, in: Mebus, Sylvia/Schreiber, Waltraud (Hrsg.), Geschichte denken, statt pauken, Meißen, S. 35–41.

Bleckmann, Bruno (2011), Roman Politics in the First Punic War, in: Dexter Hoyos (Hrsg.): Companion to the Punic Wars, Malden/Oxford, S. 167–183.

Bleicken, Jochen (1975), Die Verfassung der römischen Republik. Grundlagen und Entwicklung (Uni-Taschenbücher 460) (4. Aufl.), Paderborn u. a.

Bunnenberg, Christian/Steffen, Nils (2019), Broadcast Yourself: History Stories! Geschichte auf YouTube – eine Bestandsaufnahme, in: Bunnenberg, Christian/Steffen, Nils (Hrsg.), Geschichte auf YouTube. Neue Herausforderungen für Geschichtsvermittlung und historische Bildung (Medien in der Geschichte 2), Berlin/Boston, S. 3–24.

Burton, Paul J. (2019), Roman Imperialism, Leiden/Boston.

Dahlheim, Werner (1977), Gewalt und Herrschaft. Das provinziale Herrschaftssystem der römischen Republik, Berlin.

Demantowsky, Marko/Pallaske, Christoph (2015), Geschichte lernen im digitalen Wandel. Einleitung, in: Demantowsky, Marko/Pallaske, Christoph (Hrsg.), Geschichte lernen im digitalen Wandel, Berlin u. a., S. VII-XVI.

Díaz Fernández, Alejandro (2013), La creación del sistema provincial romano y su aplicación durante la República, in: Blázquez, José María/Ozcáriz Gil, Pablo (Hrsg.), La administración de las provincias en el Imperio romano, Madrid, S. 13–48.

Díaz Fernández, Alejandro (2015), Provincia et imperivm. El mando provincial en la República romana (227–44 a. C.) (Historia y geografía), Sevilla.

Eckstein, Arthur M. (2008), Rome Enters the Greek East. From Anarchy to Hierarchy in the Hellenistic Mediterranean, 230–170 BC, Malden u. a.

Eckstein, Arthur M. (2010), Macedonia and Rome, 221–146 BC, in: Roisman, Joseph/Worthington, Ian (Hrsg.), A Companion to Ancient Macedonia (Blackwell Companions to the Ancient World), Chichester/Malden, S. 225–250.

Errington, R. M. (1989), Rome and Greece to 205 B. C., in: Astin, Alan E. (Hrsg.), Rome and the Mediterranean to 133 B. C. (CAH 8) (2. Aufl.), Cambridge, S. 81–106.

Erskine, Andrew (2010), Roman Imperialism, Edinburgh.

Ferrary, Jean-Louis (2008), Provinces, magistratures et lois. La création des provinces sous la République, in: Piso, Ioan (Hrsg.), Die römischen Provinzen. Begriff und Gründung (Colloquium Cluj-Napoca, 28. September – 1. Oktober 2006), Cluj-Napoca, S. 7–18.

Föllen, Marie/Linke, Bernhard (2019), „Rom in 3 Minuten" – Ein Werkstattbericht über den Einsatz von Erklärvideos für Studierende der Geschichtswissenschaft, in: Bunnenberg, Christian/Steffen, Nils (Hrsg.), Geschichte auf YouTube. Neue Herausforderungen für Geschichtsvermittlung und historische Bildung (Medien in der Geschichte 2), Berlin/Boston, S. 283–294.

Hermon, Ella (1990), Gouvernants et gouvernés. Regard rétrospectif et prospectif dans l'étude de l'empire romain durant la république, in: Hermon, Ella (Hrsg.), Gouvernants et gouvernés dans l'Imperium Romanum (IIIe av. J.-C. – 1er ap. J.-C.); actes du colloque tenu dans le cadre du Congrès des Sociétés Savantes, 28 – 31 mai 1989, à l'Université Laval (Cahiers des études anciennes), Québec, S. 39–45.

Hermon, Ella (2010), Administrer les provinces romaines républicaines. Approches historiographiques et acquis récents, in: Barrandon, Nathalie/Kirbihler, François (Hrsg.), Administrer les provinces de la République romaine. Actes du colloque de l'Université de Nancy II, 4–5 juin 2009 (Collection Histoire), Rennes, S. 21–32.

Hoyos, Dexter (2013), Introduction, in: Hoyos, Dexter (Hrsg.), A Companion to Roman Imperialism, Leiden/Boston, S. 1–16.

Rat für Kulturelle Bildung e. V. (2019), Jugend/YouTube/Kulturelle Bildung. Horizont 2019. Studie: Eine repräsentative Umfrage unter 12- bis 19-Jährigen zur Nutzung kultureller Bildungsangebote an digitalen Kulturorten, Essen.

Richardson, John (1994), The Administration of the Empire, in: Lintott, Andrew William/Rawson, Elizabeth/Crook, John Anthony (Hrsg.), The Last Age of the Roman Republic, 146–43 B. C. (CAH 9) (2. Aufl.), Cambridge, S. 564–598.

Sommer, Michael (2013), Römische Geschichte I. Rom und die antike Welt bis zum Ende der Republik (Kröners Taschenbuchausgabe 449), Stuttgart.

Steffen, Nils (2019), Doing History auf YouTube – Erklärvideos als Form performativer Historiografie, in: Bunnenberg, Christian/Steffen, Nils (Hrsg.), Geschichte auf YouTube. Neue Herausforderungen für Geschichtsvermittlung und historische Bildung (Medien in der Geschichte 2), Berlin/Boston, S. 61–70.

Stolle, Renate (1999), Ambitus et Invidia. Römische Politiker im Spannungsfeld zwischen persönlichem Ehrgeiz und Forderungen der Standesloyalität 200–133 v.Chr. (Europäische Hochschulschriften. Reihe III: Geschichte und ihre Hilfswissenschaften 828), Frankfurt am Main.

Stone, Martin (2013), The Genesis of Roman Imperialism, in: Hoyos, Dexter (Hrsg.), A Companion to Roman Imperialism, Leiden/Boston, S. 23–38.

Tenberg, Ralf (2021), Didaktische Erklärvideos: Ein Praxis-Handbuch, Stuttgart.

Videos

eManual Alte Geschichte Universität Hamburg (22.06.2018), Römische Geschichte I – Die Republik 3: Unterwerfung Italiens / Expansion | eManual Alte Geschichte, URL: https://www.youtube.com/watch?v=FnkcoiCIYkQ (letzter Zugriff 14.12.2022).

eManual Alte Geschichte Universität Hamburg (22.06.2018), Römische Geschichte I – Die Republik 4: Expansion / Krise / Gracchen | eManual Alte Geschichte, URL: https://www.youtube.com/watch?v=ZXEpHsycv-M (letzter Zugriff 14.12.2022).

Geschichte – simpleclub (15.09.2016), Die Entstehung von Rom – Der Weg zur Römischen Weltmacht, URL: https://www.youtube.com/watch?v=I_sVcubdbf4 (letzter Zugriff 14.12.2022).

Geschichte – simpleclub (25.09.2016), Die Erste Expansion von Rom, URL: https://www.youtube.com/watch?v=vmhJpOynHDs (letzter Zugriff 14.12.2022).

Geschichte – simpleclub (16.10.2016), Entstehung der Römischen Weltmacht – Expansion von Rom 4, URL: https://www.youtube.com/watch?v=qJPtVWUn778 (letzter Zugriff 14.12.2022).

Jule Sommersberg (02.04.2014), Römische Expansion, URL: https://www.youtube.com/watch?v=jxTBWyI46Vg (letzter Zugriff 14.12.2022).

MrWissen2go Geschichte (19.07.2018), Antikes Rom I Geschichte Römisches Reich, URL: https://www.youtube.com/watch?v=O7LH4JmmRV8&t=222s (letzter Zugriff 14.12.2022).

MrWissen2go Geschichte (25.02.2021), Römisches Reich: Darum war es so erfolgreich, URL: https://www.youtube.com/watch?v=nQni_uqjJ5k (letzter Zugriff 14.12.2022).

Planet Schule (19.10.2019), Wie erobern die Römer die Welt? Das Römer-Experiment | Planet Schule, URL: https://www.youtube.com/watch?v=FyhQPD2Jnss (letzter Zugriff 14.12.2022).

Steinwallen – Games & History (24.03.2019), Rom: Imperium wider Willen? – Gedanken zur Expansionsgeschichte der Römischen Republik, URL: https://www.youtube.com/watch?v=jsMRlZ9bcCg (letzter Zugriff 14.12.2022).

Josefine Honke

Doing Memory auf Youtube: Zeitzeug*innen-Videos als Erinnerungsmedien

Wie die Beiträge in diesem Sammelband zeigen, erfreuen sich Youtube-Kanäle zu historischen Themen zum Teil großer Beliebtheit. Zugleich können auch kleine Kanäle und Videos mit wenigen Klicks durchaus eine Wirkmacht in ihren jeweiligen Nischen entfalten. Ob auf globaler, nationaler, kommunaler oder individueller Ebene: Die Plattform prägt immer stärker Vergangenheitsvorstellungen, Erinnerungsbilder und historische Narrative der Nutzenden. Neben seiner edukativen und unterhaltenden Dimension besitzt Youtube daher auch erinnerungskulturelle Bedeutung. Diese herauszuarbeiten, ist das Ziel dieses Aufsatzes. In meinem Beitrag werde ich daher Online-Videos als wichtigen Untersuchungsgegenstand in die Erinnerungskulturwissenschaften einführen. Darüber hinaus gebe ich erste Impulse, um die Fragen zu beantworten, wie in und durch Youtube-Videos aktuell erinnert wird. Als Beispiele dienen mir dabei Online-Videos mit deutschen Zeitzeug*innen, die über die Zeit des Nationalsozialismus in Deutschland sprechen.[1]

Der vorliegende Beitrag ist in drei Abschnitte gegliedert. Zunächst nähere ich mich Youtube-Videos aus erinnerungskulturwissenschaftlicher Perspektive an, indem ich Online-Videos mit Zeitzeug*innen als *Doing Memory* und Erinnerungsmedien charakterisiere. Anschließend werde ich zeigen, dass die Darstellungsästhetik und die mobilisierten Vergangenheitsnarrative als primär opferzentriert eingeordnet werden können. Daraus ergibt sich in einem dritten und letzten Schritt ein Ausblick, in welchem ich Chancen, aber auch Gefahren der Videos für aktuelle Erinnerungskulturen skizziere.

---

1 Die den Beispielvideos zugrunde liegende Auswahl sowie allgemeinere Beobachtungen über Youtube-Videos mit Zeitzeug*innen beruhen auf dem Videokorpus meines Dissertationsprojektes. Die Videos wurden durch eine Stichwortsuche nach dem Begriff „Zeitzeuge" auf Youtube ausgewählt. Weitere Informationen zum Promotionsprojekt: Josefine Honke, „Filme, wo du stehst." Deutsche Opfernarrative über die Zeit des Nationalsozialismus in aktuellen Zeitzeug*innenvideos mit kommunalem Fokus auf YouTube, in: Rundfunk und Geschichte 47, 2021, Nr. 1–2, S. 114–117.

https://doi.org/10.1515/9783110792898-008

I Youtube-Videos mit Zeitzeug*innen als Erinnerungsmedien

Youtube zählt zu den am meisten besuchten Webseiten weltweit,[2] stellt das beliebteste Internetangebot deutscher Jugendlicher zwischen 12 und 19 Jahren dar[3] und wird als „Leitmedium und digitaler Kulturort"[4] betitelt. An diesem Kulturort tauschen sich Menschen auch über die Vergangenheit aus: Sie produzieren Videos, diskutieren über deren Inhalte in den Kommentaren und teilen relevante Inhalte mit anderen. Darüber, wer auf Youtube erinnert, können an dieser Stelle lediglich Vermutungen auf der Grundlage der filmästhetischen und außerfilmischen Merkmale der Youtube-Videos angestoßen werden. Prinzipiell besteht für jede Person mit einem Internetzugang und den jeweiligen vor allem technischen und sprachlichen Fähigkeiten die Möglichkeit, an den Erinnerungsdiskursen teilzuhaben. Es bestehen also Zugänge zu Erinnerungskulturen sowie demokratisierte Einflussmöglichkeiten. Ausschlussmechanismen wie Alter, Beruf, Wohnort (insbesondere regionale Zugehörigkeit zu Land oder Stadt), aber auch der sozioökonomische Status, verschiedene Formen der Literacy oder Beeinträchtigungen spielen dank der digitalen Zugänglichkeit eine kleinere Rolle als in Offline-Formaten. Die partizipative Struktur der digitalen Sozialen Medien, zu denen auch Youtube gehört, eröffnet mehr Menschen als zuvor auch eine Teilhabe an Erinnerungskulturen. Einerseits werden online unterschiedliche Vergangenheitserzählungen zunehmend getrennt voneinander mobilisiert und in sog. Echokammern ohne gegenläufige Meinungen verfestigt, andererseits jedoch werden solche Aufsplitterungsprozesse online sichtbarer. Insbesondere werden auf Youtube erinnerungskulturelle Tendenzen untersuchbar, welche die Trennung zwischen einem „kulturellen" und ei-

2 Most Visited Websites by Traffic in the world for all categories, October 2022, URL: https://www.semrush.com/website/top/ (letzter Zugriff 02.12.2022).

3 Sabine Feierabend/Thomas Rathgeb/Theresa Reutter, JIM 2019 – Jugend, Information, Medien. Basisuntersuchung zum Medienumgang 12- bis 19-Jähriger in Deutschland, Medienpädagogischer Forschungsverbund Südwest (mpfs) u. a. (Hrsg.), Stuttgart 2020, S. 27, www.mpfs.de/fileadmin/files/Studien/JIM/2019/JIM_2019.pdf (letzter Zugriff 14.06.2022).

4 Rat für Kulturelle Bildung e. V. (Hrsg.), Jugend/YouTube/Kulturelle Bildung. Horizont 2019. Studie: Repräsentative Umfrage unter 12- bis 19-Jährigen zur Nutzung kultureller Bildungsangebote an digitalen Kulturorten, Juni 2019, https://www.bosch-stiftung.de/sites/default/files/publications/pdf/2019-06/Studie_Jugend%20Youtube%20Kulturelle%20Bildung%202019.pdf, S. 7 (letzter Zugriff 30.05.2023).

nem „kommunikativen“ Gedächtnis[5] in Frage stellen sowie den Einfluss lokaler Erinnerungskulturen auf ein Nationalgedächtnis stärker fokussieren.[6]

Daraus folgt, dass Youtube nicht nur ein Kulturort, sondern auch ein Erinnerungsraum ist, denn hier werden historische Narrative und Erinnerungsbilder in Videos geteilt, in Kommentaren verhandelt und dadurch Vergangenheitsvorstellungen geprägt. Anstelle des Begriffs der „Geschichtsbilder“ setze ich in diesem Beitrag denjenigen der „Erinnerungsbilder“, um nicht ihren historischen, sondern vor allem ihren konstruierten erinnerungskulturellen Charakter hervorzuheben. Als eines dieser Erinnerungsbilder fokussiere ich mich dabei auf die Inszenierung von Zeitzeug*innen. Sie sind zu einer etablierten medialen Figur mit festen Darstellungskonventionen und Narrativen geworden.[7]

In Anlehnung an den Begriff des „Doing History auf YouTube“, den Nils Steffen geprägt hat,[8] führe ich meinen Ansatz des *Doing Memory* im Folgenden explorativ aus. Steffen argumentiert, Erklärvideos auf Youtube seien als eine Form des *Doing History* zu begreifen, als Praktiken des Aus- und Aufführens von Geschichte.[9] Ich übertrage seine Überlegungen auf ein *Doing Memory* in Youtube-Videos mit Zeitzeug*innen. Dabei handelt es sich um Konzepte des Auf- und Ausführens von Erinnerungen auf der Videoplattform. Die grundlegenden Begriffe der Erin-

---

5 Grundlegend für diese Kategorien der Erinnerungsforschung ist: Jan Assmann, Das kulturelle Gedächtnis. Schrift, Erinnerung und politische Identität in frühen Hochkulturen, München 1992, während weiterhin prägende Veröffentlichungen u. a. Aleida Assmann, Erinnerungsräume. Formen und Wandlungen des kulturellen Gedächtnisses, München 1999; Aleida Assmann, Der lange Schatten der Vergangenheit. Erinnerungskultur und Geschichtspolitik, München 2006, sind.

6 Vgl. z. B. Habbo Knoch (Hrsg.), Das Erbe der Provinz. Heimatkultur und Geschichtspolitik nach 1945, Göttingen 2001; Dietmar Süß (Hrsg.), Deutschland im Luftkrieg. Geschichte und Erinnerung, München 2007; Malte Thießen, Eingebrannt ins Gedächtnis. Hamburgs Gedenken an Luftkrieg und Kriegsende 1943 bis 2005, München 2007.

7 Martin Sabrow/Norbert Frei (Hrsg.), Die Geburt des Zeitzeugen nach 1945, Göttingen 2012. Judith Keilbach, Geschichtsbilder und Zeitzeugen: Zur Darstellung des Nationalsozialismus im bundesdeutschen Fernsehen, Münster 2010. Michael Elm, Zeugenschaft im Film. Eine erinnerungskulturelle Analyse filmischer Erzählungen des Holocaust, Berlin 2008. Frank Bösch, Der Nationalsozialismus im Dokumentarfilm: Geschichtsschreibung im Fernsehen (1950–1990), in: Frank Bösch/Constantin Goschler (Hrsg.), Public History. Öffentliche Darstellungen des Nationalsozialismus jenseits der Geschichtswissenschaft, Frankfurt am Main 2009, S. 25–76. Frank Bösch, Geschichte mit Gesicht. Zur Genese des Zeitzeugen in Holocaust-Dokumentationen seit den 1950er Jahren, in: Thomas Fischer/Rainer Wirtz (Hrsg.), Alles authentisch? Popularisierung der Geschichte im Fernsehen, Konstanz 2008, S. 51–72.

8 Nils Steffen, Doing History auf YouTube – Erklärvideos als Form performativer Historiografie, in: Christian Bunnenberg/Nils Steffen (Hrsg.), Geschichte auf YouTube. Neue Herausforderungen für Geschichtsvermittlung und historische Bildung (Medien der Geschichte, Bd. 2), Berlin/Boston 2019, S. 61–70.

9 Steffen, Doing History auf YouTube, S. 63.

nerungsvermittlung, -darstellung und -bilder werden dadurch mit den Konzepten von Erinnerungskulturen in Einklang gebracht und von der Darstellung historischer Begebenheiten abgegrenzt.

Durch das Begriffspaar der Erinnerungsdarstellung und -aneignung werden bereits die unterschiedlichen Akteur*innen für die Bedeutungsproduktion erkenntlich. Nicht nur in Kofferworten wie „prosumer",[10] „produser"[11] oder „viewser"[12] werden die verschmelzenden Rollen in der „Participatory Digital Culture"[13] deutlich. Auch die Einordnung von Medien als Erinnerungsmedien folgt einer solchen komplexeren Herangehensweise. Die Grundlage dafür bildet das Konzept der „Gedächtnismedien" von Astrid Erll. Sie fasst diese Medien folgendermaßen zusammen:

> Medien des kollektiven Gedächtnisses konstruieren Wirklichkeits- und Vergangenheitsversionen. An diesen Konstruktionen ist die Materialität des Mediums (Kommunikationsinstrument, Technologie und Objektivation) ebenso beteiligt wie seine sozialsystemische Dimension: Auch die Produzenten und Rezipienten eines Gedächtnismediums leisten aktiv Konstruktionsarbeit – bei der Entscheidung darüber, welchen Phänomenen überhaupt gedächtnismediale Qualitäten zugeschrieben werden[,] sowie bei der Auswahl und Enkodierung und/oder bei der Dekodierung und Deutung des zu Erinnernden.[14]

Für den hier verfolgten Ansatz ist insbesondere der zweite Teil des Zitats von Relevanz. Demnach sind nicht nur die Medien an sich, also die Videos, sondern auch die Kanalbetreibenden und die User*innen aktiv an der Konstruktion von Erinnerungsmedien und somit am *Doing Memory* beteiligt. Als Erinnerungsmedien kön-

---

10 Alvin Toffler, The Third Wave, New York 1980.

11 Axel Bruns, Produsage: Towards a Broader Framework for User-Led Content Creation, präsentiert im Rahmen von Creativity and Cognition 6, 13.-15. Juni 2007, zitiert nach José Van Dijck, Users like you? Theorizing agency in user-generated content, in: Media, Culture & Society 2009, 31/1, S. 41–58, hier S. 42.

12 Dan Harries, The New Media Book, London 2002, S. 103, 180.

13 Wulf Kansteiner, The Holocaust in the 21st Century: Digital Anxiety, Transnational Cosmopolitanism, and Never Again Genocide Without Memory, in: Andrew Hoskins (Hrsg.), Digital Memory Studies: Media Pasts in Transition, New York/London 2018, S. 110–140, hier S. 114. Kansteiner verweist dabei auf die „Participatory Culture", die vor allem durch Henry Jenkins geprägt wurde: Henry Jenkins, Convergence Culture: Where Old and New Media Collide, New York 2006.

14 Astrid Erll, Kollektives Gedächtnis und Erinnerungskulturen. Eine Einführung, Stuttgart 2017 [2005], S. 147. In der vorliegenden Publikation werden Originalzitate verwendet, die sprachlich nicht die Vielfalt an Personen widerspiegeln, wie es der Anspruch der Autorin ist. Hiermit wird darum ausdrücklich darauf hingewiesen, dass die implizit gemeinten Personen auch in den ausgewählten Zitaten aktiv mitgedacht werden müssen, sodass es sich in diesem Zitat beispielsweise um Produzent*innen und Rezipient*innen handelt, die aktiv an der Konstruktion von Gedächtnismedien beteiligt sind.

nen Youtube-Videos als „aussagekräftiges Indiz für die Bedürfnisse und Belange der Erinnernden in der Gegenwart“[15] untersucht werden. Sie geben daher keine Auskunft über historische Begebenheiten, sondern erlauben vielmehr Schlüsse über die Erinnerungskulturen zur Zeit der Produktion der Videos.[16] Darüber hinaus bieten beispielsweise die Kommentarspalten unter den Videos Hinweise über die Zeit der Rezeption der Videos.

Des Weiteren sind diese Medien nicht nur Teil einer Erinnerungskultur im Singular. Vielmehr bewegen sie sich in digitalen Erinnerungsnetzwerken. Andrew Hoskins hat diese „digital network memor[ies]“[17] als zahllose, multimediale Zugänge zur Vergangenheit und Geschichte beschrieben, die wechselseitig miteinander verknüpft sind. Auch Youtube-Videos stehen daher als Teil eines Netzwerks in engem Zusammenhang und Austausch mit anderen Erinnerungsmedien. Dabei mobilisieren sowie produzieren „Geschichtsbilder“, bzw. Erinnerungsbilder, bestimmte Vorstellungen von Vergangenheiten, die etablierten Darstellungskonventionen folgen, wie sie beispielsweise Tobias Ebbrecht in seinem Konzept des „medialen Gedächtnisses“[18] oder auch Ulf Kerber und Franziska Wittau[19] in ihrem Beitrag im vorliegenden Band beschreiben.

Das „mediale Gedächtnis“ bildet ein „Netz von Bildern, visuellen Ikonen, stereotypen Figuren und konventionalisierten Erzählformen“.[20] Dieses mediale Netz beeinflusst unsere Vergangenheitsvorstellungen. Die verschiedenen Elemente werden in unterschiedlichen Medien verhandelt, überarbeitet, weitergegeben. Nicht zuletzt werden sie auch von Filmemacher*innen in ihren Youtube-Videos aufgegriffen. Erinnerungsmedien bilden dabei die Voraussetzung dafür, dass Narrative und Vergangenheitsvorstellungen überhaupt geteilt und ausgehandelt werden können. Die Zuschauenden erlangen einen Eindruck von der Vergangenheit („gain a sense of the past“[21]), wie Robert Rosenstone in Bezug auf Geschichtsfilme postulierte.

Bereits ein kurzer Blick auf Youtube-Videos mit Zeitzeug*innen verdeutlicht, dass sich die Filmästhetik an bekannten Darstellungsmustern zur Inszenierung von Zeitzeug*innen orientiert. Die am häufigsten verwendete Kameraeinstellung

---

15 Ebd., S. 7.

16 Vgl. Ebd., S. 6.

17 Andrew Hoskins, Digital Network Memory, in: Andrew Hoskins (Hrsg.), Mediation, Remediation, and the Dynamics of Cultural Memory, Berlin 2009, S. 91–108.

18 Tobias Ebbrecht, Geschichtsbilder im medialen Gedächtnis. Filmische Narrationen des Holocaust, Bielefeld 2011.

19 S. den Beitrag von Ulf Kerber und Franziska Wittau in diesem Band.

20 Ebbrecht, Geschichtsbilder, S. 39 f.

21 Robert Rosenstone, Visions of the Past: The Challenge of Film to our Idea of History, Cambridge 1995, S. 64.

entspricht dem Ursprung des Begriffs talking head. Dabei werden die Personen in Nahaufnahmen von Kopf und Schultern gezeigt.[22] Bei besonders starken Emotionen wird teilweise auch auf das Gesicht oder die Augen gezoomt. Ansonsten bleibt die Kamera eher statisch. In einigen Videos werden außerdem Schnittbilder, wie beispielsweise Nahaufnahmen der gestikulierenden Hände, verwendet. Die Mise en Scène unterstützt die Wahrnehmung als vertrauliches Familiengespräch. Hier ist keine kahle, als zeitlos erachtete schwarze Wand mit einem einzigen Spotlight zu finden, wie sie die deutschen Fernsehproduktionen von Guido Knopp geprägt haben.[23] Dies kann jedoch weniger auf eine bewusste Entscheidung zurückgeführt, als vielmehr als eine praktikable Lösung angesehen werden, da für diese Inszenierung keine besondere filmtechnische Ausstattung, wie beispielsweise der Schlaglichtstrahler oder der schwarze Hintergrund, benötigt wird. Zudem sollen die Zeitzeug*innen-Interviews auf Youtube nicht als Schnittbilder dienen, die beliebig in unterschiedliche Formate eingefügt werden können. Stattdessen sitzen die Zeitzeug*innen in den Youtube-Videos meist auf dem heimischen Sofa, am Küchentisch oder im Garten und unterstützen dadurch einen unmittelbaren, familiären und scheinbar authentischen Eindruck.[24] Dabei sind die Interviewer*innen mit ihren gestellten Fragen selten zu hören und noch seltener zu sehen. Der Fokus der Videos liegt in den meisten Fällen auf einer Person, in Ausnahmefällen werden zwei Personen gleichzeitig befragt und in einer gemeinsamen Kameraeinstellung gefilmt. Außenaufnahmen zeigen Gegenwartsaufnahmen der Zeitzeug*innen an den Orten des historischen Geschehens, von denen sie berichten. Insgesamt sind Männer deutlich häufiger vertreten als Frauen. Zusammenfassend wird somit deutlich, dass das Innovationspotenzial der Online-Videos mit der Darstellung der etablierten und festgeschriebenen Figur der Zeitzeug*innen nicht ausgeschöpft wird. Es finden sich keine neuen Formen oder Darstellungsansätze auf der Videoplattform, stattdessen werden bestehende Inszenierungsmittel von Zeitzeug*innen übernommen.

22 Katja Bruns, Talking Head in: Das Lexikon der Filmbegriffe, Universität Kiel, URL: https://filmlexikon.uni-kiel.de/doku.php/t:talkinghead-7777 (letzter Zugriff 27.06.2022).

23 Keilbach, Geschichtsbilder und Zeitzeugen, S. 230; Steffi De Jong, The Witness as Object: Video Testimonies in Holocaust Museums, New York 2018, S. 99–101.

24 Zur Authentizität von Zeitzeug*innen siehe einführend: Martin Sabrow, Zeitzeuge in: Martin Sabrow/Achim Saupe (Hrsg.), Handbuch Historische Authentizität, Göttingen 2022, S. 553–563.

II Video-Beispiel: „Ein Zeitzeuge erinnert sich an die NS Zeit in Plettenberg"

Eine dieser Zeitzeug*innen-Figuren findet sich auch im ersten Video-Beispiel mit dem Titel „Ein Zeitzeuge erinnert sich an die NS Zeit in Plettenberg".[25] Das Video wurde von einem Amateurfilmschaffenden 2012 hochgeladen und ist 40 Minuten lang. Für Amateurfilmschaffende steht oft die Bewerbung des eigenen Hobbys und die Zurschaustellung der technischen Fähigkeiten im Vordergrund. Während des gesamten Youtube-Videos ist der Link zum Webauftritt des Filmschaffenden eingeblendet, wodurch das Video als Werbung fungiert. Im Gegensatz zu den meisten anderen Zeitzeug*innen-Inszenierungen ist der Amateur in der Kameraeinstellung sichtbar und sitzt als Interviewer neben dem Zeitzeugen. Im Sinne einer Kompilationsdokumentation werden alte Filmaufnahmen oder Fotos über die Erzählungen gelegt, Musik verwendet und Übergänge gestaltet. Bei den eingeblendeten Filmaufnahmen fehlen jedoch zahlreiche Informationen über Entstehung und Ursprung des gezeigten Quellenmaterials. Demnach wird hier die Inszenierung narrativer Interviews mit Elementen aus Kompilationsdokumentationen verbunden, wie sie vor allem aus dem Fernsehen der 2000er Jahre bekannt sind. Das Interview beginnt mit der Aufzählung der lebensgeschichtlichen Eckdaten des Zeitzeugen. Dies ist wiederum eine Praxis, die der Interviewführung mit Überlebenden der Verfolgung und Vernichtung durch die Nationalsozialist*innen, den *video testimonies*,[26] entstammt.

Inhaltlich fokussiert das Video die Jugend des Zeitzeugen Erich Schmalenbach im Nationalsozialismus. Der Interviewer lenkt das Gespräch immer wieder spezifisch auf den Ort Plettenberg. Dabei werden die NS-Jugendorganisationen näher beleuchtet und das Segelfliegen besonders tiefgründig besprochen. Nach der Nennung der Lebensdaten leitet der Interviewer direkt das für ihn zentrale Thema, den Beginn des Krieges, ein, indem er fragt: „Erich, als du zehn Jahre alt warst, kam ja die Nachricht raus, dass der Zweite Weltkrieg begonnen hatte. Wie habt

25 HechmeckeStudio (10.01.2012), Ein Zeitzeuge erinnert sich an die NS Zeit in Plettenberg, www.youtube.com/watch?v=qibgOAjURJY (letzter Zugriff 21.05.2021).

26 Die wissenschaftliche Grundlage bilden hierbei vor allem Veröffentlichungen, die im Zusammenhang mit dem heutigen „Fortunoff Archive for Holocaust Testimonies" entstanden sind, v. a. Lawrence L. Langer, Holocaust Testimonies. The Ruins of Memory, New Haven 1991. Shoshana Felman/Dori Laub, Testimony: Crisis of Witnessing in Literature, Psychoanalysis, and History, London 1992. James E. Young, Writing and Rewriting the Holocaust: Narrative and the Consequences of Interpretation, Bloomington 1988, S. 157–171.

ihr das als Jugendliche aufgefasst?“[27] Allerdings beantwortet der Zeitzeuge diese Frage nicht, stattdessen scheint es, als würde er Fakten abarbeiten. Damit folgt die Inszenierung und Selbstinszenierung des Zeitzeugen eher der Darstellungskonvention eines Experten, der zur Vergangenheit befragt wird, anstatt der eines Erzählers,[28] der tatsächlich berichtet, wie seine (damalige) Wahrnehmung war. Dementsprechend sind die Ausführungen mit Jahresdaten und Ortsangaben bestückt. Gleichzeitig verdeutlicht diese einleitende Szene, dass in dem Video klare Wir-sie-Gruppen aufgemacht werden. So berichtet der Zeitzeuge Erich Schmalenbach: „Da kam’s durchs Radio, dass *wir* jetzt in Polen einmarschieren; dass die Polen geschossen hätten, dass jetzt zurückgeschossen wird.“[29] Es handelt sich hierbei um die Zuordnung zu einer nationalstaatlichen, deutschen Wir-Gruppe. Eventuell kann in der Formulierung die Rede von der deutschen „Volksgemeinschaft“ und damit die nationalsozialistische Propaganda wiedererkannt werden.[30] Diese Zugehörigkeit zieht sich durch das gesamte Video und wird sogar vom Interviewer übernommen. Dieser fragt an einer anderen Stelle beispielsweise: „Waren denn noch viele Soldaten *von uns* in Plettenberg?“[31]

Neben dieser unreflektierten Übernahme der Position des Zeitzeugen, lassen sich anhand des Videos noch weitere Mechanismen beobachten, die bereits seit den 1990er Jahren in Untersuchungen deutscher Familienerinnerungen festgestellt wurden. Am prominentesten sind dabei die Studien von Welzer et al.[32] Diese Forschendengruppe hat Tradierungstypen herausgearbeitet, die sich auch auf die von mir untersuchten, aktuellen Youtube-Videos anwenden lassen. Neben intergenerationellen Erzählstrategien wie Distanzierung,[33] Überwältigung[34] und Rechtfertigung[35] spielen auch in meinen Untersuchungen vor allem diejenigen der Faszi-

---

27 HechmeckeStudio (10.01.2012), Ein Zeitzeuge erinnert sich an die NS Zeit in Plettenberg, TC: 0:01:15-0:01:25.

28 Zur idealtypischen Unterscheidung von Erzähler*innen und Expert*innen vgl. Frank Bösch, Historikerersatz oder Quelle? Der Zeitzeuge im Fernsehen, in: Geschichte lernen 76 (2000), S. 62–65, hier S. 63–64.

29 HechmeckeStudio (10.01.2012), Ein Zeitzeuge erinnert sich an die NS Zeit in Plettenberg [YouTube-Video], TC: 0:01:25-0:01:43, Hervorhebung durch die Autorin.

30 Für eine Zusammenfassung der Forschungsgeschichte zu diesem Begriff siehe Norbert Frei, Volksgemeinschaft, in: Norbert Frei (Hrsg.), 1945 und Wir. Das Dritte Reich im Bewußtsein der Deutschen, München 2005, S. 107–128.

31 HechmeckeStudio (10.01.2012), Ein Zeitzeuge erinnert sich an die NS Zeit in Plettenberg [YouTube-Video], TC: 0:15:56-0:16:00, Hervorhebung durch die Autorin.

32 Harald Welzer/Robert Montau/Christine Plaß, „Was wir für böse Menschen sind!“ Der Nationalsozialismus im Gespräch zwischen den Generationen, Tübingen 1997, S. 145–211.

33 Ebd., S. 172–185.

34 Ebd., S. 198–211.

35 Ebd., S. 159–171.

nation[36] sowie der Opferschaft[37] eine Rolle. Oft wird dadurch eine kritische Befragung der Vergangenheit zugunsten eines einheitlichen Narrativs ersetzt. Problematische Aspekte, die den Nationalsozialismus betreffen, können somit außen vor gelassen werden. Wenn der Zeitzeuge Schmalenbach in diesem ersten Videobeispiel also als Experte auftritt und mit einer gewissen Faszination die verschiedenen Hitlerjugend-Gruppen beschreibt sowie begeistert deren Abzeichen, Uniformen oder das Fahrtenmesser erwähnt, so wird gleichzeitig die Frage des Interviewers nach der Wahrnehmung des Zweiten Weltkrieges umgangen.

Während in diesem einleitenden Videoausschnitt noch viele Elemente zum Tradierungstyp der Faszination zu finden sind, stellt derjenige der Opferschaft einen weiteren, viel verbreiteten Typus dar. Die Erzählungen fokussieren sich darin auf die Deutschen als Opfer, anstatt als Täter*innen.

III Opferzentrierte Darstellungsästhetik und Narrative

Für die opferzentrierte Darstellungsweise sowie die Opfernarrative, die in den Youtube-Videos mobilisiert werden, ist die mediale Figur der Zeitzeug*innen zentral. Ihre Wirkkraft ist in medienkulturellen Untersuchungen wiederholt hervorgehoben worden – jedoch beschränken sich diese Analysen bislang fast ausschließlich auf Fernsehdokumentationen[38] oder *video testimonies*. Die emotionale Ansprache der Zuschauenden sowie die von Zeitzeug*innen verkörperte „Autorität des ‚Dabeigewesenen'",[39] ihre „Aura des Authentischen",[40] gelten allerdings mindestens im gleichen Maße für Zeitzeug*innen in Youtube-Videos. Auch hier gelten die medialen Figuren als Garant*innen dafür, berichten zu können, „wie es wirklich war". Ich würde sogar so weit gehen, die These aufzustellen, dass Youtube-Videos die Authentizität, das Ungefilterte, den scheinbar unmittelbaren Kontakt zur Vergangenheit noch mehr unterstreichen und umso intimer auf die Zu-

---

36 Ebd., S. 186–197.

37 Ebd., S. 145–158.

38 Keilbach, Geschichtsbilder und Zeitzeugen; Bösch, Historikerersatz oder Quelle; Bösch, Geschichte mit Gesicht; Thomas Fischer, Erinnern und Erzählen – Zeitzeugen im Geschichts-TV, in: Thomas Fischer/Rainer Wirtz (Hrsg.), Alles authentisch? Popularisierung der Geschichte im Fernsehen, Konstanz 2008, S. 33–49.

39 Bösch, Historikerersatz oder Quelle, S. 65.

40 Heidemarie Uhl, Vom Pathos des Widerstands zur Aura des Authentischen – Die Entdeckung des Zeitzeugen als Epochenschwelle der Erinnerung, in: Martin Sabrow/Norbert Frei (Hrsg.), Die Geburt des Zeitzeugen nach 1945, Göttingen 2012, S. 224–246.

schauenden wirken können. Denn neben den Authentizitätsfiguren, die aus dem Fernsehen bekannt sind, wird auf der Online-Plattform außerdem das nicht-institutionalisierte, persönliche Framing der Sozialen Medien mobilisiert. Umso wichtiger ist es, die weiterhin bestehenden Sakralisierungstendenzen dieser medialen Figuren zu hinterfragen.[41]

Dies erscheint umso dringlicher, wenn deutsche Zeitzeug*innen über die Zeit des Nationalsozialismus und des Zweiten Weltkrieges berichten. Die „paradigmatische Verbindung von Zeugenschaft und Holocaust“[42] hat durch die mediale Inszenierung der Überlebenden dazu geführt, dass eine mediale Figur entstanden ist, an welcher sich Zeitzeug*innen aus anderen Kontexten orientieren. Dadurch werden jedoch, wie Tobias Ebbrecht-Hartmann betont „[d]ie Zeugen der Verbrechen und die Zuschauer, Mitläufer und Täter und ihre divergierenden Standpunkte [...] formal gleich gemacht und ihre unterschiedlichen Perspektiven in einem um seine juristische Bedeutung bereinigten Begriff der Zeugenschaft harmonisiert“.[43]

IV Video-Beispiel: „Ein Zeitzeuge berichtet am Lager Kinzigdamm“

Anhand eines weiteren Videobeispiels können diese Punkte veranschaulicht werden. „Ein Zeitzeuge berichtet am Lager Kinzigdamm“ stellt eine spannende Verbindung zwischen der Familie des Zeitzeugen und dem Schrecken der Vergangenheit dar.[44] Hochgeladen wurde das Video im Jahr 2015 vom Kanal „Gedenkstätte Vulkan“. In diesem Fall wird demnach – im Gegensatz zum ersten Video – bereits eine institutionelle Rahmung deutlich. Diese wird zusätzlich dadurch verstärkt, dass es sich bei dem Youtube-Video um einen achtminütigen Filmausschnitt eines

---

41 Vgl. die Übersicht in Isabella von Treskow, Zeuge/ Zeitzeuge, in: Stephanie Wodianka/Juliane Ebert (Hrsg.), Metzler Lexikon moderner Mythen. Figuren, Konzepte, Ereignisse, Stuttgart 2014, S. 395–398.

42 Aleida Assmann, Vier Grundtypen von Zeugenschaft, in: Michael Elm/Gottfried Kössler (Hrsg.), Zeugenschaft des Holocaust: Zwischen Trauma, Tradierung und Ermittlung, Frankfurt am Main 2007, S. 33–51, hier S. 33.

43 Ebbrecht, Geschichtsbilder, S. 31. Für dieses Zitat ist zudem der Hinweis wichtig, hier nicht nur implizit, sondern aktiv an die Geschlechtervielfalt der beteiligten Zeug*innen, Zuschauer*innen, Mitläufer*innen und Täter*innen zu denken, um einseitigen Vergangenheitsbildern entgegenzutreten und einen holistischeren Begriff von Zeug*innenschaft zu etablieren.

44 Gedenkstätte Vulkan (19.06.2015), Ein Zeitzeuge berichtet am Lager Kinzigdamm, URL: https://www.youtube.com/watch?v=cMZyrvxbZnI (letzter Zugriff 21.05.2021), TC: 0:00:32.

Filmprojektes handelt, das durch die Landeszentrale für politische Bildung Baden-Württemberg gefördert wurde. Diese Authentisierungsmerkmale sind jedoch umso problematischer, wenn es sich um kontextlose Ausschnitte handelt, die einen sehr großen Deutungsspielraum lassen und der freien Assoziation wenig Grenzen setzen, zumal auf der unmoderierten Videoplattform Youtube.

In dem Teil der Dokumentation, der auf Youtube zur Verfügung gestellt ist, steht ein älterer Herr, der namentlich nicht benannt wird, im Freien zwischen Schüler*innen und berichtet gefühlsbetont von den Geschehnissen um das Arbeitslager „Kinzigdamm“, die er als Kind beobachtet habe. Im Vordergrund seiner Schilderungen steht seine Ergriffenheit über das damalige Grauen im Lager sowie die zahlreichen Versuche der Dorfgemeinschaft und insbesondere seiner Familie, Hilfe zu leisten.

Das Leid der beiden Gruppen – der Gefangenen und der Deutschen – wird hierbei oft miteinander verknüpft. So handelt die einführende Erzählung des Zeitzeugen von der damaligen Verhaftung der Mutter.[45] Die Großmutter des Zeitzeugen habe zusätzliche Pfannkuchen gebacken, damit die Mutter im Arbeitslager Kinzigdamm einige an die Gefangenen verteilen könne. Eingewickelt in ihr Kopftuch, habe sie die Lebensmittel im Korb ihres Fahrrads zum Lager transportiert, wo die Insass*innen bereits gewusst hätten, dass sie sich bedienen durften und somit das Kopftuch samt Pfannkuchen an sich nahmen. Ein Wachmann sei darauf aufmerksam geworden und habe die Mutter gefragt, wo das Kopftuch sei. Ihre Lüge, sie habe keines bei sich gehabt, sei nach einer Durchsuchung des Lagers aufgeflogen, sodass die Mutter abtransportiert worden sei. Es bleibt dabei unklar, ob der Zeitzeuge selbst diese Situation miterlebt hat oder nur die Erinnerungen seiner Familienmitglieder teilt. Abschließend führt der Zeitzeuge unter Tränen gegenüber der Jugendgruppe aus: „Und plötzlich hieß es halt, meine Mutter muss ins KZ oder die wird ... kommt halt fort, wird erschossen oder irgendwas.“[46] Dabei werden Erinnerungsbilder mobilisiert, die eng mit den Berichten der Verfolgten und Vernichteten der Nationalsozialist*innen zusammenhängen: die Bedrohung des Lebens insbesondere durch Konzentrationslager und Erschießungen. Dass diese Bedrohung für die meisten Deutschen vielleicht weniger drastisch als in dieser Aussage des Zeitzeugen gewesen sein mag, wird durch die lapidare Auflösung des Schicksals der Mutter deutlich: Im Rathaus der nächstgrößeren Stadt Haslach habe der Großvater des Zeitzeugen bis spät abends verhandelt und schließlich – so habe der Zeitzeuge später erfahren – regeln können, dass die Mutter im Tausch gegen einige Flaschen Schnaps keine Bestrafung bekäme. Nichtsdestotrotz enden

45 Gedenkstätte Vulkan (19.06.2015), Ein Zeitzeuge berichtet am Lager Kinzigdamm [YouTube-Video], TC: 0:00:19-0:01:51.

46 Ebd., TC: 0:01:19-0:01:30.

die Schilderungen mit einem emotionalen Ausbruch des Zeitzeugen, der mit den Worten eingeführt wird, welche das generelle Leiden der deutschen Bevölkerung dieser Zeit in den Mittelpunkt stellen: „Wir haben hier viel erlebt.“[47] Mit tränenden Augen und schwerem Atem klopft sich der Mann dabei auf das Herz und wischt sich über die Nase.

Zwei Aspekte sind an dieser Stelle besonders hervorzuheben. Einerseits ist dies die überaus starke Emotionalität des Sprechers, andererseits der Bericht über die Verwandten als selbstlose Helfer*innen, die sich selbst in Gefahr brachten. Auf der zweiten, inhaltlichen Ebene, wird hier vor allem der weite Opferbegriff des Zeitzeugen, der sowohl Gefangene des Lagers, aber auch sich selbst als Kind, da er das Grauen mitansehen musste, und schließlich seine Familie inkludiert. Das Erzählte wird durch die erste Ebene der starken Emotionalität besonders verstärkt. Emotionalität wirkt hier als Authentizitätsbeweis, ja sogar als Garant für die Wahrheit des Gesagten.[48] Außerdem wird in diesem Ausschnitt die lokale Verortung des Erzählten deutlich; beispielsweise zeigt der Zeitzeuge auf unterschiedliche Orte in der unmittelbaren Umgebung oder verweist auf diese mündlich. Darüber hinaus ist seine Sprache stark dialektal gefärbt und markiert dadurch die Zugehörigkeit zu einer geografisch verortbaren Gruppe, in welcher dem Zeitzeugen mehr Glaubwürdigkeit zugesprochen wird, da dieser als „einer von uns“ spricht und seine Aussagen dadurch besonders authentisch wirken.[49] Diese Lokalitätsmarker geben Hinweise auf ein „kommunales Gedächtnis“,[50] welches hier mobilisiert wird und in welchem das Youtube-Video seine größte Wirkmacht erzielen könnte.

Durch diese lokale Verankerung ergeben sich Chancen für eine Demokratisierung der Erinnerungen. Denn anstatt nationale Erinnerungsnarrative in den Vordergrund zu stellen, werden kommunale Erinnerungskulturen sichtbar und ermöglichen zahlreichen Akteur*innen, an der Formung von Vergangenheitsvorstellungen teilzuhaben. Denn gerade die „formalisierten Formen der Erinnerung in der deutschen Gesellschaft sind [...] eine Gratwanderung zwischen ernsthaftem Gedenken, leerem Ritual, Domestizierung des Bedrängenden aus der Vergangen-

47 Ebd., TC: 0:01:51-0:01:55.

48 Vgl. z. B. Bösch, Historikerersatz oder Quelle, S. 65. Von Treskow, Zeuge/Zeitzeuge, S. 397.

49 Vgl. Ute Nawratil, Glaubwürdigkeit in der sozialen Kommunikation, 2. Aufl., München 2006 (digitale Ausgabe) [1997], URL: http://epub.ub.uni-muenchen.de/archive/00000941/ (letzter Zugriff 14.09.2022), S. 104.

50 Malte Thießen, Zeitzeuge und Erinnerungskultur. Zum Verhältnis von privaten und öffentlichen Erzählungen des Luftkriegs, in: Lu Seegers/Jürgen Reulecke (Hrsg.), Die „Generation Kriegskinder“ – Historische Hintergründe und Deutungen, Gießen 2009, S. 157–182.

heit und der Hoffnung auf Entlastung".[51] Andererseits sind die Gefahren dabei nicht zu vernachlässigen. Beide Seiten möchte ich abschließend kurz zusammenfassen, da sie die beiden Seiten des *Doing Memory* auf Youtube beleuchten.

V Gefahren und Chancen aktueller Youtube-Videos für Erinnerungskulturen

In der Betrachtung der Zeitzeug*innenvideos auf Youtube als *Doing Memory* werden die Aktivitäten verschiedener beteiligter Akteur*innen im Sozialen Medium als Praktiken des Auf- und Ausführens von Erinnerungen hervorgehoben. Dabei ist auch die medientechnische Ebene relevant, die besonders durch die algorithmischen Videovorschläge der globalen Plattform deutlich wird.

Die Chancen der Erinnerungsmedien liegen in der kontinuierlichen Auseinandersetzung mit Vergangenheitsnarrativen. Im Falle der Darstellung des Nationalsozialismus in Deutschland, mit seinen verbrecherischen Strukturen der Verfolgung und Vernichtung zahlreicher Menschen, kann die Erinnerung dazu dienen, aus Vergangenem zu lernen und die universellen Menschenrechte zu stärken. Dabei können lokale Erinnerungsgemeinschaften relevante Inhalte transportieren. Im Sinne des Slogans der Geschichtswerkstätten, „Grabe, wo du stehst",[52] kann so auch heutzutage kommunale Vergangenheitsaufarbeitung – im Sinne eines „Filme, wo du stehst" – stattfinden. Insbesondere jungen Generationen wird so ein Zugang zu dieser eröffnet. Den Produzent*innen wird damit eine mediale Teilhabe an der Erzeugung von Vergangenheitsvorstellungen ermöglicht. Die Videos haben damit das Potenzial, „to challenge dominant historical narratives and to encourage web users to think critically about how they understand the past".[53]

Gleichzeitig muss auch vor den Gefahren gewarnt werden, welche von den Videos auf Youtube ausgehen. Denn die Videos können ebenso das historische Verständnis durch die Darstellung ungenauer oder unzureichender Informatio-

51 Christian Wiese/Stefan Vogt/Doron Kiesel/Gury Schneider-Ludorff, Einleitung: Die Zukunft der Erinnerung, in: Christian Wiese/Stefan Vogt/Doron Kiesel/Gury Schneider-Ludorff (Hrsg.), Die Zukunft der Erinnerung: Perspektiven des Gedenkens an die Verbrechen des Nationalsozialismus und die Shoah, Berlin/Boston 2021, S. 1–18, hier S. 2.

52 Dieser Ausspruch geht auf die in Schweden gegründete Geschichtsbewegung zurück: Sven Lindquvist, Grabe, wo du stehst. Handbuch zur Erforschung der eigenen Geschichte, hrsg. u. übers. v. Manfred Dammeyer, Bonn 1989.

53 Megan Sheehy, New Perspectives on the Past: YouTube, Web 2.0 and public history, in: Melbourne Historical Journal 36 (1), 2008, S. 59–74, hier S. 71.

nen beeinträchtigen.[54] Antisemitische oder sonstige menschverachtende, revisionistische, verschwörungsmythische und rechtspopulistische bzw. -radikale Inanspruchnahmen der Vergangenheit sind hier sowohl in den Videos, aber insbesondere auch in den Kommentarspalten und außerhalb von Youtube möglich, wenn die Videos beispielsweise in geschlossenen Chatgruppen geteilt werden. Trotz der Umstrittenheit von Spiralen einer zunehmenden Radikalisierung[55] müssen zumindest „Filterblasen"[56] beachtet werden, die algorithmisch nur solche Inhalte vorschlagen, welche innerhalb der eigenen Überzeugungen und Interessensbereiche liegen. Andere Deutungen und Vorstellungen werden somit nicht angezeigt. Dadurch werden bestimmte Narrative zusätzlich verfestigt, wie anhand der Darstellung der Deutschen als Opfer gezeigt wurde. Im digitalen Raum der Erinnerungen können solche Narrative einen noch größeren Adressat*innenkreis erreichen, als sie es außerhalb des Internets bereits tun, und insgesamt gesellschaftsfähig wirken, da sie in öffentlichen Räumen ausgesprochen werden können und keiner Kontextualisierung bedürfen. Vor diesen Tendenzen muss gewarnt werden. Deshalb stellt die Untersuchung von Youtube-Videos mit Vergangenheitsnarrativen eine wichtige und aktuelle Notwendigkeit dar, die insbesondere auch erinnerungskulturwissenschaftlich anzugehen ist. Auf dieser Grundlage ist es dann möglich, Medienkompetenzen auch in Bezug auf Erinnerungsmedien zu fördern. Anstatt als Geschichtsvermittlung historischer „Wahrheiten" wahrgenommen zu werden, können Youtube-Videos mit Zeitzeug*innen dann als Praktiken des Auf- und Ausführens von Geschichten über eine Vergangenheit, als *Doing Memory*, identifiziert werden. Durch das Present Progressive, das durch die Endung „-ing"

---

54 Ebd.

55 Prägend für eine Debatte über das sog. „Rabbit Hole", den Kaninchenbau, in welchen User*innen online fallen könnten, war der Artikel von Zeynep Tufekci in der New York Times: Zeynep Tufekci, YouTube, the Great Radicalizer, The New York Times, 10.03.2018, www.nytimes.com/2018/03/10/opinions/youtube-politics-radical.html (letzter Zugriff 17.06.2022). Darüber hinaus hat sich Julia Ebner in ihrer Forschung mit extremistischen Netzwerken auseinandergesetzt, siehe Julia Ebner, Radikalisierungsmaschinen: Wie Extremisten die neuen Technologien nutzen und uns manipulieren, Berlin 2019. Aktuelle, quantitative Analysen konnten diese Tendenz dagegen noch nicht nachweisen, siehe beispielhaft Annie Y. Chen/Brendan Nyhan/Jason Reifler/Ronald E. Robertson/Christo Wilson, Subscriptions and External Links Help Drive Resentful Users to Alternative and Extremist YouTube Videos, in: arXiv e-prints (2022), www.arxiv.org/pdf/2204.10921.pdf (letzter Zugriff 17.06.2022).

56 Der Begriff wurde von Eli Pariser geprägt: Eli Pariser, The Filter Bubble: What the Internet is Hiding from You, New York 2011. Die Isolation von anderen Inhalten durch die Filterblasen bzw. Echokammern ist jedoch wissenschaftlich noch nicht ausreichend belegt – auch, da sich die Personalisierungsalgorithmen stets verändern und geheim gehalten werden. Für einen Überblick über Forschungsergebnisse siehe Uli Gleich, Auswirkungen von Echokammern auf den Prozess der Meinungsbildung, in: Media Perspektiven 2 (2019), S. 82–85.

in „doing“ markiert wird, ist es zudem möglich, die Erinnerungshandlungen als solche zu markieren, die gerade in diesem Moment geschehen. Dadurch werden die stetigen Veränderungsprozesse von Erinnerungen deutlich, die als auf- und ausgeführte Vergangenheitserzählungen und auch als interpretierbare Performanzen der Gegenwart markiert werden.

Literatur

Assmann, Aleida (1999), Erinnerungsräume. Formen und Wandlungen des kulturellen Gedächtnisses, München.

Assmann, Aleida (2006), Der lange Schatten der Vergangenheit. Erinnerungskultur und Geschichtspolitik, München.

Assmann, Aleida (2007), Vier Grundtypen von Zeugenschaft, in: Elm, Michael/Kössler, Gottfried (Hrsg.), Zeugenschaft des Holocaust: Zwischen Trauma, Tradierung und Ermittlung, Frankfurt am Main, S. 33–51.

Assmann, Jan (1992), Das kulturelle Gedächtnis. Schrift, Erinnerung und politische Identität in frühen Hochkulturen, München.

Bösch, Frank (2000), Historikerersatz oder Quelle? Der Zeitzeuge im Fernsehen, in: Geschichte lernen 76, S. 62–65.

Bösch, Frank (2008), Geschichte mit Gesicht. Zur Genese des Zeitzeugen in Holocaust-Dokumentationen seit den 1950er Jahren, in: Fischer, Thomas/Wirtz, Rainer (Hrsg.), Alles authentisch? Popularisierung der Geschichte im Fernsehen, Konstanz, S. 51–72.

Bösch, Frank (2009), Der Nationalsozialismus im Dokumentarfilm: Geschichtsschreibung im Fernsehen (1950–1990), in: Bösch, Frank/Goschler, Constantin, Public History. Öffentliche Darstellungen des Nationalsozialismus jenseits der Geschichtswissenschaft, Frankfurt am Main, S. 25–76.

Bruns, Katja (2022), Talking Head, in: Das Lexikon der Filmbegriffe, Universität Kiel, URL: https://filmlexikon.uni-kiel.de/doku.php/t:talkinghead-7777 (letzter Zugriff 27.06.2022).

Chen, Annie Y./Nyhan, Brendan/Reifler, Jason/Robertson, Ronald E./Wilson, Christo (2022), Subscriptions and External Links Help Drive Resentful Users to Alternative and Extremist YouTube Videos, in: arXiv e-prints, www.arxiv.org/pdf/2204.10921.pdf (letzter Zugriff 17.06.2022).

Clement, J. (2021), Statista, Most Popular Websites Worldwide as of November 2021, by Total Visits (in Billions), URL: www.statista.com/statistics/1201880/most-vistied-websites-worldwide (letzter Zugriff 10.06.2022).

De Jong, Steffi (2018), The Witness as Object: Video Testimonies in Holocaust Museums, New York.

Ebbrecht, Tobias (2011), Geschichtsbilder im medialen Gedächtnis. Filmische Narrationen des Holocaust, Bielefeld.

Ebner, Julia (2019), Radikalisierungsmaschinen: Wie Extremisten die neuen Technologien nutzen und uns manipulieren, Berlin.

Elm, Michael (2008), Zeugenschaft im Film. Eine erinnerungskulturelle Analyse filmischer Erzählungen des Holocaust, Berlin.

Erll, Astrid (2017), Kollektives Gedächtnis und Erinnerungskulturen. Eine Einführung, Stuttgart.

Feierabend, Sabine/Rathgeb, Thomas/Reutter, Theresa (2020), JIM 2019 – Jugend, Information, Medien. Basisuntersuchung zum Medienumgang 12- bis 19-Jähriger in Deutschland, hrsg. v. Medienpädagogischen Forschungsverbund Südwest (mpfs) u. a., Stuttgart, URL: www.mpfs.de/filead min/files/Studien/JIM/2019/JIM_2019.pdf (letzter Zugriff 14.06.2022).

Felman, Shoshana/Laub, Dori (1992), Testimony: Crisis of Witnessing in Literature, Psychoanalysis, and History, London.

Fischer, Thomas (2008), Erinnern und Erzählen – Zeitzeugen im Geschichts-TV, in: Fischer, Thomas/ Wirtz, Rainer (Hrsg.), Alles authentisch? Popularisierung der Geschichte im Fernsehen, Konstanz, S. 33–49.

Frei, Norbert (2005), Volksgemeinschaft, in: Frei, Norbert (Hrsg.), 1945 und Wir. Das Dritte Reich im Bewußtsein der Deutschen, München, S. 107–128.

Gleich, Uli (2019), Auswirkungen von Echokammern auf den Prozess der Meinungsbildung, in: Media Perspektiven 2, S. 82–85.

Harries, Dan (2002), The New Media Book, London.

Honke, Josefine (2021), „Filme, wo du stehst." Deutsche Opfernarrative über die Zeit des Nationalsozialismus in aktuellen Zeitzeug*innenvideos mit kommunalem Fokus auf YouTube, in: Rundfunk und Geschichte 47, 2021, Nr. 1–2, S. 114–117.

Hoskins, Andrew (2009), Digital Network Memory, in: Hoskins, Andrew (Hrsg.), Mediation, Remediation, and the Dynamics of Cultural Memory, Berlin, S. 91–108.

Jenkins, Henry (2006), Convergence Culture: Where Old and New Media Collide, New York.

Kansteiner, Wulf (2018), The Holocaust in the 21st Century: Digital Anxiety, Transnational Cosmopolitanism, and Never Again Genocide Without Memory, in: Hoskins, Andrew (Hrsg.), Digital Memory Studies: Media Pasts in Transition, New York/London, S. 110–140.

Keilbach, Judith (2010), Geschichtsbilder und Zeitzeugen: Zur Darstellung des Nationalsozialismus im bundesdeutschen Fernsehen, Münster.

Knoch, Habbo (Hrsg.) (2001), Das Erbe der Provinz. Heimatkultur und Geschichtspolitik nach 1945, Göttingen.

Langer, Lawrence (1991), Holocaust Testimonies. The Ruins of Memory, New Haven.

Lindquvist, Sven (1989), Grabe, wo du stehst. Handbuch zur Erforschung der eigenen Geschichte, hrsg. und übersetzt von Manfred Dammeyer, Bonn.

Nawratil, Ute (1997), Glaubwürdigkeit in der sozialen Kommunikation, 2. Aufl., München; digitale Ausgabe (2006), URL: http://epub.ub.uni-muenchen.de/archive/00000941/ (letzter Zugriff 14.09.2022).

Pariser, Eli (2011), The Filter Bubble: What the Internet is Hiding from You, New York.

Rat für Kulturelle Bildung e. V. (Hrsg.) (2019), Jugend/YouTube/Kulturelle Bildung. Horizont 2019. Studie: Repräsentative Umfrage unter 12- bis 19-Jährigen zur Nutzung kultureller Bildungsangebote an digitalen Kulturorten, Essen, https://www.bosch-stiftung.de/sites/default/files/publica tions/pdf/2019-06/Studie_Jugend%20Youtube%20Kulturelle%20Bildung%202019.pdf (letzter Zugriff 30.05.2023).

Rosenstone, Robert (1995), Visions of the Past: The Challenge of Film to our Idea of History, Cambridge.

Sabrow, Martin (2022), Zeitzeuge in: Martin Sabrow/Achim Saupe (Hrsg.), Handbuch Historische Authentizität, Göttingen 2022, S. 553–563.

Sabrow, Martin/Frei, Norbert (Hrsg.) (2012), Die Geburt des Zeitzeugen nach 1945, Göttingen.Sheehy, Megan (2008), New Perspectives on the Past: YouTube, Web 2.0 and Public History, in: Melbourne Historical Journal 36 (1), S. 59–74.

Steffen, Nils (2019), Doing History auf YouTube – Erklärvideos als Form performativer Historiografie, in: Bunnenberg, Christian/Steffen, Nils (Hrsg.), Geschichte auf YouTube. Neue Herausforderungen für Geschichtsvermittlung und historische Bildung (Medien der Geschichte, Bd. 2), Berlin/Boston, S. 61–70.
Süß, Dietmar (Hrsg.) (2007), Deutschland im Luftkrieg. Geschichte und Erinnerung, München.
Thießen, Malte (2007), Eingebrannt ins Gedächtnis. Hamburgs Gedenken an Luftkrieg und Kriegsende 1943 bis 2005, München.
Thießen, Malte (2009), Zeitzeuge und Erinnerungskultur. Zum Verhältnis von privaten und öffentlichen Erzählungen des Luftkriegs, in: Seegers, Lu/Reulecke, Jürgen (Hrsg.), Die „Generation Kriegskinder" – Historische Hintergründe und Deutungen, Gießen, S. 157–182.
Toffler, Alvin (1980), The Third Wave, New York.
Treskow, Isabella von (2014), Zeuge/Zeitzeuge, in: Wodianka, Stephanie/Ebert, Juliane (Hrsg.), Metzler Lexikon moderner Mythen. Figuren, Konzepte, Ereignisse, Stuttgart, S. 395–398.
Tufekci, Zeynep (2018), YouTube, the Great Radicalizer, in: The New York Times, 10.03.2018, URL: www.nytimes.com/2018/03/10/opinions/youtube-politics-radical.html (letzter Zugriff 17.06.2022).
Uhl, Heidemarie (2012), Vom Pathos des Widerstands zur Aura des Authentischen – Die Entdeckung des Zeitzeugen als Epochenschwelle der Erinnerung, in: Sabrow, Martin/Frei, Norbert (Hrsg.), Die Geburt des Zeitzeugen nach 1945, Göttingen.
Van Dijck, José (2009), Users like you? Theorizing Agency in User-generated Content, in: Media, Culture & Society 31/1, S. 41–58.
Welzer, Harald/Montau, Robert/Plaß, Christine (1997), „Was wir für böse Menschen sind!" Der Nationalsozialismus im Gespräch zwischen den Generationen, Tübingen, S. 145–211.
Wiese, Christian/Vogt, Stefan/Kiesel, Doron/Schneider-Ludorff, Gury (2021), Einleitung: Die Zukunft der Erinnerung, in: Wiese, Christian/Vogt, Stefan/Kiesel, Doron/Schneider-Ludorff, Gury (Hrsg.), Die Zukunft der Erinnerung: Perspektiven des Gedenkens an die Verbrechen des Nationalsozialismus und die Shoah, Berlin/Boston, S. 1–18.
Young, James E. (1988), Writing and Rewriting the Holocaust: Narrative and the Consequences of Interpretation, Bloomington.

Videos

Gedenkstätte Vulkan (19.06.2015), Ein Zeitzeuge berichtet am Lager Kinzigdamm, URL: https://www.youtube.com/watch?v=cMZyrvxbZnI (letzter Zugriff 21.05.2021).
HechmeckeStudio (10.01.2012), Ein Zeitzeuge erinnert sich an die NS Zeit in Plettenberg, URL: www.youtube.com/watch?v=qibgOAjURJY (letzter Zugriff 21.05.2021).

Daniel Münch

Opportunismus statt Revolution

Simpleclubs Versprechen im Vergleich zu seinem Angebot an Erklärvideos

I Unterrichtsbegleitung auf Youtube

Spätestens mit den Schulschließungen im Frühling 2020 als Reaktion auf die Pandemie wurden viele Erwachsene auf das große Angebot sog. Erklärvideos auf Youtube aufmerksam und viele Lehrkräfte griffen für den Fernunterricht auf diese Ressource zurück.[1] Den meisten Jugendlichen waren diese schon längst bekannt. Youtube bildet laut der JIM-Studie den ersten Anlaufpunkt, um sich über ein Thema zu informieren, noch vor Wikipedia; es dient somit als Suchmaschine.[2] Die Hälfte aller Jugendlichen hält Youtube für ein wichtiges Bildungsmedium und 21 Prozent aller Schüler*innen konsumiert mehrmals pro Woche Erklärvideos.[3]

„Erklärvideos" bezeichnet ein Genre von Kurzfilmen mit dem Anspruch, eine bestimmte Handlung oder ein Konzept zu erklären und so Verständnis oder Lernen zu ermöglichen. Sie werden somit über die Intention definiert, während die Gestaltung sehr variabel ist.[4] Eine Abgrenzung zu anderen Formaten wie Tutorials oder Dokumentationen ist nur begrenzt möglich oder sinnvoll, da die Zugehörigkeit erst durch Verhandlung entsteht und zu prüfen wäre, was in Kommentar-

---

1 Vgl. Kathrin Klausmeier, Distanzlernen 2020 – Ein Modernisierungsschub für den Geschichtsunterricht? Eine explorative Bestandsaufnahme, in: Geschichte für heute 3/2021, S. 5–20.

2 Vgl. Medienpädagogischer Forschungsverbund Südwest, JIM-Studie 2020. Jugend, Information, Medien. Basisuntersuchung zum Medienumgang 12- bis 19-Jähriger, Stuttgart 2020, S. 49 f.

3 Vgl. Rat für Kulturelle Bildung, Jugend/Youtube/Kulturelle Bildung. Horizont 2019, Essen 2019, S. 8. Sowie JIM-Studie, S. 46. Schon vor dem Lockdown gehörten Erklärvideos zum üblichen Medienrepertoire von Schüler*innen, wobei unklar ist, ob diese vorrangig mit intrinsischer oder extrinsischer Motivation geschaut werden; vgl. Ilona Andrea Cwielong/Katrin Ellen Klieme/Sven Kommer/Karsten Wolf, Leistungsoptimierung von Schülerinnen und Schülern durch schulbezogene Erklärvideonutzung auf YouTube. Entschulungsstrategie oder Selbsthilfe? in: MedienPädagogik 42 (2021), S. 380–408, hier S. 383, 404.

4 Vgl. Carl-Christian Fey, Erklärvideos – eine Einführung zu Forschungsstand, Verbreitung, Herausforderungen, in: Eva Matthes/Stefan T. Siegel/Thomas Heiland (Hrsg.), Lehrvideos – das Bildungsmedium der Zukunft? Erziehungswissenschaftliche und fachdidaktische Perspektiven, Bad Heilbrunn 2021, S. 15–30, speziell S. 21; des weiteren Karsten D. Wolf, Sind Erklärvideos das bessere Bildungsfernsehen? in: Stephan Dorgerloh/Karsten D. Wolf (Hrsg.), Lehren und Lernen mit Tutorials und Erklärvideos, Basel 2020, S. 17–24, hier S. 20 f.

https://doi.org/10.1515/9783110792898-009

spalten als Erklärvideo akzeptiert wird.[5] Die Forschung verschiedener Disziplinen – u. a. Medienwissenschaften und Pädagogik – befasst sich mit dem Bildungsspotenzial der Videos, wirksamer Gestaltung und unterrichtspraktischer Einbindung, wobei sie sich nicht immer auf ein konkretes Angebot bezieht oder überhaupt Fragen zum Inhalt explizit diskutiert.[6] Dem widmen sich hingegen die Fachdidaktiken, da viele Videos explizit Schulwissen thematisieren.[7]

Der größte deutschsprachige Anbieter von schulbezogenen Erklärvideos ist die Simpleclub GmbH. Deren Gründer Alexander Giesecke und Nicolai Schork produzierten anfangs nur Mathematikvideos, bevor sie ihr Angebot auf mehrere Naturwissenschaften, Geografie und Geschichte erweiterten. Trotz anfänglicher Zweifel umfasst Simpleclub inzwischen auch Sprachen sowie die Inhalte für das Maschinenbaustudium und die Ausbildung als Maler*in/Lackierer*in.[8] In einzelnen Fächern werden sie zum Teil von anderen Akteur*innen überflügelt, die Breite des Fächerspektrums und der Anspruch, jedes Fach vollständig abzudecken, sind jedoch einmalig. Simpleclub verspricht nicht nur Vollständigkeit, sondern überdies schnelles Verstehen und schulische Erfolge. Entsprechend geboten ist es, die Zuverlässigkeit des Angebots und das Konzept von Simpleclub insgesamt zu prüfen, und damit ebenfalls zu untersuchen, wie Geschichte, verstanden als Schulfach, auf Youtube präsentiert wird. Hierfür werden sowohl das übergeordnete Bildungsverständnis von Simpleclub betrachtet als auch stellvertretend für den Kanal „Geschichte – Simpleclub" das Video zur europäischen Entdeckung und Eroberung Amerikas analysiert. So lassen sich Anspruch und Wirklichkeit gegenüberstellen und neue Fragen generieren, die sich vorrangig auf die Perspektive der Rezipient*innen beziehen, also auf die der Schüler*innen und ihre Bedürfnisse. Bezüge zu anderen Videos oder Kanälen werden nur vereinzelt hergestellt,

---

5 Vgl. zum Genrevergleich: Wolf, Erklärvideos, hier S. 17 f., auf S. 20 f. werden als Merkmale thematische Vielfalt, gestalterische Vielfalt, informeller Kommunikationsstil, Diversität in der Autor*innenschaft aufgelistet, die vielfach als Definitionsbestandteil übernommen werden, obwohl sie wegen der Betonung von Offenheit des Genres gerade nicht zur Identifikation eines Erklärvideos geeignet sind.

6 So fehlt in der Metastudie Stefanie Findeisen/Sebastian Horn/Jürgen Seifried, Lernen durch Videos – Empirische Befunde zur Gestaltung von Erklärvideos, in: MedienPädagogik 35 (2019), S. 16–36, Korrektheit als Kriterium.

7 Vgl. für Geschichte die Beiträge im Sammelband Christian Bunnenberg/Nils Steffen (Hrsg.), Geschichte auf YouTube. Neue Herausforderungen für Geschichtsvermittlung und historische Bildung (Medien der Geschichte, Bd. 2), Berlin/Boston 2019.

8 Vgl. Alex Giesecke/Karsten D. Wolf, Der SimpleClub: effiziente Vorbereitung auf die Klassenarbeit oder modernes Lernwerkzeug? in: Stephan Dorgerloh/Karsten D. Wolf (Hrsg.), Lehren und Lernen mit Tutorials und Erklärvideos, Basel 2020, S. 38–41, hier S. 39 f.

ebenso entfällt eine Auseinandersetzung mit dem Einsatz der Videos im Schulunterricht, insbesondere in Form des Flipped Classroom.[9]

II Simpleclub – Selbstverständnis und Vision

Auf Youtube präsentiert sich Simpleclub als Verbund von 17 Kanälen, die größtenteils einzelnen Schulfächern entsprechen. Kern des Angebots ist seit 2016 jedoch die eigene Lernapp, die neben den Videos Aufgaben und Zusammenfassungen enthält und intensiv in den Erklärvideos auf Youtube beworben wird.[10] 2019 kündigten Giesecke und Schork an, keine Videos auf Youtube mehr zu veröffentlichen (abgesehen von allgemeinen Lernempfehlungen), sondern nur noch in der App. Seit Oktober 2021 werden die neuen Videos trotzdem nach und nach auch auf Youtube eingestellt. Zusammen mit dem Angebot wachsen die Ambitionen insgesamt. Im Herbst 2020 kündigten sie eine Überarbeitung und Erweiterung der App an und präsentierten sich als Träger einer Bildungsrevolution:

> Simpleclub funktioniert, weil das eigentliche System versagt. Wollen wir das einfach akzeptieren? Nein. Es bringt nichts, die Schuld auf andere zu schieben. Wir sind es, die Verantwortung übernehmen müssen. Nicht nur indem wir das System selbst anstoßen, sondern indem wir Simpleclub so umbauen, dass es in jedem System funktioniert. Egal ob es so ist

9 Vgl. zu Flipped Classroom, also zur Verlegung von Inhaltsvermittlung in die Hausaufgaben und zur Fokussierung des Unterrichts auf Anwendung und Transfer: Fabrice Schins, Flipped Classroom – der umgedrehte Klassenraum, in: Daniel Bernsen/Ulf Kerber (Hrsg.), Praxishandbuch Historisches Lernen und Medienbildung im digitalen Zeitalter, Opladen/Berlin/Toronto 2017, S. 327–336.

10 Kritisch zum Einsatz der Erklärvideos als Appwerbung: Stefan T. Siegel/Sebastian Streitberger/Thomas Heiland, MrWissen2go, simpleclub und Co. auf dem Prüfstand: Eine explorative Analyse von ausgewählten Anbietenden schulbezogener Erklärvideos auf YouTube, in: Eva Matthes/Stefan T. Siegel/Thomas Heiland (Hrsg.), Lehrvideos – das Bildungsmedium der Zukunft? Erziehungswissenschaftliche und fachdidaktische Perspektiven, Bad Heilbrunn 2021, S. 31–49, hier S. 45: „Viele Videos auf diesem Kanal wirken zumeist in Teilen wie Verkaufsveranstaltungen und arbeiten z. B. mit der Angst vor Schulmisserfolg." Ähnlich bewerten auch Ilona Cwielong/Sven Kommer, Alles Simple (Club-)Bildung in der digitalen vernetzten Welt? Erste Ergebnisse einer Marktanalyse im Feld der Erklärvideos und Tutorials, in: MedienPädagogik 39 (2020), S. 196–210, hier S. 205 f., die Situation: durch die Dominanz professionalisierter Anbierter*innen in Kooperation mit Verlagen oder anderen Produzent*innen sei es zu einer erheblichen Kommerzialisierung gekommen, sodass die Welt der Erklärvideos auch als Markt zu betrachten sei.

> wie jetzt oder besser. [...] Das Ergebnis: eine Lernapp, die komplett verändert, wie wir lernen. Die im Ernstfall den Unterricht sogar komplett ersetzen kann.[11]

Zu den versprochenen Leistungen gehören mehr Inhalte und die Funktion, eigene Lernpläne zu erstellen und somit die Selbstorganisation an die App zu delegieren.

Der Werbespot ist aufwendig produziert und spart weder visuell noch inhaltlich an Pathos. Die fundamentale Kritik am Bildungswesen und der umfassende Anspruch an die Leistungsfähigkeit des eigenen Konzepts sind jedoch nicht allein dem Format zuzuschreiben, sondern wurden von Giesecke und Schork schon früher geäußert. In einem Vortrag auf der teenagerinternetwork convention (TinCon) von 2017 erläuterten sie genauer, warum sie die Revolution für nötig halten und wohin sie führen könne.[12]

Anhand des Vortrages lässt sich das Bildungsverständnis von Simpleclub rekonstruieren und anschließend als Maßstab für die Analyse und Bewertung der Erklärvideos für Geschichte nutzen. Der 18-minütige Vortrag trägt den plakativen Titel „Warum Schule scheiße ist" und demonstriert so sprachliche Nähe zur jugendlichen Zielgruppe sowie den so motivierten Verzicht auf Differenzierung zugunsten einfacher Aussagen. Im Folgenden wird dies eher als stilistische Entscheidung und weniger als inhaltliches Merkmal betrachtet, wobei diese Unklarheit zum Teil die Einordnung der nur schlagwortartig formulierten Kritik im vorliegenden Aufsatz erschwert.

Ihre zentrale These lautet, dass heutige Schüler*innen nicht angemessen auf das 21. Jahrhundert vorbereitet würden. Unter anderem kritisieren sie die Aufteilung der Gegenstände nach Fächern, die zeitliche Struktur eines Schultages, das Konzept von Klassenunterricht mit einer Autoritätsperson für 30 Lernende und Noten allein für die Fähigkeit, auswendig zu lernen. Diese Kritik ist zum Teil widersprüchlich – einerseits gebe es zu viele Fachwechsel pro Tag, andererseits entsprächen Schulstunden mit 45 Minuten nicht der maximalen Aufmerksamkeitsspanne von Menschen – und absurd überzogen: Giesecke bezeichnet die Klassenstruktur als Diktatur und in Verbindung mit der Schulpflicht als Sklaverei. Manche der Punkte sind durchaus kritikwürdig und mehr historisch denn pädagogisch-didaktisch begründet.

---

11 Vgl. Alexander Giesecke/Nicolai Schork, Unser geheimer Plan... #DAsNeueSimpleclub URL: https://www.youtube.com/watch?v=HiXcToW7smE (Das Video vom 20.9.2020 ist inzwischen auf privat umgestellt.)

12 Vgl. Alexander Giesecke/Nicolai Schork, Warum Schule scheiße ist, Vortrag auf der TINCON Berlin 2017: TINCON (03.07.2017), TheSimpleClub – Warum Schule scheiße ist (TINCON Berlin 2017), URL: https://www.youtube.com/watch?v=plPBeHzv5mc (letzter Zugriff 22.07.22)

Digitalisierung wird als lediglich oberflächliche Maßnahme und damit als unzureichend abgelehnt, stattdessen sehen Giesecke und Schork die Lösung in einer radikalen Individualisierung des Lernens: Die Erarbeitung und Sicherung neuer Inhalte könne dabei komplett ihre App durch individuelle Playlists übernehmen, für die anschließende Anwendung brauche es fachübergreifende Projekte zu realen Problemen. Damit all dies gelinge, müsse Bildung durch Schüler*innen statt durch Top-down-Prozesse gesteuert werden. Auch hier geben sie sich und ihre Vision innovativer, als sie sind, ohne auf jüngere Entwicklungen in der Schulwirklichkeit einzugehen. Die Eigenverantwortung von Schulen wird bereits gefördert und führt zur Einführung individueller Lernzeiten nicht nur an reformpädagogischen Einrichtungen.[13] Giesecke und Schork argumentieren hier vergleichsweise nah am bildungswissenschaftlichen Diskurs, übergehen aber völlig Fragen der Bildungs(un)gerechtigkeit und die Rolle von Schule als sozialem Ort. Der Klassenverbund erscheint nur als Unterdrückungsinstrument, nicht als Raum für Kommunikation und Rückhalt.[14]

Im Selbstverständnis von Simpleclub sind die Erklärvideos nur ein Teil der App und diese wiederum langfristig nur ein Baustein, um selbstgesteuertes und lebensweltbezogenes Lernen zu ermöglichen. Sie selbst kritisieren ihre aktuelle Rolle als jene, die „den Dreck weg[räumen], weil das System verkackt". Erkennbar ist eine Ambivalenz, in der sie abseits dieses Systems stehen und es gleichzeitig stützen, ohne zu diskutieren, wie sich App und Videos nach erfolgreichem Umbau des Schulsystems ändern müssten. Außerdem lässt sich die Frage ableiten, worin dieser „Dreck" besteht bzw. welche konkreten Schwächen des Bildungssystems ihre Videos ausgleichen und welches Angebot sie dafür unterbreiten.

III „Die Entdeckung von Amerika" – Analyse eines Beispiels

Gezielt auf Erklär- oder Nachhilfevideos für Geschichte zu schauen, ist insofern lohnend, als es eines der drei Fächer ist, für das Schüler*innen am häufigsten Erklärvideos rezipieren; annähernd gleichauf mit Biologie und deutlich hinter Ma-

13 Vgl. Wilfried Lohre/Mark Becker/Petra Madelung/Detlev Schnoor/Katrin Weisker, Selbstständige Schulen in regionalen Bildungslandschaften. Eine Bilanz, Troisdorf 2008, speziell S. 73.

14 Wie relevant dieser Aspekt ist, hat spätestens sein Wegfall während des Fernunterrichts gezeigt, vgl. Sonja Heller/Oliver Zügel, „Schule zu Hause" in Deutschland. Bestandsaufnahme im Corona-Lockdown aus Perspektive der Schüler/-innen und Eltern, o. O. 2020, S. 12 f.

thematik.[15] Die Ursachen dieser Schwerpunktsetzung sind unklar; (analoge) Nachhilfe konzentriert sich üblicherweise auf formal bedeutsame, also stundenintensive und im Abitur obligatorische Fächer, was nur die Beliebtheit von Mathematikvideos erklären könnte. Karsten D. Wolf, Ilona Cwielong, Sven Kommer und Katrin Kieme vermuten eine Abhängigkeit vom jeweiligen Angebot auf Youtube in Folge einer möglichen Affinität der Fachlogik zum Format oder einer erhöhten Nachfrage.[16]

Speziell für Geschichte besteht mit dem Kanal „MrWissen2Go Geschichte" von Mirko Drotschmann durchaus ein umfangreiches Angebot, das auch in der Geschichtsdidaktik viel Aufmerksamkeit, aber ebenso Kritik findet.[17] Obwohl er über das Vierfache an Abonnements im Vergleich zu „Geschichte – Simpleclub" verfügt und sich Simpleclub stärker auf die App konzentriert, sollte die Youtube-Präsenz von Simpleclub nicht vernachlässigt werden. Die Kanäle dienen als Aushängeschild für Simpleclub und sollen potenzielle Kund*innen auf die App aufmerksam machen und zu ihr umlenken. Seit Herbst 2021 gibt es wieder neue Uploads auf den Youtube-Kanälen, wo sich die Rezeption der Videos leichter nachvollziehen lässt als in der App.

Auf dem Kanal „Geschichte – Simpleclub" finden sich über 150 Videos von meist drei bis sechs Minuten Dauer zu Standardthemen des Geschichtsunterrichts von der Antike bis zum Blockkonflikt. Trotz der sehr deutlichen Orientierung an Lehrplänen wird deren Konzept des doppelten Durchgangs nicht explizit aufgegriffen, indem Videos etwa der Sekundarstufe I oder II zugeordnet wären, und es fehlen Videos zu fachspezifischen Methoden wie der Interpretation verschiedener Quellengattungen.[18] Hierin ähnelt das Angebot dem von MrWissen2Go, anders als dieser verzichtet Simpleclub aber für Geschichte völlig auf Themen, die sich aus

---

15 Vgl. Cwieling/Klieme/Kommer/Wolf, Leistungsoptimierung durch Erklärvideonutzung, S. 390. Es folgen mit deutlichem Abstand Physik und Chemie, während das Hauptfach Deutsch sogar noch hinter Sport liegt.

16 Vgl. Ebd., S. 391 f. Die Fachaffinität kann insbesondere die erwähnte Zurückhaltung gegenüber Fremdsprachen erklären. Mögliche Ursachen für die unterschiedlich große Nachfrage werden nicht diskutiert.

17 Vgl. URL: https://www.youtube.com/c/MrWissen2goGeschichte (letzter Zugriff 22.07.22). Zur Kritik vgl. Anke John, Wissen2go – Teacher-Centered Instruction on YouTube, in: Public History Weekly 5 (2017), 25, sowie Benjamin Roers, „Herrlich unprofessionell" – Zur Authentifizierung von Geschichte(n) auf YouTube am Beispiel MrWissen2go (2012–2013), in: Christian Bunnenberg/Nils Steffen (Hrsg.), Geschichte auf YouTube. Neue Herausforderungen für Geschichtsvermittlung und historische Bildung (Medien der Geschichte, Bd. 2), Berlin/Boston 2019, S. 145–160.

18 Diese Lücke kritisiert auch Susanne Popp, Geschichtsbezogene Erklärvideos – Überlegungen und Beobachtungen aus geschichtsdidaktischer Perspektive, in: Eva Matthes/Stefan T. Siegel/Thomas Heiland (Hrsg.), Lehrvideos – das Bildungsmedium der Zukunft? Erziehungswissenschaftliche und fachdidaktische Perspektiven, Bad Heilbrunn 2021, S. 168–177, hier S. 171 mit Verweis auf

aktuellen Anlässen oder Alltagsfragen ergeben, und bietet in anderen Fächern ebenfalls nur wenige Ausnahmen.

Exemplarisch wird in diesem Aufsatz das Video „Entdeckung von Amerika durch Christoph Kolumbus – Besiedlung und Anfänge der USA“ vom 18. Juni 2016 vorgestellt.[19] Es handelt sich um ein etabliertes Thema des Geschichtsunterrichts, das fachlich und fachdidaktisch u. a. aus postkolonialer Perspektive oder mit Blick auf Unterrichtseinstiege und Leitfragen diskutiert wurde, worauf die Analyse aufbauen kann, wenn sie nach fachlicher Qualität und didaktischen Zugängen fragt. Dafür werden der Inhalt, übergeordnete Narrative, Sprache und visuelle Gestaltung berücksichtigt, insbesondere der Kartengebrauch; die Besprechung folgt vorrangig der Chronologie des Videos.

Die Begrüßung und Einleitung verortet das Thema in einem größeren Kontext, begründet seine Auswahl und gibt Einblicke in den Sprachgebrauch:

> Guten Morgen, liebe Sorgen. Hier geht es um die Besiedlung von Nordamerika. Heute fangen wir an mit der Entdeckung von Amerika. Wer ist da als erstes hingefahren, wer hat da als erstes sein Unwesen getrieben. Sehr geiles Thema, ist ja der Beginn der mächtigsten Nation der Welt – Sorry Putin. [kurze Unterbrechung durch Logo und Titelmelodie] Also Feuer auf Ohren. Wir machen hier in erster Linie Nordamerika, dat [sic!] ist heute die USA. Einfach aus dem Grund, weil das der relevante shit für die Schule ist. Die genaue Geschichte von Südamerika ist auch interessant, aber es geht hier ja darum, dass ihr in der Arbeit Punkte holt wie die Oberassis. (0:00-0:43).

Die Entdeckung Amerikas wird als Ausgangspunkt der US-amerikanischen Geschichte angekündigt und ist auf Youtube Teil entsprechender Playlists.[20] In der App gehört es stattdessen zum Themenfeld „Entdeckungsfahrten“ zusammen mit den drei vorgeschalteten Videos „Gründe für die Entdeckungsfahrten“, „Spanien & Portugal als Seefahrernationen“ und „Marco Polo“; die Einleitung des Videos wurde jedoch nicht angepasst. Der Verzicht auf süd- und mittelamerikanische Geschichte gilt weiterhin sowohl auf Youtube als auch in der App, obwohl in Schulbüchern üblicherweise Aufbau und Eroberung des Aztekenreiches auf Kolumbus

---

den Kanal „Merkhilfe“ als Gegenbeispiel, der jedoch sehr klein ist und keinen fachlichen Schwerpunkt setzt, vgl. URL: https://www.youtube.com/c/diemerkhilfe (letzter Zugriff 22.07.22).

19 Vgl. URL: https://www.youtube.com/watch?v=w1_IZaEc-3E (letzter Aufruf 22.07.22).

20 Vgl. z. B. die Playlist „Amerika – Entdeckung & Besiedlung von Nordamerika – Alle Videos, besser sortiert www.thesimpleclub.de“ zusammen mit den Videos „die ersten Siedler“, „der siebenjährige Krieg in Nordamerika“ und „Ursachen der amerikanischen Revolution“ – so die Vorschaubilder, die eigentlichen Videotitel sind länger, redundanter und werben für den Webauftritt von Simpleclub.

folgen, oft kombiniert mit Informationen zu den Maya, Inka und weiteren Folgen der Europäisierung Lateinamerikas.[21]

Die Begründung von Themenwahl und -zuschnitt ist somit weder fachlich noch schulisch stichhaltig; der Verweis auf die Bedeutung der USA als Gegenwartsbezug ist ebenfalls wenig überzeugend und auch innerhalb des Videos von nachrangiger Bedeutung, werden doch keine Orientierung in der Gegenwart, sondern schulischer Erfolg dank Überblickswissen versprochen und die USA später nicht mehr erwähnt. Dieses Versprechen einer zielgerichteten Prüfungsvorbereitung durchzieht alle Videos von Simpleclub und vermittelt den Eindruck, Leistungskontrollen seien das einzige Anwendungsgebiet historischen Wissens. Am Ende jedes Videos steht daher eine schriftliche Zusammenfassung, deren Stichpunkte wortwörtlich für Tests übernommen werden sollen oder können.

Ein informeller Kommunikationsstil gilt als typisches Merkmal von Erklärvideos, die betont jugendnahe Sprache von Simpleclub sticht aber dennoch hervor.[22] Infolge der Umgangssprache kommt es zu zahlreichen Wertungen („Unwesen getrieben"), die jedoch nicht als solche behandelt werden. Die (fach-)sprachlichen Fähigkeiten der Schüler*innen werden nicht gefördert.[23] Immerhin der eurozentrische Begriff „Entdeckung" wird problematisiert, steht jedoch weiterhin prominent im Titel – vermutlich um die Auffindbarkeit des Videos zu erhöhen und in Ermangelung einer Alternative. Würde man es beispielsweise „Ankunft" nennen, überginge man die (vermeintliche) Erstmaligkeit; als Ausweg bleibt oft nur die Distanzierung durch ein Fragezeichen hinter „Entdeckung". Ausgehend von dieser Begriffsarbeit widmet sich das Video der präkolumbianischen Bevölkerung, den Fahrten der Wikinger, der Expedition Kolumbus' und anschließender den Eroberungen der Spanier, Engländer und Franzosen.

Zur Prüfung und Bewertung der Inhalte bieten sich die Geschichtsmythen über Hispanoamerika an, die Roland Bernhard aus der Historiografie rekonstruierte, um Schulbücher zu prüfen. Er thematisiert den Mythos von Kolumbus als

---

21 Vgl. exemplarisch Anno Geschichte 2, Gymnasium Thüringen, S. 104–111. Dieses Vorgehen ist bereits in den Lehrplänen angelegt.

22 Giesecke und Schork begründen dies damit, dass sie ihre Autor*innen vorzugweise direkt nach dem Abitur einstellen: „denen sagen wir, schreibt oder erklärt das Video so, als würdet ihr es einer Freundin/einem Freund über das Telefon erklären. Und dadurch kommt diese Jugendsprache zustande. Wir machen das nicht absichtlich." Vgl. Giesecke/Wolf, Der SimpleClub, S. 40. „Nicht absichtlich" meint also vermutlich, dass es keine spezielle nachträgliche Überarbeitung gibt, da offensichtlich doch sehr bewusst auf diesen Stil hingearbeitet wird.

23 Vgl. ausführlich zur Sprachkritik Anja Neubert, „Ist auf jeden Fall ein geiles Thema!" – TheSimpleClub als Herausforderung historischer Nonsensbildung, in: Christian Bunnenberg/Nils Steffen (Hrsg.), Geschichte auf YouTube. Neue Herausforderungen für Geschichtsvermittlung und historische Bildung (Medien der Geschichte, Bd. 2), Berlin/Boston 2019, S. 261–282, hier S. 267–269.

Überwinder der Vorstellung von der Erdscheibe, Mythen zur Eroberung des Aztekenreiches durch Cortez und Mythen zum Umfang der Kolonisierung und vermeintliche Unterschiede zwischen grausamen Spaniern und vergleichsweise friedlichen Engländern und Franzosen (die „schwarze Legende" genannt).[24] Simpleclub erwähnt die angeblich neue Idee der kugelförmigen Erde als Ursache für die Entdeckungsfahrten, stellt Kolumbus aber dennoch nicht als außergewöhnlichen Visionär dar, sondern bezeichnet ihn als „Vollspacken", weil er sich in Indien wähnte. Cortez wird übergangen, aber die Rolle mitgebrachter Krankheiten erwähnt. Die Kolonisierung Amerikas wird insgesamt als Ausbeutung mit katastrophalen Folgen für die indigene Bevölkerung verurteilt, ohne zwischen den Kolonialmächten zu differenzieren. Die geringe Menge an reproduzierten Mythen dürfte nur auf die insgesamt geringe Inhaltsdichte zurückzuführen sein. Aus einer allgemeinen postkolonialen Perspektive bleibt der Befund, dass die Ureinwohner rein passiv dargestellt werden – abgesehen von ihrer Vertreibung der Wikinger – und Kolonisierung als Einbahnstraße erscheint, ohne Auswirkung auf die Kolonisierer*innen.[25] Diese könnten Lebensweltbezüge zu Lebensmitteln verdeutlichen, die den Schüler*innen vertraut sind und erst durch die Kolonisierung nach Europa kamen.

Bei einem Video liegt es nahe, die grafische Gestaltung genauer zu betrachten und zu fragen, ob die Potenziale eines visuellen Mediums entfaltet werden.

Auf allen Simpleclub-Kanälen folgen die Videos einem Corporate Design mit bunter Schrift auf dunklem Hintergrund und Animationen comicartiger Figuren. Diese sind besonders in den älteren Geschichtsvideos sehr präsent, während andere Fächer stärker mit Formeln oder auch Schemata arbeiten und die neue Generation von Geschichtsvideos eher an statische Präsentationsfolien erinnern. In den Animationen wird vereinzelt historisches Bildmaterial verarbeitet, ansonsten kommen Quellen kaum oder nur illustrativ zum Einsatz.[26] Geschichte wird somit stärker personalisiert erzählt als theoretisiert. Simpleclub vernachlässigt somit nicht nur Regeln guter Quellenarbeit, sondern lässt auch Stärken des Mediums ungenutzt, indem etwa Schemata schrittweise entwickelt würden, die ein Schulbuch immer in der Endversion abdrucken muss. Gerade historische Karten könn-

---

24 Vgl. Roland Bernhard, Geschichtsmythen über Hispanoamerika: Entdeckung, Eroberung und Kolonisierung in deutschen und österreichischen Schulbüchern des 21. Jahrhunderts, Göttingen 2013, hier S. 18–20, auf Grundlage von Matthew Restall.

25 Vgl. Bernd-Stefan Grewe, Geschichtsdidaktik postkolonial – Eine Herausforderung, in: Zeitschrift für Geschichtsdidaktik 15 (2016), S. 5–30, hier S. 22 f.

26 Vgl. Neubert, Historische Nonsensbildung, S. 269 f., zur Kritik dessen. Im vorliegenden Beispiel wird als Bildquelle Theodor de Brys Kupferstich von der Ankunft Kolumbus' unkommentiert eingeblendet, der vielen Schüler*innen aus ihrem Schulbuch bekannt sein könnte, woraus unterschiedliche Assoziationen erwachsen können, vgl. Bernhard, Geschichtsmythen, S. 189 f.

ten durch Animationen gewinnen, um jene Dynamik darzustellen, die historischen Wandel erkennen lässt. Karten spielen im vorgestellten Video eine wichtige Rolle. Statt jedoch die damaligen geografischen Kenntnisse und Weltbilder zu zeigen (etwa mit der Karte von Toscanelli) oder die Ausbreitung der Europäer*innen zu verdeutlichen, werfen sie neue Probleme auf, insbesondere in der Darstellung indigener Kulturen Amerikas (vgl. Abb. III.1).

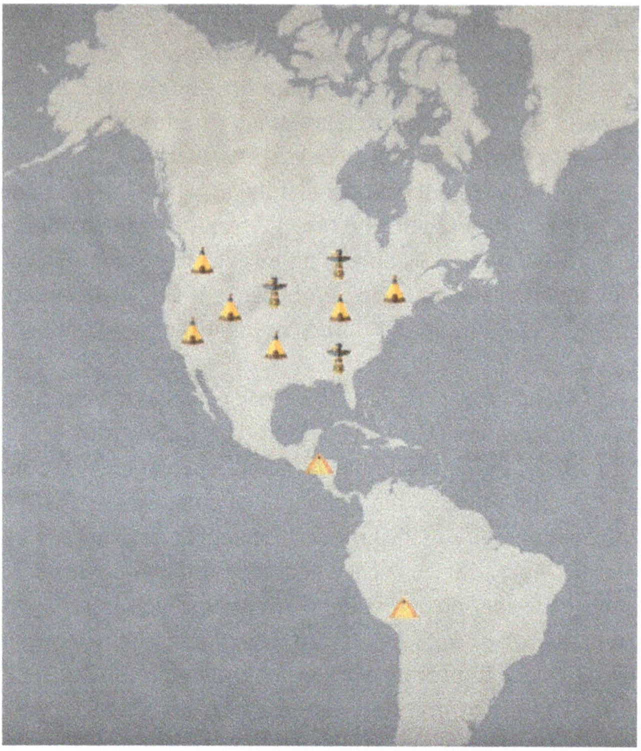

Abb. III.1 Screenshot (1:11): „In Nordamerika haben die Indianer in Stämmen gelebt, vor allem als Jäger und Sammler. Südlich davon gab es aber auch Hochkulturen, die Städte gebaut haben, wie zum Beispiel die Azteken."

Die vom Sprecher erwähnten „Jäger und Sammler" werden auf der Karte in Mercatorprojektion durch Tipis und Totempfähle symbolisiert, deren Beschränkung auf das Gebiet der späteren USA (ohne Alaska und Hawaii) sich nicht fachlich, sondern nur über den Videotitel erklären lässt. Die Mischung der beiden Symbole übergeht, dass sie unterschiedlichen Kulturarealen angehören, nämlich einerseits den nordwestlichen Waldgebieten und andererseits den Prärien und Plains im

Landesinneren, wobei die Besiedlung Letzterer erst durch die Übernahme des Pferdes von den europäischen Einwander*innen und durch die Vertreibungen infolge der zunehmenden Besiedlung Amerikas durch Weiße einen erheblichen Schub bekam.[27] Die Grafik bedient und reproduziert somit Klischees.

Abgegrenzt werden die „Indianer"[28] Nordamerikas von den Hochkulturen Mittel- und Südamerikas, von denen nur die Azteken namentlich genannt werden, während die abgebildeten Pyramiden eher in den Gebieten der Maya und Inka liegen, ohne dass aber deren Siedlungsgebiete genauer bezeichnet würden. Keines dieser Völker wird im weiteren Verlauf noch einmal namentlich erwähnt.

Die Kombination aus Tipi und Totempfahl dient später weiterhin zur Kennzeichnung einer indigenen Siedlung, nicht aber die Pyramide, obwohl auch die spanischen Konquistadoren erwähnt werden und sich die Aussagen somit ebenso auf Lateinamerika beziehen (vgl. Abb. III.2).

Abb. III.2 Screenshot (4:09): „Nach den Entdeckern machen sich Eroberer auf den Weg. Das sind Militärleute und andere Gesandte der europäischen Monarchen. Die beuten im Auftrag der europäischen Monarchen das neue Land aus. (...) Die Eroberer dezimieren die Ureinwohner, versklaven sie und schleppen Krankheiten ein. Es wird versucht möglichst viel Reichtum und Gewinn aus dem Land zu quetschen."

27 Vgl. zum Konzept der Kulturareale Heike Bungert, Die Indianer. Geschichte der indigenen Nationen in den USA, München 2020, hier S. 31–35, die auch auf Ackerbau in Nordamerika eingeht, was von Simpleclub übergangen wird. Zur Verbreitung des Pferdes vgl. ebd. S. 77–79.

28 Vgl. ebd. S. 9 zur Problematik des Begriffs „Indianer", für den sie jedoch keine geeigneten Alternativen im Deutschen sieht.

Die Oberflächlichkeit in Text und Bild zeigt insgesamt ein massives Desinteresse an darstellerischer Tiefe oder (vermeintlichen) Details. Das Ziel ist eine größtmögliche Übersichtlichkeit in Form von Einfachheit und die Reduktion des Themas auf wenige Stichpunkte, die am Ende zum Mitschreiben und Merken aufgeführt sind. Präsentiert wird somit eine möglichst eingängige und stromlinienförmige Geschichte, die auf ein eher willkürlich gesetztes denn begründetes Ziel hinausläuft – hier die Entstehung der USA – und Abzweigungen vom Hauptnarrativ übergeht oder selbigem unterordnet. Da geschichtsdidaktische Prinzipien wie Problemorientierung, Multiperspektivität oder Urteilsbildung hiermit nicht kompatibel wären, finden sie keine Berücksichtigung und liefern auch als Analysekriterien nur Defizitbefunde statt tieferer Einblicke. Zwar wird die Kolonisierung durch mehrfache Erwähnung der Gewalt dauerhaft negativ gerahmt, aber die Wertungskategorien hinter dieser Rahmung nicht offengelegt und somit das implizit gefällte Urteil zur Diskussion gestellt. Koloniale Erzählmuster lassen sich so ebenfalls nicht aufbrechen.

IV Gelingt so die Bildungsrevolution?

Trotz der Kritik von Giesicke und Schork an der Lebensferne des Schulsystems – an überholten Inhalten und Bulimielernen – bedienen sie letztlich genau dies. Der Revolutionsrhetorik und Selbststilisierung als Retter aller Jugendlichen steht ein sehr opportunistisches Konzept gegenüber, in dem historische (und andere) Inhalte nicht auf Neugier und Orientierungsbedürfnisse reagieren, sondern rein extrinsisch motiviert einzuprägen sind, um in schulischen Leistungserhebungen zu bestehen.[29]

Wissenschaftliche Erkenntnisse und Konzepte werden bei Simpleclub zwar nicht völlig ignoriert, wie die harsche Kritik aus fachlicher und fachdidaktischer Perspektive am vorgestellten Beispiel vermuten lässt, allerdings werden sie nur sehr selektiv berücksichtigt. Fachliche Einwände werten Giesecke und Schork mit dem Scheinargument als unangebracht ab, dass es ihnen um Nähe zu den Schüler*innen gehe.

---

29 In der Geschichtsdidaktik zuletzt Popp, Geschichtsbezogene Erklärvideos, S. 170: „Bei diesem stark nachgefragten Typ von *Schulwissen*-Video geht es nicht um Werte und Ziele der historischen Bildung, sondern nur um *Stoffvermittlung für eine erfolgreiche Bewältigung von* schulischen Leistungsanforderungen." (Hervorhebung im Original) Cwielong/Kommer, Alles Simple, S. 206, kritisieren ebenfalls, dass hier Lernen auf die kurzfristige Absicherung von Klausurerfolg verkürzt wird und verweisen auf den Nürnberger Trichter.

Gleichzeitig demonstrieren sie in ihrer Selbstdarstellung Nähe zur pädagogischen Psychologie und somit zu eher technischen Fragen, *wie* etwas gelernt werden solle, als was und wofür. Ein vermeintlich fachunabhängiger Zugang kann durchaus mit einer Domäne besser harmonieren als mit einer anderen.

In Anlehnung an die sog. Tutorials, in denen Alltagspraktiken vorgeführt und erläutert werden, kamen zuerst Erklärvideos zur Mathematik auf, die insbesondere durch die Khan Academy und hohe Erwartungen an MOOCS (Massive Open Online Courses) bekannt wurden, bevor das Konzept auf andere Fächer übertragen wurde. Hierbei wurde intensiv über Aufmerksamkeitsspannen und optimale Videolängen diskutiert, nicht aber die Ausweitung des Gegenstands von vorrangig prozeduralem auf deklaratives Wissen – oder allgemein: Was wird eigentlich erklärt?[30] Obwohl Erklärvideos großes Potenzial für die Vermittlung von Regelwissen zugesprochen wird, wie es für Mathematik oder vielmehr das Rechnen zentral ist, besteht selbst hier die sog. Verstehensillusion, also die Überschätzung des eigenen Verständnisses.[31] Zu ähnlichen Befunde kamen Scharrer u. a. für die Wirkung populärwissenschaftlicher Texte: Lai*innen stimmen nach deren Lektüre den Aussagen darin eher zu und vertrauen ihrer Urteilsfähigkeit zum besprochenen Thema mehr, als wenn sie zuvor einen komplexeren Text gelesen haben.[32] Eine Übertragbarkeit auf Erklärvideos zur Geschichte ist nicht unplausibel. Beide Zugänge verweisen auf den Kurzschluss von einer einfachen und knappen Darstellung – unter Ausblendung der zuvor geleisteten Komplexitätsreduktion – auf die Einfachheit und Übersichtlichkeit des Gegenstands, woraus wiederum das Gefühl erwachse, diesen auch umfänglich verstanden zu haben. Gerade für deklaratives Wissen, wie es in Geschichtsvideos vermittelt wird, dürfte dieser Effekt leicht eintreten, da es an Anwendungssituationen fehlt, die das Verständnis auf die Probe stellen.

Gerade das Versprechen von Einfachheit – wie es bereits im Namen von Simpleclub steckt – wird somit zur Hürde für Lernen und Verstehen. Entsprechend scheinheilig wirkt es, wenn Giesecke sich gegen einfaches Lernen ausspricht:

---

30 Beispielhaft hierfür Findeisen/Horn/Seifried, Lernen durch Videos, die vom Lernen am Modell ausgehen und sich damit indirekt auf Performanz und prozedurales Wissen festlegen, aber die Videoinhalte nicht explizit thematisieren.

31 Vgl. Marc Schwartz, Khan Academy, The illusion of understanding, in: Journal of Asynchronous Learning Network 17 (2013), 4, S. 67–79, der u. a. die Ausrichtung der Videolänge an der Aufmerksamkeitsspanne kritisiert. Vor allem aber erlaube es das Format, etwaige Verwirrungen der Lernenden auszublenden, wodurch auch Produzent*innen dem Lehr-Lern-Kurzschluss erliegen.

32 Vgl. Lisa Scharrer u. a., When science becomes too easy: Science popularization inclines laypeople to underrate their dependence on experts, in: Public Understanding of Science 26 (2017), 8, S. 1003–1018.

„Was wir nicht wollen, ist das Lernen so einfach wie möglich zu machen, dass die Leute alles auswendig lernen und dann direkt wieder vergessen. Unserer Meinung nach muss das Lernen schwer sein, denn das Gehirn braucht diesen Ansporn."[33]

V Rezeption – Bewertung durch die Schüler*innen

In Anbetracht der Verstehensillusion verwundert es nur wenig, dass die Videos bei der Zielgruppe sehr gut anzukommen scheinen. Das Video wurde bis zum 1. April 2022 fast 208.000 Mal aufgerufen und erhielt 3.101 Likes.[34] In den 270 Kommentaren findet sich mehrfach überschwängliches Lob von Schüler*innen. Ein wiederkehrender Topos ist, dass dem Video in wenigen Minuten gelinge, wofür die eigene Lehrkraft mehrere Unterrichtsstunden (und somit Wochen) brauche. Andere Kommentare enthalten Themenwünsche oder Erzählungen über den schulischen Gebrauch der Videos, zum Teil durch die Lehrkraft selbst eingebracht. Dies bestätigt die Vermutung, dass diese Videos sehr zweckorientiert geschaut werden; Hinweise auf eine Nutzung in der Freizeit zur bloßen Unterhaltung fehlen.[35] Einmal sieht sich Simpleclub mit inhaltlicher Kritik konfrontiert und rechtfertigt sich mit Schwächen des Schulsystems, auf die man reagiere, ohne auf einzelne Punkte einzugehen oder über eine Überarbeitung nachzudenken.[36]

---

33 Giesecke/Wolf, Der SimpleClub, S. 39, wobei die App durchaus auf regelmäßiges Lernen ausgerichtet ist; so lassen sich eigene Lernpläne erstellen oder eine Erinnerungsfunktion nutzen. Ein interner Lernprozess bei Simpleclub ist also nicht ausgeschlossen, wirkt sich aber nicht wesentlich auf das Marketing aus.

34 Die Dislikefunktion hat Youtube inzwischen abgestellt. Im September 2021 waren es 157 Dislikes zu 2.758 Likes; dass mehrere Jahre nach Upload innerhalb eines halben Jahres noch hunderte Likes und 18.000 Aufrufe dazukamen ist auffällig, jedoch ist es schwer, Bewertungsmaßstäbe hierfür zu finden.

35 Vgl. Cwieling/Klieme/Kommer/Wolf, Leistungsoptimierung durch Erklärvideonutzung, S. 398, laut denen zeitnah anstehende Leistungskontrollen den wichtigsten Anlass zur Videorezeption darstellen, gefolgt von Hausaufgaben und Verständnislücken, wobei sich dahinter ebenfalls konkrete Anforderungssituationen verbergen können.

36 „Moin Pablo, also hab mit unserem Autor gesprochen! ‚Danke für dein Feedback! Du hast gute Fakten. Wir haben uns um eine Darstellung bemüht, die in der Schule möglichst viele Punkte bringt. Selbstverständlich sind da in der Schule Sachen vereinfacht dargestellt:)' Liebe Grüße vom SimpleClub-Team" – URL: https://www.youtube.com/watch?v=w1_IZaEc-3E (letzter Zugriff 22.07.2022).

Simpleclub betont regelmäßig die eigene Beliebtheit unter Schüler*innen und den Erfolg ihrer Videos, was die Rezeption des konkreten Beispiels stützt. Zahlen und Lob müssen aber kontextualisiert werden, da sich Kritik am Angebot eher durch Abwandern zu anderen Kanälen zeigt, es andererseits im Falle von Simpleclub aber vermutlich viele Gewohnheitsnutzer*innen gibt, die über die Simpleclub-Kanäle anderer Fächer kamen und blieben.[37] Ausschlaggebend für den Erfolg des Kanals ist somit nicht zwangsläufig die spezifische Art, Geschichte darzustellen, zumal MrWissen2go Geschichte, der sich ausschließlich auf dieses Fach beschränkt, hinsichtlich Abonnements, Videoaufrufen und Likes etwa doppelt bis dreimal so erfolgreich ist.[38] Vernachlässigt werden sollte das Angebot dennoch nicht. Offensichtlich reagieren die Kanäle auf ein Bedürfnis seitens der Schüler*innen und bedienen es ausreichend gut, um das Publikum zu halten. Abseits der berechtigten und nötigen Kritik an den Videos ist deshalb ein Perspektivwechsel nötig, um ebendiese Bedürfnisse in den Blick zu nehmen.

Isabelle Nientied hat Schüler*innen zu ihren Vorstellungen von gutem Geschichtsunterricht befragt und ihre Befunde helfen, den Erfolg der Erklärvideos zu erklären. Trotz einer gewissen Varianz der Sichtweisen in ihrer Studie ließ sich ein Basiskonzept rekonstruieren: Die Schüler*innen bevorzugen audiovisuelle Medien klar gegenüber Texten, stehen Schreibaufgaben (abseits des Notierens von Stichpunkten) ablehnend gegenüber, arbeiten gerne in kooperativen Lernformen und wünschen sich Überblickswissen als Ergebnis historischen Lernens, während Problemorientierung und selbst Gegenwartsbezüge nicht verlangt oder vermisst werden.[39] Bis auf das kooperative Arbeiten kann Simpleclub all diese Forderungen bedienen. Zwar befragte Nientied nur Jugendliche aus zwei Klassen derselben Geschichtslehrerin, also aus einem sehr einheitlichen Erfahrungsraum; aber in Anbetracht des Erfolges von Erklärvideo-Anbieter*innen scheint die Stichprobe über größere Repräsentativität zu verfügen. Es gibt offensichtlich ein großes Bedürfnis an sicherem und übersichtlichem Merkwissen sowie an dessen unkomplizierten Erwerb. Geschichte wird als Lernfach begriffen und diese Vorstellung wird durch die Erklärvideos und die Kommentare darunter bestätigt und verfestigt. Diese Haltung entspricht eher dem Konzept des Schüler*innenjobs, wo-

---

37 Vgl. Wolf, Erklärvideos, S. 22, zur „selbstselektierende[n] Adressat/innenschaft" und Individualisierung des Angebots durch „Parallelproduktion", die dazu führten, dass jeder Kanal sein Zielpublikum finde.

38 MrWissen2Go als Hauptkonkurrent bietet zwei Videos zum Thema: „Entdeckung Amerikas" mit 501.051 Aufrufen und 8.733 Likes sowie „Eroberung Amerikas" mit 592.970 Aufrufen und 11.572 Likes, beide von Juni 2017 und insgesamt etwa 18 Minuten lang.

39 Vgl. Isabelle Nientied, Guter Geschichtsunterricht aus Schülersicht. Eine Studie zu subjektiven Qualitätskonzepten von historischem Lehren und Lernen in der Schule, Münster 2021, S. 313.

nach unterrichtliche Anforderungen als zu erledigender, aber nicht persönlich berührender Job aufgefasst werden, als dem Bild von Orientierung suchenden Individuen, wie es die Forderung nach subjektorientiertem Geschichtsunterricht betont.[40] Die Jugendlichen erwarten gar nicht, dass Schule authentische Alltagsbezüge aufgreift oder bietet, vielmehr werten sie bereits die zahlreichen Erwähnungen von Testsituationen als Lebensweltbezüge. Die Jugendlichen werden durch diese Verweise als Erfahrungsgemeinschaft von Schüler*innen angesprochen und können durch Likes und Kommentare ihr Zugehörigkeitsgefühl ausdrücken. Dieser Fatalismus der Selbstwahrnehmung ist ein großes Problem, das in der Geschichtsdidaktik noch zu wenig reflektiert wird und dringlicher ist als die oberflächlichen Geschichtserzählungen der Erklärvideos. Diese sind letztlich nur eine Reaktion auf den Fatalismus, reproduzieren ihn gleichwohl aber ebenso.

VI Ausblick

Simpleclub will von Jugendlichen als Kumpel gesehen werden, der bei schulischen Problemen hilft, Verständnis für Lernstress hat und das Schulsystem als überholt und lebensfremd kritisiert. Gleichzeitig gibt man sich gegenüber den Eltern als seriöser Nachhilfeanbieter und betont den Austausch mit Lehrkräften und die Schulrelevanz der Inhalte.[41] Je nach Zielgruppe betonen das Marketing und die öffentlichen Auftritte von Giesecke und Schork jeweils Nähe oder Distanz zur Schule, sie geben sich also insgesamt opportunistisch. Konstant ist einzig die Ausrichtung an Leistung und Erfolg, vorrangig ökonomisch gedeutet.[42] Schüler*innen wird die Verbesserung der Note versprochen, die App hält zum regelmäßigen Lernen an und die Wirksamkeit des Konzepts wird mit der großen Nachfrage be-

---

40 Vgl. zum Schülerjob Georg Breidenstein, Teilnahme am Unterricht. Ethnographische Studien zum Schülerjob, Wiesbaden 2006.

41 In einem Interview mit der *Süddeutschen Zeitung* sagen Giesecke und Schork: „Wir sind herablassend, aber nicht gegenüber dem Schüler, sondern gegenüber dem Stoff." Und: „Uns ist es eigentlich egal, was Lehrer und Eltern von uns denken", was im Kontrast zu den Referenzen von Lehrkräften auf der eigenen Webseite steht, vgl. Paul Munzinger, Nachhilfe im Internet: Erwachsene müssen draußen bleiben, in: Süddeutsche Zeitung, 25.07.2017.

42 Sehr prägnant bei Cwieling/Klieme/Kommer/Wolf, Leistungsoptimierung durch Erklärvideonutzung, S. 404: „Eindruck einer selbstverantworteten Optimierung im Sinne neoliberaler, hochleistungsorientierter Selbstformierung". Die Videos würden der Schule den Spiegel vorhalten, wenn deren Prüfungssysteme durch solche Lernstrategien zu bewältigen seien.

legt.[43] Hinter den Unternehmensinteressen treten die bildungspolitischen Ideale im Zweifelsfalle zurück.

Aus wissenschaftlicher Perspektive ist dieser ökonomische Blick auf Bildung und Lernmedien als Ware ernst zu nehmen und weiter zu erforschen, ohne dabei ihrem Marketing zu erliegen und die Marktmacht und Reichweite von Simpleclub mit ihrem tatsächlichen Einfluss auf Schüler*innen zu verwechseln.[44] Ausgehend hiervon ließe sich die Rolle von Youtube als Plattform kommerzieller Nachhilfe untersuchen oder fragen, worin sich das Angebot kommerzieller Anbieter*innen von Erklärvideos von dem öffentlich-rechtlicher Akteur*innen unterscheidet. Hierfür sind sowohl das Konzept und das Auftreten der Kanäle als auch die einzelnen Videos zu betrachten. Inwiefern zeigen sich Zusammenhänge zwischen Finanzierungsmodell und Geschichtsdarstellung? Ebenfalls zu ergründen sind Ursachen und Umfang schulischen Erfolgsdrucks und speziell aus fachdidaktischer Sicht, woher das Bedürfnis nach Überblickswissen kommt und wie sich adäquat reagieren lässt. Es besteht erheblicher Forschungsbedarf hinsichtlich der Praxis der Leistungsmessung im Geschichtsunterricht: Welche Erwartungen haben Lehrkräfte und welchen Erwartungen sehen sich Schüler*innen ausgesetzt? Wie verhalten sich Prüfungsanforderungen zu Unterrichtszielen – ist das deklarative Wissen relevant oder im Unterricht inzwischen so nachrangig, dass die Schüler*innen versucht sind, dies privat auszugleichen? Zusätzlich gilt es, weiterhin für Problemorientierung im Geschichtsunterricht und das Verständnis als Denk- statt Lernfach zu werben. Im Rahmen dessen sind Erklärvideos als Teil der Geschichtskultur zu betrachten und Studierenden und Schüler*innen der kritische Umgang mit ihnen zu vermitteln.[45] Unter den Jugendlichen ist die klare Mehrheit daran interessiert, sich in der Schule über ihre Erfahrungen mit Youtube auszutauschen und das dortige Bildungsangebot zu diskutieren.[46] Schwächen der Erklärvideos aufzu-

---

43 Vgl. den Internetauftritt und speziell die dortige FAQ: „Ist simpleclub ein gutes Lernmittel? simpleclub [sic!] wurde für etliche nationale und internationale Preise nominiert und ausgezeichnet und erhielt 2016 das Comenius EduMedia Siegel. Jeden Monat lernen über 1 Million Schüler: innen, Studierende und Azubis mit uns und verbessern ihre Noten. Wir erhalten monatlich mehr als 10.000 positive Nachrichten, die uns zeigen, dass simpleclub effektiv genutzt wird. 93 % aller Nutzer:innen geben an, dass sie ihre Noten mit simpleclub deutlich verbessern konnten." – URL: https://simpleclub.com/erfolgsgeschichten (letzter Zugriff 12.03.23).

44 Hierfür ist u. a. eine Beurteilung des Angebots durch Schüler*innen sinnvoll, wie bei Neubert, Historische Nonsensbildung, hier S. 274–279. Die von ihr befragten Schüler*innen nutzten die Videos nur selten, und neben der überwiegend positiven Beurteilung findet sich auch Kritik an Geschwindigkeit, Sprache und Informationsgehalt der Simpleclubvideos (S. 274–278).

45 Zu Studierenden vergleiche Popp, Geschichtsbezogene Erklärvideos, S. 173–176, und zu Schüler*innen Neubert, Historische Nonsensbildung, S. 279.

46 Vgl. Rat für Kulturelle Bildung, Jugend/Youtube/Kulturelle Bildung, S. 34.

decken, dürfte für viele eine besondere Kompetenzerfahrung mit Bezug zur Lebenswelt darstellen.

Literatur

Bernhard, Roland (2013), Geschichtsmythen über Hispanoamerika: Entdeckung, Eroberung und Kolonisierung in deutschen und österreichischen Schulbüchern des 21. Jahrhunderts, Göttingen.

Breidenstein, Georg (2006), Teilnahme am Unterricht, Ethnographische Studien zum Schülerjob, Wiesbaden.

Bungert, Heike (2020), Die Indianer, Geschichte der indigenen Nationen in den USA, München.

Cwielong, Ilona/Kommer, Sven (2020), Alles Simple (Club-)Bildung in der digitalen vernetzten Welt? Erste Ergebnisse einer Marktanalyse im Feld der Erklärvideos und Tutorials, in: MedienPädagogik 39, S. 196–210.

Cwielong, Ilona Andrea/Klieme, Katrin Ellen/Kommer, Sven/Wolf, Karsten D. (2021), Leistungsoptimierung von Schülerinnen und Schülern durch schulbezogene Erklärvideonutzung auf YouTube. Entschulungsstrategie oder Selbsthilfe?, in: MedienPädagogik 42, S. 380–408.

Fey, Carl-Christian (2021), Erklärvideos – eine Einführung zu Forschungsstand, Verbreitung, Herausforderungen, in: Matthes, Eva /Siegel, Stefan T. /Heiland, Thomas (Hrsg.), Lehrvideos – das Bildungsmedium der Zukunft? Erziehungswissenschaftliche und fachdidaktische Perspektiven, Bad Heilbrunn, S. 15–30.

Findeisen, Stefanie/Horn, Sebastian/Seifried, Jürgen (2020), Lernen durch Videos – Empirische Befunde zur Gestaltung von Erklärvideos, in: MedienPädagogik 35, S. 16–36.

Giesecke, Alex/Wolf, Karsten D. (2020), Der SimpleClub: effiziente Vorbereitung auf die Klassenarbeit oder modernes Lernwerkzeug?, in: Dorgerloh, Stephan/Wolf, Karsten D. (Hrsg.), Lehren und Lernen mit Tutorials und Erklärvideos, Basel, S. 38–41.

Grewe, Bernd-Stefan (2016), Geschichtsdidaktik postkolonial – Eine Herausforderung, in: Zeitschrift für Geschichtsdidaktik 15, S. 5–30.

Heller, Sonja/Zügel, Oliver (2020), „Schule zu Hause“ in Deutschland. Bestandsaufnahme im Corona-Lockdown aus Perspektive der Schüler/-innen und Eltern, o. O.

John, Anke (2017), Wissen2go – Teacher-Centered Instruction on YouTube, in: Public History Weekly 5 (2017), 25, DOI: dx.doi.org/10.1515/phw-2017-9584.

Klausmeier, Kathrin (2021), Distanzlernen 2020 – Ein Modernisierungsschub für den Geschichtsunterricht? Eine explorative Bestandsaufnahme, in: Geschichte für heute 3, S. 5–20.

Lohre, Wilfried/Becker, Mark/Madelung, Petra/Schnoor, Detlev/ Weisker, Katrin (2008), Selbstständige Schulen in regionalen Bildungslandschaften, Eine Bilanz, Troisdorf.

Medienpädagogischer Forschungsverbund Südwest (2020), JIM-Studie 2020. Jugend, Information, Medien. Basisuntersuchung zum Medienumgang 12- bis 19-Jähriger, Stuttgart.

Munzinger, Paul M. (2017), Nachhilfe im Internet: Erwachsene müssen draußen bleiben, Süddeutsche Zeitung 25.07.2017.

Neubert, Anja (2019), „Ist auf jeden Fall ein geiles Thema!“ – TheSimpleClub als Herausforderung historischer Nonsensbildung, in: Bunnenberg, Christian/Steffen, Nils (Hrsg.), Geschichte auf YouTube, Neue Herausforderungen für Geschichtsvermittlung und historische Bildung (Medien der Geschichte, Bd. 2), Berlin/Boston, S. 261–282.

Nientied, Isabelle (2021), Guter Geschichtsunterricht aus Schülersicht. Eine Studie zu subjektiven Qualitätskonzepten von historischem Lehren und Lernen in der Schule, Münster.

Popp, Susanne (2021), Geschichtsbezogene Erklärvideos – Überlegungen und Beobachtungen aus geschichtsdidaktischer Perspektive, in: Matthes, Eva/Siegel, Stefan T./Heiland, Thomas (Hrsg.), Lehrvideos – das Bildungsmedium der Zukunft? Erziehungswissenschaftliche und fachdidaktische Perspektiven, Bad Heilbrunn, S. 168–177.

Rat für Kulturelle Bildung e. V. (2019), Jugend/YouTube/Kulturelle Bildung. Horizont 2019. Studie: Eine repräsentative Umfrage unter 12- bis 19-Jährigen zur Nutzung kultureller Bildungsangebote an digitalen Kulturorten, Essen.

Roers, Benjamin (2019), „Herrlich unprofessionell" – Zur Authentifizierung von Geschichte(n) auf YouTube am Beispiel MrWissen2go (2012–2013), in: Bunnenberg, Christian/Steffen, Nils (Hrsg.), Geschichte auf YouTube. Neue Herausforderungen für Geschichtsvermittlung und historische Bildung (Medien der Geschichte, Bd. 2), Berlin/Boston, S. 145–160.

Schwartz, Marc (2013), Khan Academy, The illusion of understanding, in: Journal of Asynchronous Learning Network 17 (2013), 4, S. 67–79.

Siegel, Stefan T./Streitberger, Sebastian/Heiland, Thomas (2021), MrWissen3go, simpleclub und Co. auf dem Prüfstand: Eine explorative Analyse von ausgewählten Anbietenden schulbezogener Erklärvideos auf YouTube, in: Matthes, Eva/Siegel, Stefan T./Heiland, Thomas (Hrsg.), Lehrvideos – das Bildungsmedium der Zukunft? Erziehungswissenschaftliche und fachdidaktische Perspektiven, Bad Heilbrunn, S. 31–49.

Wolf, Karsten D. (2020), Sind Erklärvideos das bessere Bildungsfernsehen? in: Dorgerloh, Stephan/ Wolf, Karsten D. (Hrsg.), Lehren und Lernen mit Tutorials und Erklärvideos, Basel, S. 17–24.

Register

https://doi.org/10.1515/9783110792898-010

www.ingramcontent.com/pod-product-compliance
Lightning Source LLC
LaVergne TN
LVHW010643300926
849161LV00005B/1027
* 9 7 8 3 1 1 0 7 9 2 5 4 6 *